SAMMLUNG GEOLOGISCHER FÜHRER

SAMMLUNG GEOLOGISCHER FÜHRER

Herausgegeben von Otto F. Geyer und R. Leinfelder

Band 55
3. Auflage

GEBRÜDER BORNTRAEGER · BERLIN · STUTTGART · 1996

Ruhrgebiet und Bergisches Land

Zwischen Ruhr und Wupper

von

Prof. Dr. Dieter Richter
Aachen

3. vollkommen überarbeitete Auflage

Mit 1 geologischen Übersichtskarte, 10 Exkursionskarten,
68 Abbildungen und 5 Tabellen im Text
und auf 5 Beilagen

GEBRÜDER BORNTRAEGER · BERLIN · STUTTGART · 1996

Die Deutsche Bibliothek – CIP-Einheitsaufnahme

Richter, Dieter:
Ruhrgebiet und Bergisches Land : zwischen Ruhr und Wupper ; mit ... 5 Tabellen im Text und auf 5 Beilagen / von Dieter Richter. – 3., vollkommen überarb. Aufl. – Berlin ; Stuttgart : Borntraeger, 1996
   Sammlung geologischer Führer ; Bd. 55)
   ISBN 3-443-15063-2
NE: GT

ISBN 3-443-15063-2 / ISSN 0343-737 X
Alle Rechte, auch die der Übersetzung, des auszugsweisen Nachdrucks, der Herstellung von Mikrofilmen und der photomechanischen Wiedergabe, vorbehalten.
© 1996 by Gebrüder Borntraeger, Berlin–Stuttgart
Printed in Germany by Tutte Druckerei GmbH, Salzweg-Passau
Einbandentwurf von Wolfgang Karrasch
Schrift: Garamond

Inhaltsverzeichnis

Vorwort zur 1. Auflage IX
Geleitwort zur 2. Auflage XI
Geleitwort zur 3. Auflage XII
A. Kurzer geologischer Überblick 1
B. Stratigraphische Einführung 2
   I. Das Grundgebirge 2
      a) Das Ordovizium 2
      b) Das Silur 3
      c) Das Devon 3
         1. Das Unter-Devon 3
            α) Das Gedinne 4
            β) Das Siegen 5
            γ) Das Ems 6
         2. Das Mittel-Devon 8
            α) Die Eifel-Stufe 8
               Die Eifel-Stufe im Bereich des
               Remscheid-Altenaer Großsattels 8
               Die Eifel-Stufe im Bereich des
               Velberter Großsattels 10
            β) Die Givet-Stufe 13
               Das Givet in pelitisch-sandiger Fazies 13
               Das Givet in konglomeratischer Fazies 15
               Das Givet in Massenkalk-Fazies 21
         3. Das Ober-Devon 33
            α) Die Adorf-Stufe 33
               Das Adorf in Massenkalk-Fazies 33
               Die Oberen Flinzschiefer (und Plattenkalke) .. 36
               Die Unteren Matagne-Schichten 39
            β) Die Nehden-Stufe 40
            γ) Die Hemberg-Stufe 41

            Das Hemberg in Velberter Fazies 42
            Das Hemberg in Sauerländischer Fazies 42
         δ) Dasberg- und Wocklum-Stufe 43
            Das Dasberg-Wocklum in Velberter Fazies ... 43
            Das Dasberg-Wocklum in
            Sauerländischer Fazies 47
      d) Das Karbon 48
         1. Das Unter-Karbon (Dinant) 48
            α) Das Unter-Karbon in Kohlenkalk-Fazies 51
            β) Das Unter-Karbon in Kulm-Fazies 58
         2. Das Ober-Karbon (Siles) 61
            α) Das flözleere Ober-Karbon 62
            β) Das flözführende Ober-Karbon 67
               Die Sprockhöveler Schichten 71
               Das Westfal 73
      e) Fazielle Betrachtung von Devon und Karbon 75
   II. Das Deckgebirge 78
      a) Die Ober-Kreide 78
      b) Das Tertiär 79
         1. Paleozän und Eozän 80
         2. Das Oligozän 80
         3. Das Miozän 81
         4. Das Pliozän 82
      c) Das Quartär 83
         1. Das Pleistozän 83
            α) Frostschutt und Hanglehm 83
            β) Flußterrassen 84
            γ) Glaziale Ablagerungen 86
            δ) Löß und Flugsand 87
            ε) Höhlen 88
            ζ) Der *Homo sapiens neanderthalensis* KING 89
         2. Das Holozän 90
            α) Flußschotter und Tal-Lehm 91
            β) Verkarstung 91
C. Magmatische Gesteine 91
   I. Diabas-Gänge 91
   II. Der Barmer Diabas 92

Inhalt

III. Die Albit-Quarzporphyre von Wuppertal-Langerfeld
und Schwelm-Delle 93
D. Die Tektonik 95
Der tektonische Formenschatz 95
   a) Die Strukturen des Remscheid-Altenaer Großsattels. . 101
   b) Die Strukturen des Velberter Großsattels 104
   c) Die Strukturen des Steinkohlen-Gebirges 106
E. Die Erz- und Mineral-Vorkommen 112
F. Die Morphologie 115
G. Exkursionen 118
   I. Raum Solingen – Remscheid
     Prä-devonischer Kern des Remscheid-Altenaer
     Großsattels: Herscheider und Köbbinghäuser
     Schichten; unter-devonische Schichten, Bunte
     Ebbe-Schichten, Rimmert-Schichten und
     Remscheider Schichten 118
   II. Raum Solingen – Wuppertal
     Stratigraphie und Tektonik des höheren Unter-Devon
     und des Mittel-Devon auf der Nordflanke des
     Remscheid-Altenaer Großsattels 120
   III. Raum Schwelm-Linderhausen – Wuppertal-Barmen
     Stratigraphie und Tektonik des höheren Mittel-
     Devon, Ober-Devon, Kulms und flözleeren
     Ober-Karbon auf der Nordflanke des Remscheid-
     Altenaer Großsattels; Verkarstungserscheinungen
     im Massenkalk; Barmer Diabas; Ennepe-Störung 124
   IV. Raum Wuppertal-Elberfeld – Mettmann
     Stratigraphie und Tektonik des höheren Mittel-
     Devon und des Ober-Devon auf der Nordflanke
     des westlichen Remscheid-Altenaer Großsattels
     und auf der Südflanke des Velberter Großsattels
     sowie des Kulms am westlichen Ende der
     Herzkamper Hauptmulde 131
   V. Raum Erkrath – Ratingen – Wülfrath
     Stratigraphie und Tektonik des Mittel- und Ober-Devon
     im Velberter Großsattel; höchstes Ober-Devon und
     tiefstes Unter-Karbon bei Ratingen; Tertiär bei Erkrath. . 138

VI. Raum Velbert
Stratigraphie und Tektonik des Mittel- und Ober-Devon sowie Unter-Karbon auf der Nordflanke und am Ostende des Velberter Großsattels 148

VII. Raum Essen-Kupferdreh – Essen-Heisingen
Stratigraphie, Tektonik und Sedimentologie des flözleeren und flözführenden Ober-Karbon im Steinkohlen-Gebirge nördlich des östlichen Velberter Großsattels 157

VIII. Raum Essen-Werden – Kettwig – Mülheim
Stratigraphie und Tektonik des flözleeren und flözführenden Ober-Karbon im Steinkohlen-Gebirge nördlich des westlichen Velberter Großsattels; Oberkreide-Transgression am Kassenberg bei Mülheim; Tertiär bei Ratingen-Breitscheid 167

IX. Raum Essen-Burgaltendorf – Sprockhövel – Bochum
Stratigraphie, Tektonik und Sedimentologie des flözführenden Ober-Karbon in der Bochumer Hauptmulde, im Stockumer Hauptsattel, in der Wittener Hauptmulde und in der mittleren Herzkamper Hauptmulde; Blei-Zink-Vererzung des Finefrau-Sandsteins im Stockumer Hauptsattel 174

X. Raum Witten – Herdecke – Hagen
Stratigraphie, Tektonik und Sedimentologie des flözleeren und flözführenden Ober-Karbon in der Wittener Hauptmulde, im Esborner Hauptsattel und in der Herzkamper Hauptmulde; Morphologie des Ardey-Gebirges, Ruhr-Terrassen bei Hagen 183

Literaturverzeichnis 201
Geologische Karten 212
Sachregister 214
Ortsregister 220

Vorwort zur 1. Auflage

Das nördliche Bergische Land als nordwestlicher Rand des Rheinischen Schiefergebirges und das südliche Ruhrgebiet gehören eng zusammen, da hier im Grenzbereich Devon/Karbon der gefaltete Untergrund des Kohlenbeckens in modellartiger Weise an die Oberfläche tritt. Daher ist es in diesem Raum möglich, sich übertage ein Bild von den geologischen Verhältnissen des Ruhr-Karbon und seines tieferen Untergrundes zu machen. Darüber hinaus hat er wegen seiner Steinkohlen-Vorkommen, Bausteine, Rohstoffe für Ziegel-, Baukalk-, Zementherstellung und Straßenbau sowie Talsperren eine große wirtschaftliche Bedeutung. Es ist deshalb nicht verwunderlich, daß sich viele Bewohner des Industriegebietes von Berufs wegen mit dem „Gebirge" beschäftigen, so daß ein echtes Bedürfnis für den vorliegenden geologischen Führer vorlag, das in vielen Anregungen an den Verfasser zum Ausdruck kam. Zwar entstanden schon vor dem Ersten Weltkrieg das bekannte „Geologische Wanderbuch für den niederrheinisch-westfälischen Industriebezirk" von BÄRTLING (2. Auflage 1925) und 1924 das „Geologische Wanderbuch für den Bergischen Industriebezirk" von PAECKELMANN & HAMACHER; diese sind jedoch geologisch und aufschlußmäßig völlig veraltet. Daher erschien 1955 von TEICHMÜLLER der knappe Führer „Das Steinkohlengebirge südlich Essen" und von HAHNE (1958) die Schrift „Lehrreiche Geologische Aufschlüsse im Ruhrrevier", die freilich jeweils nur begrenzte Gebiete behandeln, keine regionale Übersicht geben und keine Exkursionszusammenstellungen enthalten.

Es soll deshalb versucht werden, den neuesten Stand der wissenschaftlichen Erkenntnisse vorzuführen, denn vorwiegend in den letzten 15 Jahren erfolgte unter anderem durch die Geologische Abteilung der Berggewerkschaftskasse Bochum und die Montangeologische Arbeitsgemeinschaft eine umfangreiche Forschungstätigkeit, die inzwischen abgeschlossen wurde. Damit liegt außer den geologischen Karten 1 : 25 000, von denen die meisten in den Jahren 1911 bis 1934 von der früheren Preußischen Geologischen Landesanstalt Berlin herausgegeben wurden, eine umfangreiche Spezialliteratur vor, so daß jetzt ein modernes, wissenschaftlich gut fundiertes Bild des in Rede stehenden Gebietes geboten werden kann.

Siedlungs-, Straßen- und Autobahnbau sowie die Anlage neuer Mülldeponien verändern gerade im Industriegebiet die Landschaft ständig. Wegen dieser lebhaften Veränderungen wurde Wert darauf gelegt, nur solche Aufschlüsse in die Exkursionsvorschläge aufzunehmen, deren Erhaltung über einen längeren Zeitraum zu erhoffen ist. Naturgemäß kann keine Gewähr dafür übernommen werden, daß die angegebenen Punkte noch nach Jahren zugänglich sind. Neue Aufschlüsse werden in der Zukunft entstehen und vielleicht zu anderen Erkenntnissen oder Deutungen führen.

Die Umgrenzung des Exkursionsgebietes wurde so gewählt, daß der Rand des Rheintales und damit die Autobahn Leverkusen–Oberhausen die natürliche Begrenzung im Westen bildet, während im Norden der Ruhrschnellweg und im Osten die Autobahn Unna–Leverkusen willkürlich gezogene Grenzen darstellen. Das Exkursionsgebiet liegt somit in einem von Autobahnen bzw. der autobahnähnlichen B1 umrissenen Dreieck, das durch viele hervorragende Bundes- und Landstraßen verkehrsmäßig sehr gut erschlossen ist. Es findet im Osten Anschluß an den im Geologischen Führer „Sauerland" von SCHMIDT & PLESSMANN (1961) behandelten Bereich.

Der vorliegende Führer soll kein Wanderbuch im alten Sinne sein, sondern ist überwiegend auf die Benutzung eines Kraftfahrzeuges zugeschnitten. Daher sind auch nicht alle Aufschlüsse verzeichnet, sondern nur diejenigen, die entweder größere Gesamtprofile erschließen oder unter ein bestimmtes Thema fallen. Die vorgeschlagenen Routen sind natürlich abwandelbar. So kann man die beschriebenen Aufschlüsse einer oder mehrerer Exkursionen wegen der guten Straßenverbindungen beliebig miteinander kombinieren. Fast alle angegebenen Aufschlüsse sind mit dem Kraftfahrzeug zu erreichen, nur hin und wieder muß das letzte Stück zu Fuß gegangen werden.

Für freundliche Auskünfte und kritische Durchsicht des Manuskriptes danke ich Frau Dr. E. PAPROTH, Krefeld, sowie den Herren Prof. Dr. E. F. VANGEROW, Dr. W. KASIG, Dr. R. VOIGT, Aachen, und Dr. U. HENNICKE, Dornap. Herrn cand. nat. K.-G. MICHEL, Frankfurt/M., sei besonders für technische Mithilfe gedankt.

Aachen, im Oktober 1970 D. RICHTER

Geleitwort zur 2. Auflage

Es ist ein Beweis für das ständig wachsende Interesse an der Geologie im allgemeinen und den geologischen Verhältnissen des südlichen Ruhrgebietes und nördlichen Bergischen Landes im besonderen, daß der vorliegende Führer bereits fünf Jahre nach seinem Erscheinen vergriffen war. In dieser kurzen Zeitspanne erbrachte zwar die nie ruhende geologische Forschung wichtige neue Ergebnisse; sie sind jedoch nicht so umfangreich, daß die 1971 gebotene Darstellung von Grund auf geändert werden mußte. Verlag und Verfasser haben daher aus Kostengründen im beschreibenden Teil nur solche Textstellen durch eine Neufassung ersetzt, bei denen die jüngsten Erkenntnisse dieses erforderten. Größere Änderungen und Kürzungen gegenüber der ersten Auflage ergaben sich allerdings im Exkursionsteil, da inzwischen leider sehr viele Ziegeleigruben und Steinbrüche aus wirtschaftlichen Gründen aufgegeben werden mußten und als Mülldeponie verfüllt wurden oder werden.

Für kritische Durchsicht des Abschnittes „Dinant" bin ich Frau Dr. E. PAPROTH, Krefeld, zu großem Dank verpflichtet. Herr Dr. K. THOME, Krefeld, übernahm freundlicherweise die Neufassung wesentlicher Teile des Kapitels „Holozän".

Aachen, im Mai 1976   D. RICHTER

Geleitwort zur 3. Auflage

Seit dem Erscheinen der 2. Auflage erbrachte die geologische Forschung im südlichen Ruhrgebiet und nördlichen Bergischen Land nur wenige neue Ergebnisse, die in die vorliegende Neuauflage eingegangen sind. Erhebliche Änderungen und Kürzungen gegenüber der 2. Auflage ergaben sich jedoch im Exkursionsteil, da in den letzten Jahren sehr viele Steinbrüche und Ziegeleigruben der Bebauung und Mülldeponie zum Opfer fielen.

Für wertvolle Hinweise bin ich auch diesmal wieder Frau Dr. E. PAPROTH, Krefeld, sowie den Herren Dr. C. BRAUCKMANN, Wuppertal, Dr. R. GOTTHARDT, Wülfrath-Düssel, und E. THOMAS, Witten-Herbede, zu herzlichem Dank verpflichtet. Meinem Mitarbeiter am Geologischen Department der Fachhochschule Aachen, Herrn W. VOIGT, danke ich für technische Mitarbeit und meiner Ehefrau Claire und Frau L. KLOSE für ihre Hilfe bei den Korrekturen. Die notwendigen Neu- und Umzeichnungen führten dankenswerterweise Frau S. FEHMER, Frau S. FLÖTH und Herr M. TUPP aus.

Aachen, im Februar 1995 D. RICHTER

A. Kurzer geologischer Überblick

Ruhrgebiet und Bergisches Land zwischen Ruhr und Wupper sind ein kleines Teilstück des nördlichen rechtsrheinischen Schiefergebirges, dessen paläozoische Schichten ihre Formung in der Variszischen Orogenese erhalten haben. Die ältesten, ordovizischen Gesteine treten im Süden des Exkursionsgebietes im Kern des Remscheid-Altenaer Großsattels auf. Die beiden Flanken dieses Gewölbes bestehen aus devonischen Schichten. Gesteinsfolgen des Karbon schließen sich nach Norden in der Herzkamper Hauptmulde an, die im östlichen Teil des Exkursionsgebietes die südlichste Großmulde des nach Norden folgenden Ruhr-Karbon darstellt. Im Westen ist dagegen dieser Mulde ein breiter Bereich devonischer Schichten im Antiklinorium des Velberter Großsattels vorgelagert, der im Gebiet südlich von Langenberg rasch unter den Faltenbau des Ruhr-Karbon abtaucht. Nach Westen bricht das Gebirge entlang einer markanten Störungslinie zur Niederrheinischen Bucht ab, in der tertiäre und quartäre Schichten von großer Mächtigkeit das Grundgebirge überlagern. Ganz im Norden, d. h. nördlich der Ruhr, versinkt der Faltenbau des Steinkohlen-Gebirges unter dem Deckgebirge der nach Norden immer mächtiger werdenden Kreide-Schichtenfolge. Nach Osten setzen sich die tektonischen Strukturen im Gebirgsbau des Sauerlandes fort.

Die devonischen und karbonischen Gesteine bilden einen stark abgetragenen Gebirgsrumpf, der von tief eingeschnittenen Tälern durchzogen wird. Die aufsteigende Tendenz des Rheinischen Schiefergebirges hält heute noch an, so daß sich die Flüsse immer tiefer gebirgseinwärts einschneiden und ständig neue Areale der alten Rumpfflächen zerteilt werden. Daher kommen nur selten, so beispielsweise im Gebiet des Velberter Großsattels, ausgedehntere Hochflächen vor. Wegen der meist tiefgründigen Zersetzung der Gesteine im Bereich dieser Einebnungsflächen werden sie überwiegend landwirtschaftlich genutzt, während die Talhänge mit Wald bedeckt sind.

Allgemein bilden widerstandsfähige Gesteine verschiedenen Alters die Höhen, wobei nur im Karbon-Gebiet der geologische Bau stärker in der Oberflächengestaltung zum Ausdruck kommt. Die mittel-/oberdevonischen Massenkalke zeigen gelegentlich Karstformen. Im Norden, wo das Variszische Rumpfgebirge von den Kreide-Schichten überlagert wird, zeigt das Landschaftsbild sanft gewellte Ackerflächen. Entwässert wird das nördliche Bergische Land überwiegend zur Ruhr, weniger zur Wupper und kaum unmittelbar zum Rhein. Die Talsperren, so beispielsweise die Untere und Obere Herbringhauser Talsperre (Barmer Talsperre), die Eschbach-Talsperre, die Sengbach-Talsperre und die Wupper-Talsperre sowie die Stauseen der Ruhr wie Hengstey-, Hartkort-Kemnader und Baldeney-See, dienen zur Speicherung der reichen Oberflächenwässer des Exkursionsgebietes.

B. Stratigraphische Einführung

I. Das Grundgebirge

Die geologische Übersichtskarte des Exkursionsgebietes zeigt, daß an dessen Aufbau überwiegend die Schichten des Devon und Karbon beteiligt sind. Nur im Süden, im größeren der beiden Aufbrüche des Remscheid-Altenaer Großsattels (s. S. 95), stehen noch ältere Gesteine an. Ein stratigraphisches Generalschema mit Ausnahme des flözführenden Ober-Karbon (s. Tab. 5) enthält die Tabelle 1.

a) Das Ordovizium

Im Kern des westlichen Aufbruchs des Remscheid-Altenaer Großsattels südlich Solingen treten in vier voneinander isolierten Vorkommen prädevonische Gesteine auf, die allerdings nur schlecht aufgeschlossen sind. BEYER (1941) erkannte aufgrund von Graptolithen- und Trilobiten-Funden in dem größten Vorkommen dieser **Herscheider Schichten** (FUCHS 1928a, 1935a) eine Abfolge, die chronologisch vom tieferen Llanvirn bis zum Ashgill reicht. Die in stark gestörter Sattelstellung auftretende Schichtenfolge zwischen Solingen-Wupperhof und der Höhe 207,0 bei Solingen-Schellberg gliederte er in:

Oberer Tonschiefer-Horizont mit blauschwarzen, schuppig spaltenden, fetten Tonschiefern[1] und schluffigen Tonsteinen. Sie führen örtlich Quarzit-Einlagerungen und bankweise Toneisenstein-Geoden.
Grauwackenschiefer-Horizont, der aus graublauen, zähen, vielfach sandgebänderten sandigen Tonsteinen besteht.
Unterer Tonschiefer-Horizont mit blauschwarzen, ebenspaltenden, weichen Tonschiefern.

An Fossilien treten *Didymograptus geminus* Hising und andere Graptolithen, Trilobiten (*Cyclopyge illaenoides* R. & E. Richter) sowie Phyllocariden- und Brachiopoden-Reste auf.

Die Mächtigkeit der Herscheider Schichten beträgt etwa 300 m.

b) Das Silur

Im Prädevon-Aufbruch von Solingen-Untenrüden erscheinen die **Köbbinghäuser Schichten**, die dem mittleren Ludlow angehören (R. & E. Richter 1937). Somit besteht eine große Schichtlücke zwischen Herscheider und Köbbinghäuser Schichten. Letztere bestehen aus gelbbraun verwitternden, im frischen Zustand dunkelblaugrauen, mergeligen Tonschiefern mit karbonatischen Bänken, die gelegentlich den Brachiopoden *Dayia navicula* Sow. führen.

c) Das Devon

Im Devon lag das Exkursionsgebiet in der variszischen Senkungszone, und zwar im ständig wechselnden Grenzbereich der landnäheren, mächtigeren „Rheinischen Sand-Ton-Fazies" (= Frischwasser- oder Schelf-Fazies) und der landferneren, geringermächtigen „Herzynischen Ton-Kalk-Fazies" (= Stillwasser- oder Becken-Fazies).

1. Das Unter-Devon

Da die Köbbinghäuser Schichten mit den ältesten Bildungen des Devon nur in einem tektonischen Kontakt stehen (s. S. 4), kann nicht mit Si-

---

[1] Im folgenden werden unter „Tonschiefer" stärker, unter „Schieferton" geringer diagnostisch verfestigte, mehr oder minder stark geschieferte Tonsteine verstanden.

cherheit gesagt werden, ob noch das obere Ludlow und das Pridoli abgelagert worden sind oder ob eine Schichtlücke zwischen dem mittleren Ludlow und dem Unter-Devon besteht.

α) *Das Gedinne*

In zwei großen Aufbrüchen des Remscheid-Altenaer Großsattels südlich von Solingen und bei Remscheid erscheinen die **Verse-Schichten**. Im Gebiet von Solingen wird der unterste Teil dieser Schichtenfolge von den **Hüinghäuser Schichten** (tieferes Unter-Gedinne) gebildet. Diese grenzen in tektonischem Kontakt an die Köbbinghäuser Schichten (s. S. 119), wie ein 1937 in Solingen-Untenrüden angelegter Schurf der Preußischen Geologischen Landesanstalt nachwies. Die Hüinghäuser Schichten bestehen aus einer Wechselfolge von Mergelsteinen und tonigen Kalksteinen mit eingeschalteten Okerkalk-Bänken (BEYER 1941, SPRIESTERSBACH 1942). Sie sind sehr fossilreich und führen häufig *Acaste elsana* R. RICHTER, *A. tire* R. RICHTER, *Camarotoechia percostata* FUCHS, *Grammysia cingulata* FUCHS, *Pterinea (Dipterophora) triculta* FUCHS und *Spirifer mercurii* GOSS.

Zu den Hüinghäuser Schichten gehören ferner ein Vorkommen von Kalkstein-Bänken inmitten einer Wechselfolge aus kalkigen und schluffigen Tonschiefern bei Solingen (ALBERTI 1962, ZIEGLER 1962a) und wahrscheinlich auch die unreinen Kalksteine am linken Wupperhang gegenüber Solingen-Friedrichstal.

Die Mächtigkeit der Hüinghäuser Schichten dürfte ca. 50 m betragen.

Die Hüinghäuser Schichten gehen konkordant in eine Tonschiefer-Sandstein-Wechsellagerung über, welche die Basis der **Bredeneck-Schichten**[2] (DAHMER 1951) bildet. Diese zeichnen sich durch einen raschen Gesteinswechsel aus. Charakteristisch sind blaugraue, grüngraue und zuweilen rote, häufig schluffige Tonschiefer, in die sich Grauwacken[3], Arkosen und Sandsteine einschalten. Während der untere Teil der Folge sehr tonschieferreich ist, treten im oberen Teil Konglomerat- und

---

[2] Der Name „Bredeneck-Schichten" wurde von DAHMER (1951) gleichartigen Bildungen im Ebbe-Sattel gegeben. Es dürfte daher angebracht sein, ihn auch für das Bergische Land zu übernehmen.

[3] Als Grauwacken werden unreine, Gesteinsbruchstücke führende Sandsteine, als Arkosen Sandsteine mit über 25 % Feldspat-Anteil bezeichnet.

Geröllsandstein-Bänke auf. Sie sind jedoch nicht horizontbeständig, sondern erscheinen meist in Form von mehr oder weniger großen Linsen. Die erbsen- bis faustgroßen Gerölle sind im allgemeinen nur wenig gerundet und bestehen aus Quarzen, grauen oder schwarzen Quarziten und Kieselschiefern.

Insgesamt kann man die Bredeneck-Schichten im Exkursionsgebiet als eine ufernah abgelagerte Schichtenfolge ansehen, welche auf die Nähe des Old Red-Festlandes (Nordkontinent) im Norden hinweist.

Die Gesamtmächtigkeit der Bredeneck-Schichten ist mit mindestens 1000 m anzunehmen.

Über den Verse-Schichten folgen die 700–750 m mächtigen **Bunten Ebbe-Schichten**, die ebenfalls nur in den beiden Sattel-Aufbrüchen (s. S. 2) und zwar am Unterlauf der Wupper und östlich der Stadt Remscheid zu Tage treten. Sie bestehen aus braun- bis karminroten, teilweise auch rotvioletten sowie grünen Schluffsteinen und Tonschiefern, in die sich verschiedentlich nicht horizontgebundene, lebhaft rot- und grüngefleckte, teilweise auch graue Tonschiefer einschalten. Ebenso unregelmäßig eingelagert sind dünne Bänke violetter bis kakaofarbener, zäher Sandsteine von feiner bis grober Körnung. Sie werden gelegentlich quarzitisch. Häufig treten Einschaltungen konglomeratischer Gesteine auf, die besonders im mittleren und oberen Teil der Folge verbreitet sind. Sie bestehen aus Quarz-Konglomeraten mit einem rötlichvioletten oder auch chloritgrün gefärbten, tonig-sandigen Bindemittel sowie aus grauen Geröllsandsteinen, die denen der Bredeneck-Schichten gleichen.

Nach Funden von Vertebraten-Resten (Panzerfische) durch SCHMIDT (1959) werden die Bunten Ebbe-Schichten in das Obere Gedinne gestellt.

β) Das Siegen

Nach älteren Autoren (z. B. SPRIESTERSBACH 1942) sollten die über den Bunten Ebbe-Schichten folgenden **Rimmert-Schichten** mit einem diskordant auflagernden Basiskonglomerat einsetzen. Zwischen Rimmert- und Bunten Ebbe-Schichten wurde eine erhebliche Schichtlücke angenommen. Bei der Revisionskartierung von Blatt Plettenberg im östlichen Ebbe-Großsattel durch ZIEGLER (1969) konnte jedoch keine Diskordanz festgestellt werden. Auch im Remscheider Gebiet scheint nach VOIGT (1968: 181) eine Diskordanz nicht vorhanden zu sein. Der höhere Teil der im Ebbe-Großsattel inzwischen neugegliederten und umbenannten Rimmert-Schichten (ZIEGLER et al. 1968) gehört nach Funden von Arthrodiren-Resten (SCHMIDT & ZIEGLER 1965) wahrscheinlich in das Ober-Siegen und Unter-Ems. Daher ist es durchaus möglich, daß die Rimmert-Schichten den gesamten Zeitraum vom Siegen bis zum Unter-Ems vertreten und daß somit überhaupt keine Schichtlücke zwischen den Bunten Ebbe- und den Rimmert-Schichten besteht.

Während FUCHS (in DIETZ et al. 1935) noch bei Balken auf dem Geologischen Blatt Burscheid als Rimmert-Schichten eine einheitliche 40–100 m mächtige Wechselfolge von groben Konglomeraten, konglomeratischen bis quarzitischen Sandsteinen und graublauen bis grünlichgrauen Tonschiefern ausschied, erkannte er eine nach Osten immer deutlicher werdende Zweiteilung dieses Schichtgliedes in eine liegende sandig-konglomeratische und eine hangende Folge von graugrünen, meist schluffigen Tonschiefern sowie grünen und gelegentlich roten Schluffsteinen. Diese Zweigliederung läßt sich bei gleichzeitiger Mächtigkeitsabnahme im Bereich der Geologischen Blätter Solingen und Remscheid ebenfalls nachweisen.

γ) Das Ems

Die über den Rimmert-Schichten folgenden **Remscheider Schichten** (SPRIESTERSBACH & FUCHS 1909) nehmen im Exkursionsgebiet neben den Velberter Schichten (s. S. 43 f.) den größten geschlossenen Ausstrich aller Abfolgen ein. Sie bestehen überwiegend aus dunkelblauen und blaugrauen, vielfach sandigen, gelegentlich sandgebänderten oder -flaserigen Schluffsteinen, seltener Tonschiefern, mit zahlreichen Übergängen zu Sandsteinen mit tonigem Bindemittel. Gelegentlich treten karbonatische Horizonte auf, die Toneisenstein-Konkretionen führen. Im Tal der Wupper auf den Geologischen Blättern Wuppertal-Barmen und Remscheid zeigen die Remscheider Schichten eine besonders sandige Ausbildung, die sowohl nach Westen als auch nach Osten einer mehr schluffig-tonigen Fazies Platz macht.

Der von FUCHS (1917, 1935b) als Bunte Ebbe-Schichten angesprochene Rotschiefer-Zug zwischen Remscheid-Lennep und Radevormwald-Frielinghausen stellt eine normale Einlagerung in den Remscheider Schichten dar (VOIGT 1968: 162).

Das Devon

Die Mächtigkeit der Remscheider Schichten schwillt auf der Nordflanke des Remscheid-Altenaer Großsattels auf über 3200 m an, während sie auf der Südflanke nur 2500 m beträgt (VOIGT 1968: 164). Nach Osten und Süden nimmt die Mächtigkeit stark ab[4].

An Fossilien findet man Brachiopoden: *Chonetes oblonga* FUCHS, *Eunella bilineata* FUCHS, *Lingula montana* FUCHS, *Spirifer curvatus* SCHLOTH., *S. bilsteinensis* SCUPIN. *S. subcuspidatus* SCHNUR, *Trigeria laevicosta* FUCHS; Lamellibranchiaten (Muscheln): *Aviculopecten tenuisstriatus* SPRIESTERSB., *Carydium callidens* SPRIESTERSB., *Ctenodonta obsoleta* GOLDF.; *Modiola antiqua* GOLDF., *Montanaria elongata* SPRIESTERSB., *Myalina (Modiomorpha) bilsteinensis* BEUSH., *Pterinea gracilis* SPRIESTERSB. sowie Ostracoden: *Beyrichia embryoniformis* SPRIESTERSB. und *B. montana* SPRIESTERSB.

Von diesen Formen trifft man *Beyrichia montana, Ctenodonta obsoleta, Montanaria elongata* und *Myalina bilsteinensis* sehr häufig auf Schichtflächen an.

Durch das Auftreten zunächst einzelner roter Gesteinslagen, die sich nach oben rasch zu einer gleichmäßigen Folge roter Gesteine zusammenschließen, entwickeln sich aus den Remscheider Schichten auf wenige Dekameter die bunten **Hohenhöfer Schichten**. Diese bestehen überwiegend aus roten und grünen, teilweise rotgrün gefleckten Schluffsteinen bzw. schluffigen Tonschiefern mit eingelagerten violettroten oder grauen, meist feinkörnigen Sandsteinen. Fossilien kommen sehr selten vor.

Mit den Hohenhöfer Schichten beginnt die **Lenneschiefer-Fazies**, die im nördlichen Teil des Rheinischen Schiefergebirges verbreitet ist. Sie setzt sich in den Hobräcker Schichten (s. S. 8), Mühlenberg-Schichten (s. S. 9), Brandenberg-Schichten (s. S. 9) und in den Unteren Honseler Schichten (s. S. 13) fort. Diese Fazies wurde stark vom Old Red-Festland beeinflußt, wie die wiederholten Einschaltungen roter Gesteine in den vorgenannten Schichten zeigen.

Auf der Nordflanke des Remscheid-Altenaer Großsattels schalten sich in die bunten Hohenhöfer Schichten graue, sandflaserige, schluffige Tonschiefer vom Hobräcker Typ (s. S. 8) ein.

Die Mächtigkeit der Hohenhöfer Schichten auf der Nordflanke des Remscheid-Altenaer Großsattels nimmt von ca. 450 m bei Solingen auf ca. 1000 m bei Remscheid-Lüttringhausen (Blatt Barmen) und auf 1300 m

---

[4] Sie beträgt daher am Nordabfall des Siegerländer Großsattels nur noch 50 m.

im Westteil von Blatt Radevormwald zu, während die Mächtigkeit auf der Südflanke nur etwa 300—350 m erreicht.

2. Das Mittel-Devon

α) *Die Eifel-Stufe*

Die Eifel-Stufe im Bereich des Remscheid-Altenaer Großsattels

Die chronostratigraphische Trennung der über den Hohenhöfer Schichten folgenden **Hobräcker Schichten** von den erstgenannten, ist durch das Fehlen von Fossilien sehr erschwert. Die Hobräcker Schichten sind verhältnismäßig fazies- und mächtigkeitsbeständig, obwohl Unterschiede zwischen der Ausbildung auf der Nord- und auf der Südflanke des Remscheid-Altenaer Großsattels bestehen. Auf seiner Nordflanke umfaßt die Folge blaugrüne bis graugrüne, mehr oder weniger schluffige Tonschiefer, denen einzelne Feinsandstein-Bänke, sandgebänderte Schluffsteine, Grauwacken und Lagen von rotem schluffigen Tonschiefer eingelagert sind. Die Sandsteine zeigen verschiedentlich Schräg- und Rippelschichtung, die für stärkere Wasserströmungen bei ihrer Ablagerung spricht.

Auf der Südflanke des Großsattels bestehen die Hobräcker Schichten aus blau- bis grüngrauen Flaserschichten, die aus „unendlichen" Wechselfolgen von teilweise nur millimeterdicken Sandflasern mit Ton- und Schluffstein-Lagen bestehen. Zum Hangenden schalten sich zunehmend Feindsandsteine ein. Zwischen Wermelskirchen-Dhünn und Wermelskirchen-Schneppendahl (Blatt Remscheid) tritt ein zusammenhängender Rotschiefer-Zug von mehr als 5 km Länge auf (VOIGT 1968: 168).

Die Fauna der Hobräcker Schichten ist relativ reich (SPRIESTERSBACH 1942) und besteht aus Brachiopoden: *Chonetes minutus* GOLDF., *Productella subaculeata* (MURCH.), *Spirifer inflatus* SCHNUR; Lamellibranchiaten (Muscheln): *Modiomorpha waldschmidti* H. SCHMIDT, *Myalina circumcincta* FUCHS, *M. repalescens* FUCHS, *Orthonota biocostata* FUCHS, *O. discedens* FUCHS, *O. triplicata* FUCHS; Gastropoden (Schnecken): *Murchisonia acutecarinata* SPRIESTERSB. sowie dem Ostracoden *Beyrichia embryoniformis* SPRIESTERSB. Besonders hervorzuheben ist das massenhafte, bankbildende Auftreten der Brachiopoden-Gattung *Trigeria* in sandigen Tonschiefern.

Die Mächtigkeit der Hobräcker Schichten beträgt 500–850 m.
Die auf die Hobräcker Schichten folgenden **Mühlenberg-Schichten** bestehen aus blaugrauen Fein- bis Mittelsandsteinen bzw. Grauwacken von großer Härte, die dickbankig, bisweilen auch dünnplattig ausgebildet sind. Nur selten wechsellagern sie mit (gelegentlich roten) sandgebänderten Schluffsteinen oder Tonschiefern. Als Besonderheit sind die von FUCHS (1928 b, 1935 a) erwähnten Konglomerat-Horizonte bei Wuppertal-Beyenburg zu nennen.

Dort, wo der Mühlenberg-Schichtenzug das Herbringhäuser Tal südlich Wuppertal-Kemna (Geologisches Blatt Wuppertal-Barmen) kreuzt, beginnt ein lithologischer Wechsel, indem zunächst im oberen Teil der Schichtenfolge die Sandsteine verschwinden und von sandgebänderten schluffigen Tonschiefern ersetzt werden. Nach Südwesten hin nehmen die Sandsteine an Menge immer mehr ab, um schließlich im Gebiet des Geologischen Blattes Solingen ganz zu verschwinden. Die Mühlenberg-Fazies wird also lateral durch eine Schichtenfolge in Hobräcker Fazies ersetzt, so daß eine Schichtlücke oder gar Winkeldiskordanz zwischen Mühlenberg- und Brandenberg-Schichten („Brandenberg-Faltung"), wie sie von früheren Autoren zuweilen angenommen wurde, nicht vorhanden ist.

Fossilien sind in den Mühlenberg-Schichten im Gebiet des Geologischen Blattes Remscheid sehr verbreitet, so z. B. der Brachiopode *Rensselaeria* als Bankbildner. Ferner kommen vor Brachiopoden: *Orthis striatula* SCHLOTH., *Productella subaculeata* MURCH., *Spirifer inflatus* SCHNUR; Lamellibranchiaten (Muscheln): *Grammysia teres* SPRIESTERSB., *Leptodesma wupperana* H. SCHMIDT, *Myalina circumcincta* FUCHS und *M. mucronata* FUCHS sowie der Ostracode *Beyrichia embryoniformis* SPRIESTERSB.

Die Mächtigkeit der Folge beträgt auf der Nordflanke des Remscheid-Altenaer Großsattels 250–350 m, auf dessen Südflanke 150 bis 250 m.

Die auf die Mühlenberg-Schichten folgenden **Brandenberg-Schichten** (DENCKMANN 1907) wurden auf dem inneren Schelf des Old Red-Festlandes abgelagert (s. Abb. 3 u. 4). Sie bestehen überwiegend aus roten und grünen schluffigen Tonschiefern, in die verschiedentlich grünlichgraue Sandsteine eingelagert sind.

Auf der **Nordflanke des Remscheid-Altenaer Großsattels** läßt sich von Südwesten nach Nordosten eine Änderung der lithologischen Verhältnisse beobachten. Im äußersten Westen, nördlich von Solingen, herrschen bunte schluffige Tonschiefer vor. Vom Tal der Wupper im Gebiet des Geologischen Blattes Wuppertal-Elberfeld nach Nordosten nimmt der Sand-Anteil stark zu. Zunächst wechseln noch mächtige Sandsteinmit Schluffstein-Folgen. Zwischen Wuppertal-Barmen und Wuppertal-Kemna herrschen dann mittel- bis grobkörnige, blaugraue, grauwackenartige Sandsteine vor. Weiter nach Nordosten nimmt die Korngröße wieder ab; im Gebiet des Geologischen Blattes Radevormwald bestimmen mittelkörnige, graue und rote Sandsteine das Bild. Sedimentstrukturen, die für die Ablagerung dieser Schichten in nur geringer Wassertiefe sprechen, kommen häufig vor (PFEIFFER 1938).

Auf der **Südflanke des Großsattels** fehlen geschlossene Sandstein-Züge, es treten mehr linsenartige Einschaltungen von Feinsandsteinen und sandigen Schluffsteinen in einer Wechselfolge von roten bzw. rotgrün gefleckten und grauen, teilweise schluffigen Tonschiefern auf.

Die Sandsteine und Grauwacken sind oft sehr reich an Pflanzenresten wie *Calamophyton primaevum* KRÄUSEL & WEYLAND und *Prototaxis (Nematophyton) dechenianus* (SOLMS-LAUBACH). Weiterhin kommen Lamellibranchiaten (Muscheln): *Amnigenia rhenana* BEUSH., *Myalina lenneana* FUCHS, *Myophoria oblonga* SPRIESTERSB.; Brachiopoden: *Camarotoechia posterior* (FUCHS) und *Schizophoria striatula* (SCHLOTH.) sowie der Ostracode *Beyrichia embryoniformis* SPRIESTERSB. vor.

Die Mächtigkeit der Brandenberg-Schichten dürfte 1500–1900 m betragen.

Die Eifel-Stufe im Bereich des Velberter Großsattels

Die ältesten Schichten im Velberter Großsattel wurden nur in der **Bohrung Schwarzbachtal 1** (s. Abb. 1) angetroffen (PAPROTH & STRUVE 1982). Es handelt sich um eine über 460 m mächtige Schichtenfolge (171–630 m Teufe) aus vorwiegend roten und grünen, tonig-sandigen Gesteinen der Lenneschiefer-Fazies (s. S. 7), die auf dem landnahen inneren Schelf des Old Red-Festlandes abgelagert wurde. Der Charakter dieser Ablagerungen, Bodenbildungen und Durchwurzelungen verweisen ebenso wie geochemische Daten auf eine Entstehung im vorwiegend nichtmarinen limnischen bis brackischen (lagunären) Milieu im Einflußgebiet eines von Fluß-Mündungsarmen zerlegten Delta- und Ästuar-Be-

Das Devon

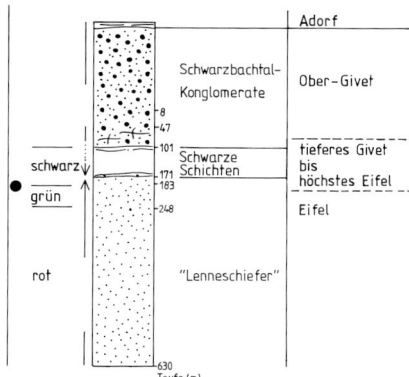

Abb. 1. Profil der Bohrung Schwarzbachtal 1 n. STREEL & PAPROTH (1982).

reiches (FRANKE & PAUL 1982, LANGENSTRASSEN 1982, ORTLAM & ZIMMERLE 1982, SCHULZ-DOBRICK 1982). Die vorhandenen Böden, die häufig in flachmarine Sedimente eingebetteten Land-Pflanzen und das Vorkommen autochthoner „Kohlenflözchen" (mit Wurzelböden) weisen auf einen extrem flachen Sedimentationsraum hin, in den von Zeit zu Zeit das Meer ingredierte (s. Abb. 2). Lithologie und Fazies sprechen

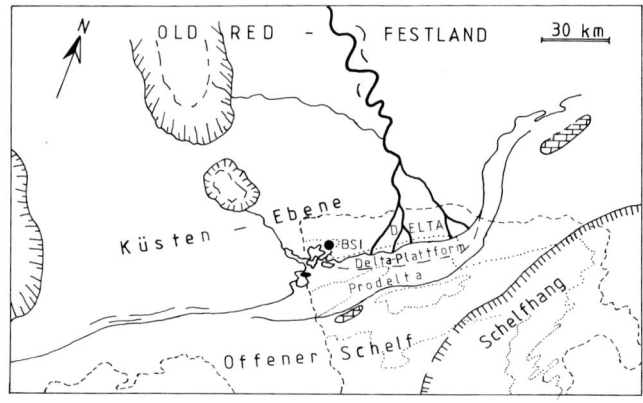

Abb. 2. Paläogeographische Rekonstruktion zur Zeit der höheren Eifel-Stufe n. LANGENSTRASSEN (1982), geändert. Die Strich- und Punktsignatur gibt die Lage des nördlichen Teiles des Rheinischen Schiefergebirges wieder. BS 1: Bohrung Schwarzbachtal 1.

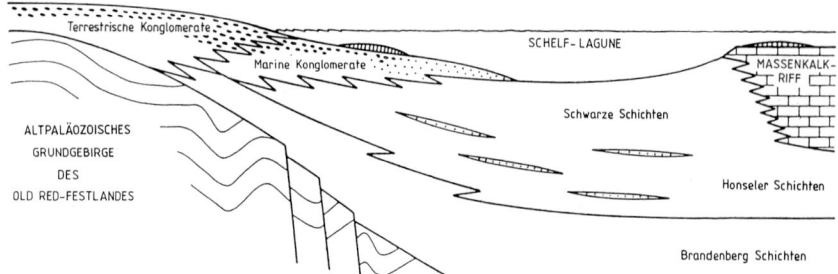

Abb. 3. Schematische Darstellung der Fazies-Verteilung im Exkursionsgebiet und südöstlich anschließenden Raum während des Mittel-Devon und unteren Ober-Devon. RIBBERT & LANGE (1993), geändert.

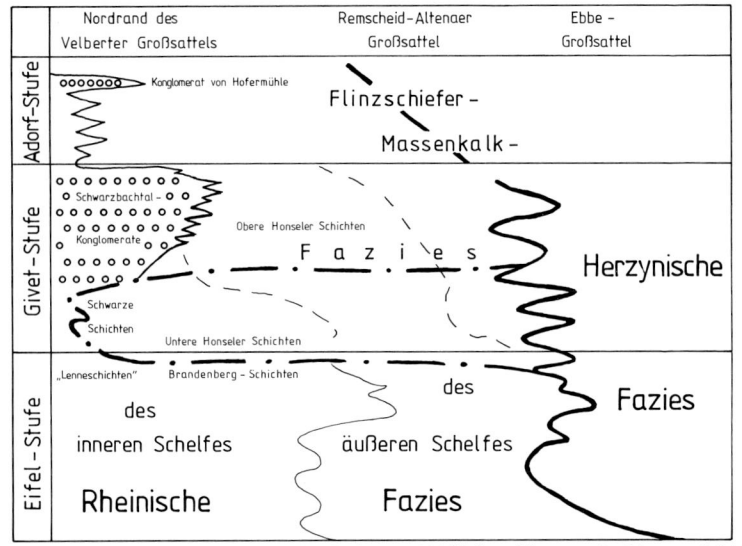

Abb. 4. Schematische Darstellung von Sedimentation und Fazies im Mittel-Devon und unteren Ober-Devon n. RIBBERT (1982), stark geändert.

für eine zeitliche und räumliche Gleichstellung mit den Brandenberg-Schichten (s. S. 9f.) im Remscheid-Altenaer Großsattel (LANGENSTRASSEN 1982: 315). Über diesen fossilfreien „**Lenneschiefern**", die vermutlich der Eifel-Stufe angehören, folgen die ca. 70 m mächtigen **Schwarzen Schichten** (101–171 m Teufe), mit deren Basis sich der Umschlag zur marinen Fazies vollzieht (SCHULZ-DOBRICK 1982: 167). Die Schwarzen Schichten bestehen aus sapropelitischen Tonsteinen („Schwarzschiefer") mit hohen Gehalten an organischem Kohlenstoff (GEDENK 1982, WOLF 1982: 142, 145). Das Alter der Schwarzen Schichten ließ sich nach Sporen-Funden als hohes Eifel bis unteres Givet bestimmen (STREEL & PAPROTH 1982). Ihr höherer Teil entspricht damit altersmäßig den Unteren Honseler Schichten (s. unten). Diese Pelite wurden unter Stillwasser-Bedingungen abgelagert; sie zeigen, daß die Herzynische Fazies zu jener Zeit weit nach Nordwesten (s. Abb. 3 u. 4) vorgestoßen war („Schwarzschiefer-Transgression" n. KREBS 1969).

β) Die Givet-Stufe

Das Givet in pelitisch-sandiger Fazies

Aus den Brandenberg-Schichten entwickeln sich allmählich die **Unteren Honseler Schichten**. Beide Schichtglieder unterscheiden sich lithologisch kaum, sieht man davon ab, daß die Sandkorngrößen nach oben zu allgemein abnehmen[5]. FUCHS (1917) legte die Grenze zwischen beiden Abfolgen an das Dach der obersten roten Gesteine der Brandenberg-Schichten; doch kommen rote Tonschiefer und einzelne Bänke roter Schluffsteine auch innerhalb der Unteren Honseler Schichten vor.

Die Unteren Honseler Schichten wurden auf dem inneren Schelf des Old Red-Festlandes abgelagert (s. Abb. 4) und bestehen überwiegend aus graublauen bis grünlichgrauen schluffigen Tonschiefern bzw. aus Schluffsteinen, die häufig Feinsand-Bänder oder -Flasern führen. Gelegentlich treten einzelne Bänke oder Bankfolgen dünner oder dicker geschichteter Grauwacken auf. Nicht selten finden sich karbonatreiche Fossil-Bänke, Mergel- und Tonmergelsteine sowie gelegentlich (so bei Hückeswagen

---

[5] VOIGT (1968) faßt daher die Unteren Honseler Schichten mit den Brandenberg-Schichten zu einem Schichtglied zusammen.

und bei Hohen Planken außerhalb des Exkursionsgebietes) sogar Bänke eines grobspätigen fossilreichen Kalksteins.

An Fossilien führen die Unteren Honseler Schichten Brachiopoden: *Cyrtospirifer verneuili* (MURCH.), *Spirifer ascendens* SPRIESTERSB., *S. mediotextus* SPRIESTERSB. *Stringocephalus burtini* DEFRANCE; Lamellibranchiaten (Muscheln): *Aviculopecten radiatus* GOLDF., *Cypricardella pandora* W. E. SCHMIDT, *Myalina lenneana* FUCHS sowie Pflanzenreste.

Die Mächtigkeit der Abfolge beträgt etwa 1500–1800 m.

Die **Oberen Honseler Schichten** kommen im südlichen Exkursionsgebiet in meist nur schmalem Ausstrich auf der **Nordflanke des Remscheid-Altenaer-Großsattels** vor. Sie wurden auf dem äußeren Schelf des Old Red-Festlandes abgelagert (s. Abb. 4) und bestehen aus einer Wechsellagerung von dunklen, vorwiegend weichen Tonschiefern, die oft in Mergelsteine übergehen, mit sandgebänderten schluffigen Tonschiefern, karbonatischen Sandstein-Bänken, dickbankigen Grauwacken und einzelnen, meist unreinen, dunklen, verschiedentlich gebankten Kalksteinen. Diese stellen häufig Hexagonarien- und Stromatoporen-Biostrome mit zwischengeschalteten Stringocephalen-Schillen dar.

An Fossilien liefern die Oberen Honseler Schichten Korallen: *Cystiphyllum vesiculosum* GOLDF., *Favosites reticulatus* BLAINVILLE, *Heliolites porosus* GOLDF., *Hexagonaria quadrigeminum* GOLDF.; Brachiopoden: *Athyris concentrica* (v. BUCH), *Chonetes crenulatus* F. ROEM., *Schellwienella umbraculum* (SCHLOTH.), *Spirifer ascendens* SPRIESTERSB.; *Stringocephalus burtini* DEFRANCE sowie Lamellibranchiaten (Muscheln): *Avicula reticulata* GOLDF., *Aviculopecten omnicostatus* SPRIESTERSB., *Myalina lenneana* FUCHS, *Myophoria aequis* SPRIESTERSB. und *Posidonia minima* FUCHS.

Insgesamt werden die Oberen Honseler Schichten rund 200 m mächtig.

Nördlich und westlich des Nützenberges bei Wuppertal-Elberfeld sind die Honseler Schichten nur geringmächtig entwickelt und verschwinden nach Westen bei Vohwinkel. Man darf annehmen, daß sie in die Fazies der Brandenberg-Schichten übergehen, die am Nützenberg Sandstein-Bänke in ungewöhnlicher Mächtigkeit führen (s. Abb. 5).

Im **Gebiet des Velberter Großsattels** wurde der höhere Teil der Honseler Schichten von den bisherigen Bearbeitern als (Untere) Flinzschiefer (s. S. 29 f.) bezeichnet. Er setzt sich in der Hauptmasse aus immer karbonatischen und feinsandgebänderten Ton- bis Schluffsteinen zu-

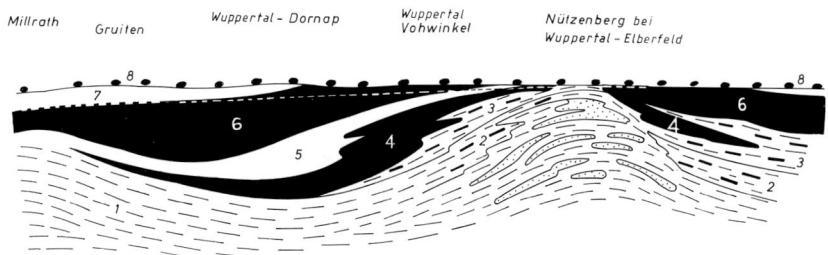

Abb. 5. Schematisches Profil zur Veranschaulichung der Schichten-Beziehungen im Mittel-Devon zwischen Millrath-Gruiten und Wuppertal-Elberfeld n. KARRENBERG (1965).
1: Brandenberg-Schichten
2: Untere Honseler Schichten
3: Obere Honseler Schichten, nur im östlichen Teil ausgebildet, dort wahrscheinlich zeitliches Äquivalent des tieferen Massenkalkes von Wuppertal-Vohwinkel – Wuppertal-Elberfeld, vielfach mit Kalkstein-Bänken.
4: Älterer Massenkalk von Wuppertal-Vohwinkel – Gruiten
5: Osterholz-Flinzschiefer
6: Jüngerer Massenkalk von Wuppertal-Dornap – Gruiten
7: Adorf-Schichten
8: Basis des Nehden
Die feingestrichelte Linie gibt die Grenze Mittel-/Ober-Devon an.

sammen, die lagenweise sehr fossilreich sind (s. Abb. 6). Ferner treten ausgedehnte Sandstein-Linsen und biogene Karbonat-Bildungen (Biostrom-Kalke) auf. Diese Schichten wurden in einem sehr sandarmen Flachwasser-Bereich abgesetzt. Sie sind im Untergrund der Niederrheinischen Bucht noch im Großraum von Krefeld vorhanden, wie Bohrungen ergaben (RIBBERT & LANGE 1993: 9).

Das Givet in konglomeratischer Fazies

In der Bohrung Schwarzbachtal 1 folgen über den Schwarzen Schichten (s. S. 13) die **Schwarzbachtal-Konglomerate** (s. Abb. 7), die von unten nach oben in Mergelsberger Schichten (47–101 m Teufe) und das Hauptkonglomerat (Unterer und Mittlerer Teil in 8–47 m Teufe sowie der Obere Teil in 0–8 m Teufe) gegliedert sind. Die Konglomerate im Schwarzbachtal sind auch übertage aufgeschlossen. Die Mergelsberger

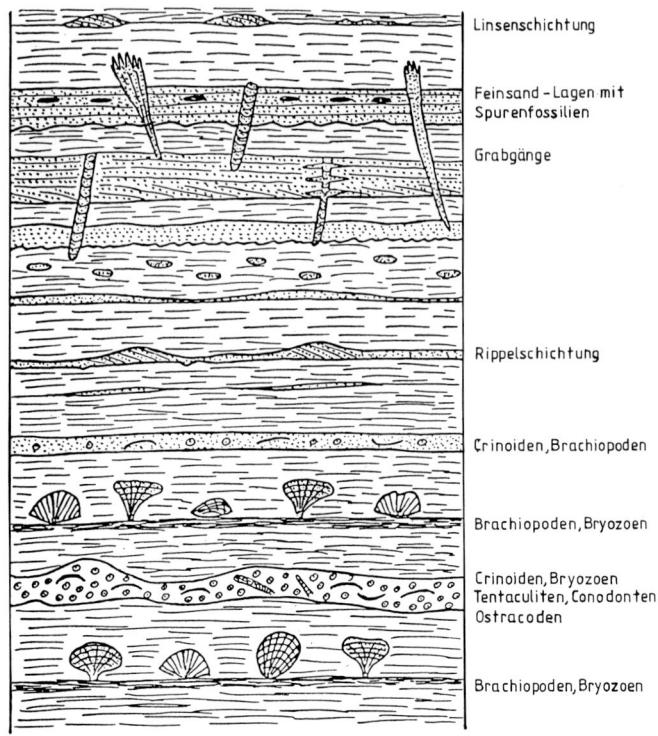

Abb. 6. Litho- und Biofazies der höheren Honseler Schichten n. RIBBERT & LANGE (1993).

Schichten treten bei Mergelsberg und am Hahnenhof in den beiden südlichen Seitentälern des Schwarzbachtales auf, während sich das Hauptkonglomerat zwischen Schönheitsmühle und Ilbeck erstreckt. Diese wenigen Aufschlüsse wurden von BREDDIN (1926), PAECKELMANN (1928a) und ROTHAUSEN (1958) ausführlich bearbeitet.

Die tieferen Partien der **Mergelsberger Schichten** bestehen größtenteils aus hellen gebleichten Sandsteinen, die überwiegend quarzitisch ausgebildet sind. Verschiedentlich enthalten die Sandsteine auch Konglomerat-Lagen. Einzelne Bänke sind stark löcherig, ein Phänomen, das

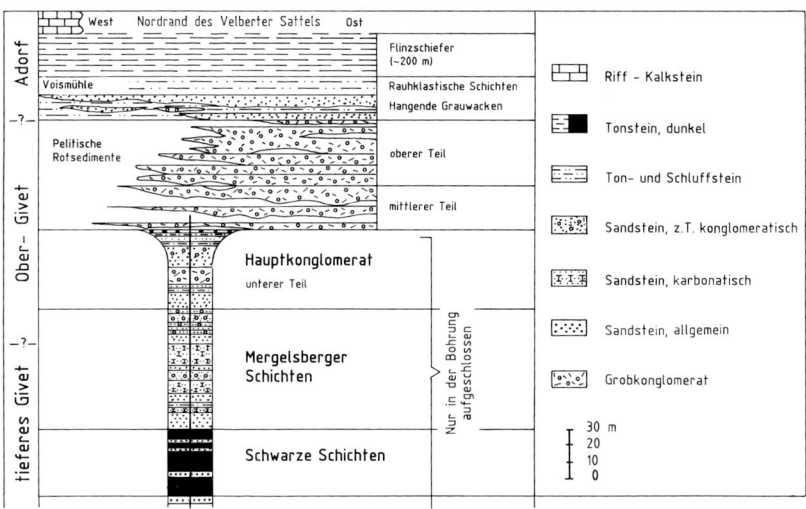

Abb. 7. Die Schichtenfolge im Schwarzbachtal und seiner Umgebung, im mittleren Teil die oberen 130 m der Bohrung Schwarzbachtal 1 (senkrechter Strich) n. RIBBERT (1982), geändert.

wohl auf die Auswitterung von Kalkknauern zurückgehen dürfte. Der völlig konglomeratische höhere Teil der Mergelsberger Schichten führt als Grundmasse ein Material, das dem der Sandstein-Bänke der tieferen Partien gleicht. Darin eingebettet sind wenig gerundete, meist stark gebleichte Gerölle von Feinsandsteinen, leicht metamorphen Tonschiefern und Milchquarzen. Der Anteil der verschiedenen Komponenten wechselt ebenso stark wie ihre Größen.

In den tieferen Partien der Mergelsberger Schichten finden sich häufig Crinoiden-Stielglieder, teilweise in angereicherten Lagen.

Das schätzungsweise 50 m mächtige **Hauptkonglomerat** wird von Grobgeröll-Bänken in Wechsellagerung mit roten tonig-schluffigen Lagen aufgebaut. Es hat eine vorherrschend rötlichgraue Grundmasse aus Quarzkörnern und Tonstein-Plättchen; eine tonige Grundmasse erscheint sehr selten. Die nur kantengerundeten Gerölle sind dicht gepackt und zeigen eine schlechte Sortierung. Ihre Größe schwankt zwischen

Dezimetern und Millimetern. Der Geröllbestand wird von groben, festen, grünlichen Quarziten mit einer roten Verwitterungskruste und Milchquarzen (Gangquarze) sowie grünlichen phyllitischen Tonschiefern gebildet. Die pelitischen Lagen keilen seitlich meist rasch aus und zeigen gelegentlich mit grobem Detritus gefüllte Erosionsrinnen (s. Abb. 8). Im höheren Teil des Konglomerats treten Einlagerungen von **Alkalikeratophyr-Tuff** auf (ROTHAUSEN 1958: 73).

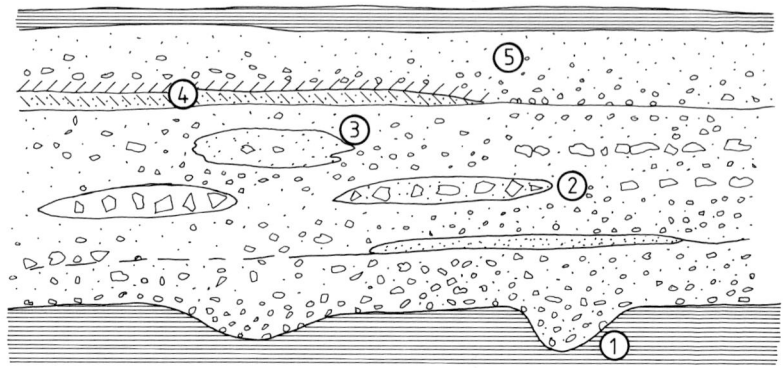

Abb. 8. Sedimentstrukturen im Hauptkonglomerat des Schwarzbachtales als synthetisches Profil n. RIBBERT & LANGE (1993).
1: Erosionsrinne mit Füllung
2: Grobgeröll-Lagen und -Linsen
3: Feingeröll-Linsen
4: Sandstein mit Tonstein-Fragmenten
5: Gradierte Schichtung mit Übergang zu einer roten Schluff-Lage

Die biostratigraphische Einstufung, der die Mergelsberger Schichten unterlagernden Schwarzen Schichten (s. S. 13) sowie die von marinen Einschüben stammenden, aus Brachiopoden, Muscheln und Korallen bestehenden Faunen in den Mergelsberger Schichten und im Unteren Teil des Hauptkonglomerats haben als wahrscheinliches Alter für die Schwarzbachtal-Konglomerate höheres Givet ergeben.

Das Hauptkonglomerat geht zum Hangenden allmählich in ein kleinstückiges Konglomerat (Oberes Hauptkonglomerat) mit grauer Färbung und schließlich in Sandsteine mit nur noch vereinzelten kleinen Geröllen über. Darauf folgt eine Wechsellagerung von völlig entkalkten, stark geschieferten, schluffig-feinsandigen Tonsteinen mit eingeschalteten Grauwacken-Bänken (**Hangende Grauwacken**). Diese Folge vertritt wahrscheinlich den höheren Teil der Honseler Schichten (s. S. 14). Die darüberliegenden **Rauhklastischen Schichten** (s. Abb. 7) dürften den höchsten Teil der Honseler Schichten darstellen. Die Schichten im Hangenden der Konglomerate wurden als tiefstes Ober-Devon datiert (STRUVE 1982).

In den Schwarzbachtal-Konglomeraten sind Geröll- und Sand-Massen überliefert, die stoßweise von einer nahegelegenen Fluß-Mündung als jeweils kurzzeitiger Delta-Vorbau geschüttet wurden (NEUMANN-MAHLKAU 1982, RIBBERT 1982). Ein Teil der Gerölle ist bei geringer Transportweite ohne stärkere Aufarbeitung vom nahegelegenen Festland

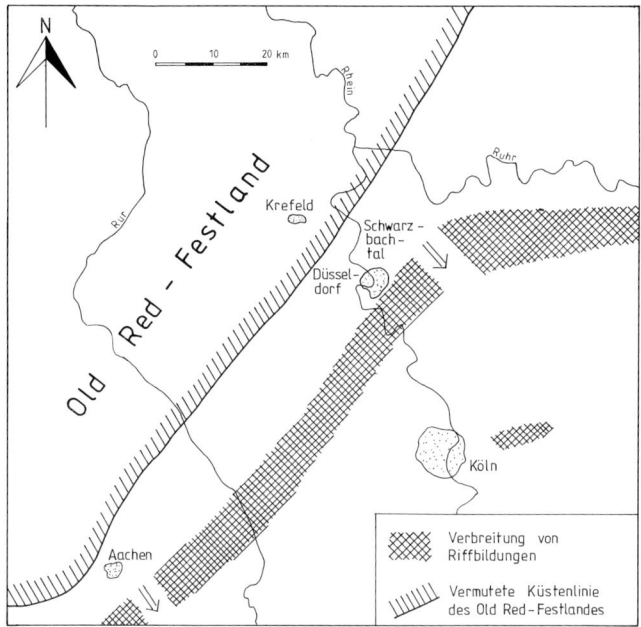

Abb. 9. Schematische Darstellung der Paläogeographie zur Zeit des höheren Mittel-Devon n. NEUMANN-MAHLKAU (1982).

in ein weithin flaches, terrestrisches bis marginal marines Ablagerungsgebiet transportiert worden (s. Abb. 3, 4 u. 9). Sie haben sich mit in Strandnähe aufgearbeiteten Geröllen gleicher Herkunft gemischt. Das Liefergebiet der Gerölle kann nur in nördlicher bis westlicher Richtung vom Schwarzbachtal gelegen haben (BREDDIN 1926: 210, PAECKELMANN & ZIMMERMANN 1930: 16, ROTHAUSEN 1958, NEUMANN-MAHLKAU 1982: 92f.). Es ist wahrscheinlich im prä-variszischen Zandvoort-Krefelder Hoch zu suchen, das damals als Nord-Süd verlaufende Struktur die Ostgrenze des Old Red-Festlandes gegenüber dem Velberter Trog bildete. Dieser senkte sich im höheren Givet und im Ober-Devon ein und wurde mit Ablagerungen gefüllt (s. Abb. 10). Sein Sedimentationsverlauf weicht von der sauerländischen Entwicklung ab (s. Tab. 1).

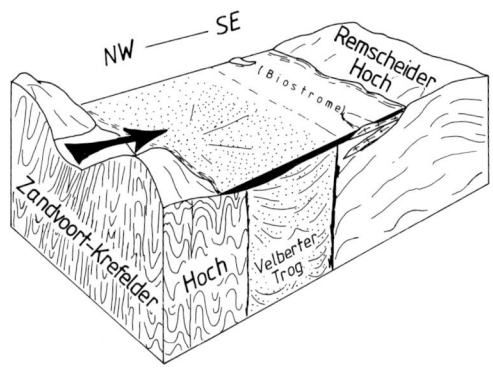

Abb. 10. Unmaßstäbliches Blockbild mit Zandvoort-Krefelder Hoch, Velberter Trog und Remscheider Hoch, an dessen Rand sich Biostrome bildeten. Nach PAPROTH & STRUVE (1982), geändert.

Die Schwarzbachtal-Konglomerate gehen im westlichen Kernbereich des Velberter Großsattels nach Osten und Süden in Sandsteine und stark sandige Tonschiefer mit untergeordneten Kalkstein-Bänken über, die nach PAECKELMANN & ZIMMERMANN (1930) Obere Honseler Schichten darstellen. Sie zeigen allerdings wenige Anklänge an die typische karbonatische Fazies der Oberen Honseler Schichten bei Wuppertal-Barmen und Schwelm, so daß hier vermutlich die „Oberen Honseler Schichten" in der landnäheren Fazies der Brandenberg-Schichten ausgebildet sind. Auf den Flanken des Velberter Großsattels sind die „Oberen Honseler Schichten" (= Untere Flinzschiefer, s. S. 29 f.) wesentlich karbonatischer.

Die vorstehend beschriebenen „Oberen Honseler Schichten" führen außer Bryozoen und Crinoiden-Stielgliedern Brachiopoden: *Chonetes crenulatus* F. ROEM., *Spirifer subcuspidatus* SCHNUR sowie Lamellibranchiaten (Muscheln): *Avicula reticulata* GOLDF., *A. reticulata* var. *fenestrata* FOLLM. und *Buchiola* cf. *sagittaria* HZL.

Das Givet in Massenkalk-Fazies

Über den Oberen Honseler Schichten bzw. über den Brandenberg-Schichten (s. S. 9 f.) auf der Nordflanke des Remscheid-Altenaer Großsattels oder über den die (Oberen) Honseler Schichten vertretenden Unteren Flinzschiefern (s. S. 29 f.) im Bereich des Velberter Großsattels folgt der Massenkalk[6] (s. Abb. 11). Während in den übrigen Gebieten des Rheinischen Schiefergebirges das Riff-Wachstum mehr oder weniger geschlossen und horizontgebunden erfolgte, begann im nördlichen Bergischen Land mit der Karbonat-Sedimentation eine Vielfalt von Riff-Bildungen, und zwar sowohl in ihrer räumlichen Verbreitung als auch in ihrer faziellen Entwicklung.

Der **untere Teil der mittel-/ober-devonischen Massenkalke** ist insbesondere auf der Nordflanke des Remscheid-Altenaer Großsattels überwiegend in der **Schwelm-Fazies** (KREBS 1968) entwickelt (s. Abb. 12 u. Tab. 2). Dieser „Schwelmer Kalk" (PAECKELMANN 1922) setzt sich aus einer bis ca. 500 m mächtigen Folge dunkler dickbankiger, teilweise wulstig-flaseriger Kalksteine mit tonigen Flaserbelegen zusammen. Gelegentlich treten Kalkstein-Bänke mit etwas hellerer Färbung auf. Die Bildung der vorwiegend bank- und linsenförmigen Karbonate fand während einer Phase langsamer und gleichmäßiger Absenkung statt. Ihre gleichbleibende Ausbildung weist auf ein geringes Relief während

---

[6] Die Bezeichnung „Massenkalk" – korrekt müßte es „Massenkalkstein" heißen – beruht auf der massigen Erscheinungsform des Gesteins, durch die es sich von den mergeligen Biostrom-Kalksteinen der Honseler Schichten (s. S. 14) und ebenso von den ober-devonischen Plattenkalken (s. S. 37) und Nierenkalken (s. S. 40) unterscheidet.

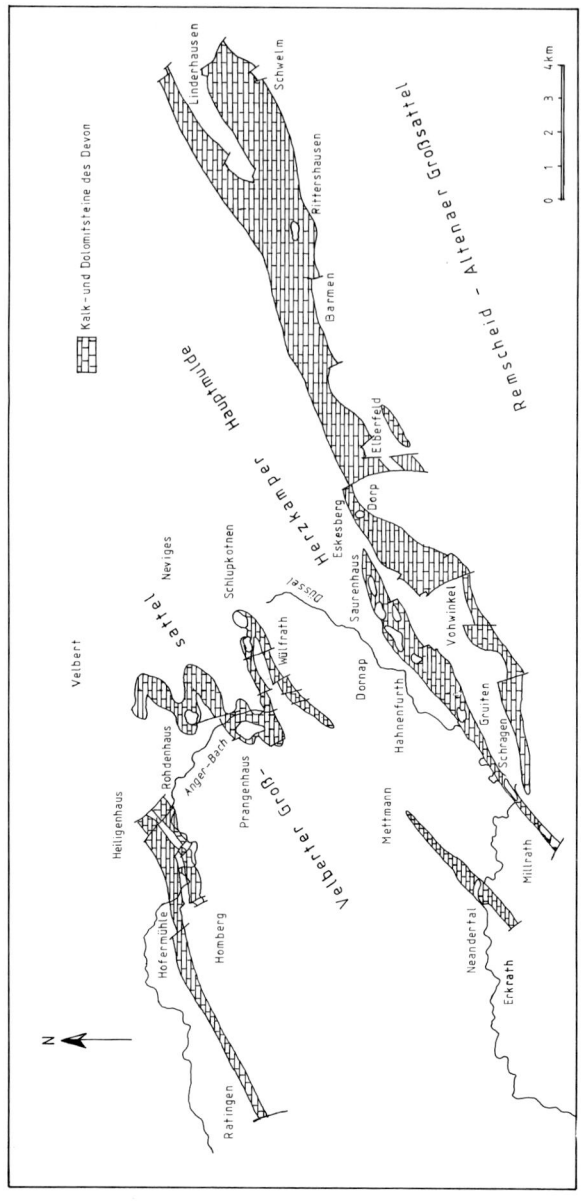

Abb. 11. Die Massenkalk-Vorkommen im Exkursionsgebiet.

der Ablagerungszeit, d.h. die Entstehung von **Riff-Plattformen** hin. Es können vollmarine Bedingungen bei geringer Wassertiefe angenommen werden. Die dunkle, feinschlammige, bituminöse Grundmasse des Kalksteins deutet auf nur schwache Wasserbewegungen hin. Das angewitterte Gestein läßt erkennen, daß die Bildner der Riff-Plattform überwiegend Stromatoporen sowie Korallen waren. Die Stromatoporen siedelten meist polsterförmig, nur ganz selten schaltet sich ein Blockriff aus knolligen Stromatoporen ein. Andere Stromatoporen und Korallen, insbesondere *Amphipora ramosa* (SCHULTZ), besetzten die Oberfläche der Riff-Plattform und bildeten mit ihren verschlungenen Ästen ganze Bänke (Rasen-Riffe). Ähnliches gilt auch für *Disphyllum* sp. *Stromatopora*-Polster und *Amphipora*-Rasen zeigen deutlich geopetale Anwachsgefüge. Die Grundmasse des Kalksteins zwischen den Riffbildnern besteht aus dunkelgrauen Kalzilutiten sowie auch feinen Kalkareniten. Sie führt häufig kleine Trümmer von Korallen und Stromatoporen. Vielfach sind die Riffbildner auch umgelagert und bauen Detritus-Lagen auf.

Tabelle 2. Entwicklungsstadien und Fazies-Bezeichnungen des Massenkalkes.

Entwicklungsstadien	Fazies-Bezeichnungen (nach KREBS 1968)	alte stratigraphische Bezeichnungen (nach PAECKELMANN 1922)
Kuppe	Iberg-Fazies	Iberger Kalk
Riff	Dorp-Fazies	Dorper Kalk Eskesberger Kalk
Plattform	Schwelm-Fazies	Schwelmer Kalk

Die Riff-Plattformen entstanden überwiegend an der dem Land zugewandten Seite des Riffs (back reef) im Bereich einer Lagune. Daher wird der Schwelmer Kalk auch als „lagunärer Massenkalk" bezeichnet.

Mit den Haupt-Riffbildnern vergesellschaftet sind zahlreiche solitäre Korallen, besonders *Alveolites suborbicularis* LAM., *Campophyllum dianthus* (GOLDF.) und *Hexagoniophyllum* n. sp. aff. *hexagonum* (GOLDF.) sowie Lamellibranchiaten (Muscheln): *Megalodon cucullatus* Sow. und Gastropoden (Schnecken): *Bellerophon striatus* Goldf., *Murchisonia archiaci* PAECKELM., *M. bilineata* SANDB. und *M. binodosa* ARCH. & VERN., ferner Brachiopoden wie *Spirifer* cf. *concentricus* SCHNUR, *Uncites gryphus* (SCHLOTH.) und das Leitfossil *Stringocephalus burtini* DEFRANCE.

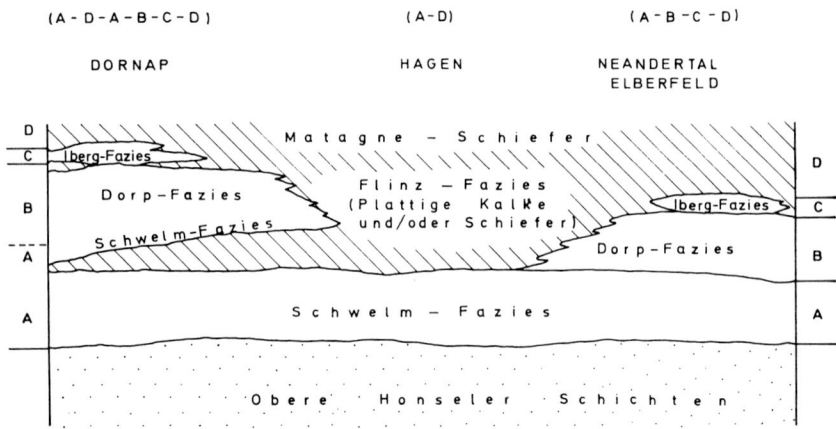

Abb. 12. Die räumlichen und zeitlichen Beziehungen zwischen Bank-(A), Riff-(B) und Kuppen-(C) sowie Flinz-Fazies (D) auf der Nordflanke des Remscheid-Altenaer Großsattels in Anlehnung an KREBS (1968).

Über dem „Schwelmer Kalk" folgt der **mittlere Teil des Massenkalkes** („Eckesberger Kalk", s. Tab. 2), der vorzugsweise aus hellgraublauen sparitischen Kalken aufgebaut ist (**Dorp-Fazies** n. KREBS 1968) und welcher in das untere Ober-Devon hinaufreicht. Die Grenze zwischen dem dunklen tieferen und dem hellen höheren Massenkalk ist nicht überall isochron. Die Kalksteine der Dorp-Fazies sind gelegentlich dickbankig ausgebildet, oft ist keine Schichtung zu erkennen. Hauptgesteinsbildner sind wieder Stromatoporen, insbesondere *Actinostroma*-Arten, so daß die mittlere Folge des Massenkalkes als „**Actinostroma-Riffkalk**" bezeichnet werden kann. Diese Riffe ragten oft in die Zone der Wellen-Erosion hinein und lieferten somit Kalkschutt. Letzterer setzte sich auf den Flanken der Riffe in Form von detritogenen Kalksteinen ab.

Neben den Stromatoporen-Biostromen kommen Amphiporen-Rasen (*Amphipora ramosa* SCHULTZ) sowie verästelte tabulate Korallen: *Alveolites ramosa* ROEM. und *Striatopora cristata* BLB. vor. Brachiopoden, Echinodermen und Gastropoden (Schnecken) treten häufiger auf.

Die Aufeinanderfolge von Massenkalk in Schwelm-Fazies („Bank-Typ") und Dorp-Fazies („Riff-Typ") ist nicht überall vorhanden, da sich

Das Devon

beide Typen – bedingt durch die paläogeographischen Verhältnisse des Untergrundes – gegenseitig ersetzen können. Dabei gilt die Regel, daß sich über der flachen Karbonat-Plattform in Schwelm-Fazies isolierte Riffe oder Atolle in Dorp-Fazies aufbauten.

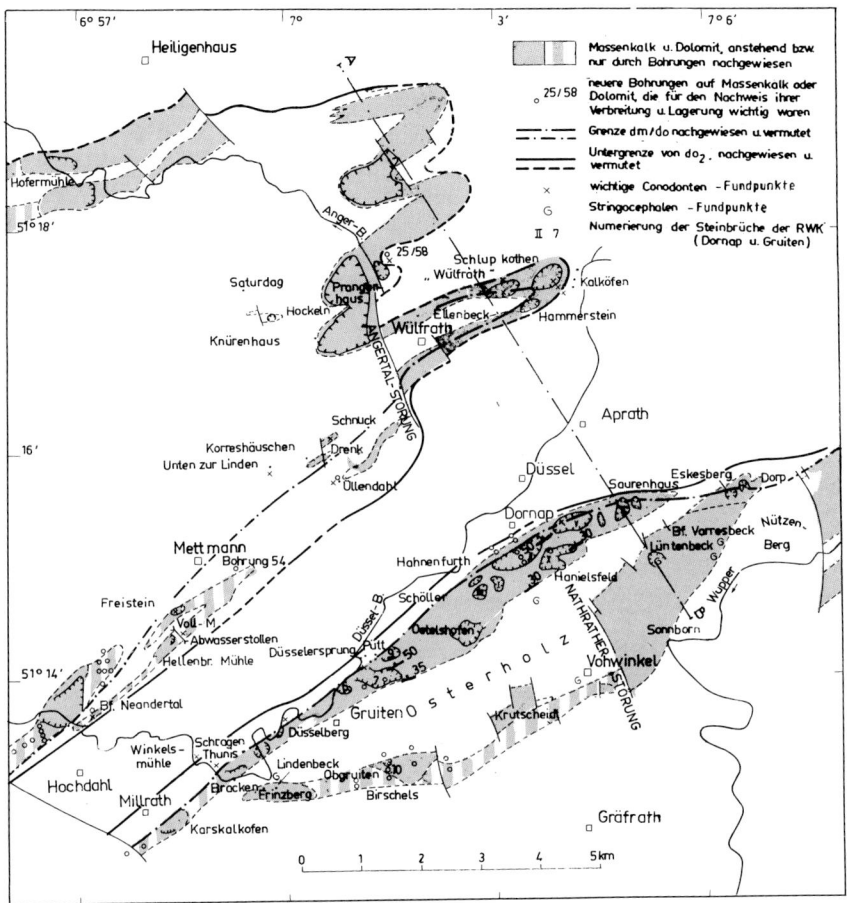

Abb. 13. Verbreitung der kalkigen Fazies im Gebiet von Gruiten-Wuppertal und Wülfrath sowie die stratigraphische Grenze Mittel-/Ober-Devon n. KARRENBERG (1965).

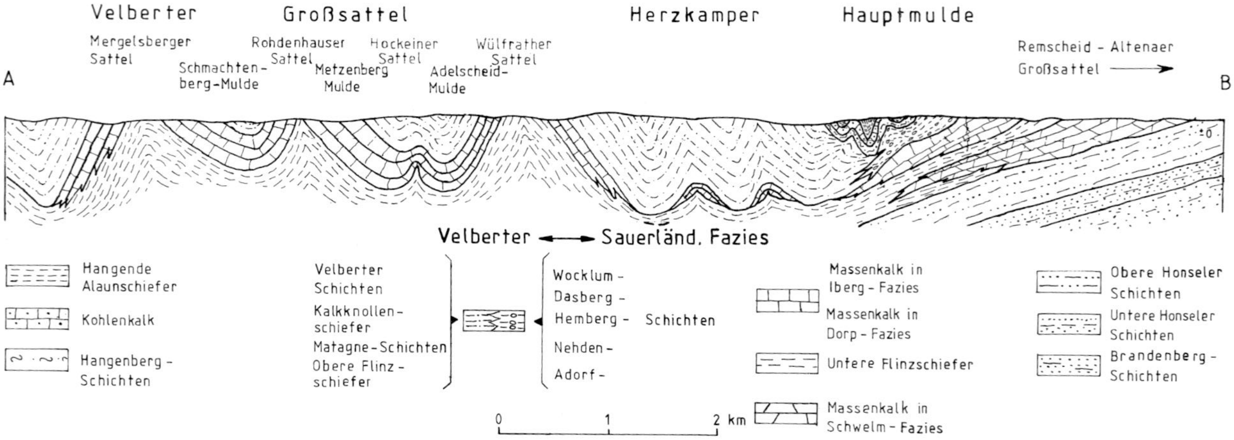

Abb. 14. Geologisches Profil durch den Velberter Großsattel und die Herzkamper Hauptmulde zur Veranschaulichung der Verzahnung von Massenkalk und Flinzschiefern n. BRINCKMANN u. a. (1970). Die Profil-Linie befindet sich auf Abb. 13.

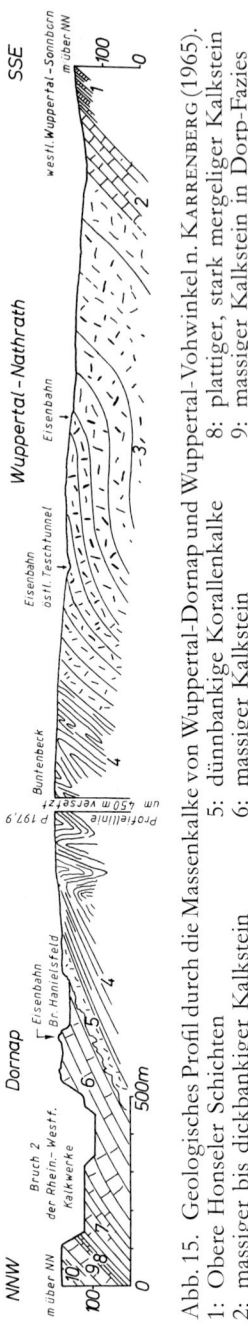

Abb. 15. Geologisches Profil durch die Massenkalke von Wuppertal-Dornap und Wuppertal-Vohwinkel n. KARRENBERG (1965).
1: Obere Honseler Schichten
2: massiger bis dickbankiger Kalkstein
3: massiger bis dickbankiger Dolomitstein
5: dünnbankige Korallenkalke
6: massiger Kalkstein
7: bankiger Korallenkalk
8: plattiger, stark mergeliger Kalkstein
9: massiger Kalkstein in Dorp-Fazies
10: Flinzschiefer

Sowohl der tiefere als auch der mittlere Massenkalk sind nicht selten lokal stark dolomitisiert. Bei Birschels (s. S. 131) scheint die **Dolomitbildung** schon frühdiagenetisch eingetreten zu sein. Überwiegend handelt es sich jedoch um eine sekundäre Dolomitisierung, wobei unter Mobilisation des eigenen Stoffbestandes primäre Hohlräume und tektonisch vorgebildete Kluft- und Rißöffnungen mit Dolomitspat verfüllt wurden (GOTTHARDT 1963).

Im **Kern des Velberter Großsattels**, d. h. im Gebiet von Wülfrath, beginnt die Karbonat-Bildung ebenfalls im höheren Givet (KARRENBERG 1965: 710). Der Massenkalk wird hier ca. 300–350 m mächtig und ist überwiegend in Dorp-Fazies ausgebildet. Die Basis der Karbonatfolge bilden die **Liegenden Flaserkalke**, deren Mächtigkeit zwischen 10 und 50 m schwankt.

Der Massenkalk stellt keine durchgehende Karbonatplatte dar, sondern kann seitlich oder zum Hangenden von Peliten vertreten werden (s. Abb. 12 u. 17). So folgen auf den Elberfelder Massenkalk die **Osterholz-Schiefer** als große Linse mit einer maximalen Mächtigkeit von ca. 300–400 m (s. Abb. 13, 14 u. 17). Sie entsprechen den Unteren Flinzschiefern (= höhere Honseler Schichten, s. S. 14) im Gebiet des Velberter Großsattels (s. S. 29 f.). Dünngebankte flaserige Kalksteine im Hangenden dieser Osterholz-Schiefer vermitteln im Gebiet südlich von Wuppertal-Dornap den Übergang zu dem Gruiten-Dornaper Massenkalk-Zug (s. Abb. 15). Da in den Osterholz-Schiefern *Terebratula pumilio* ROEM.[7] (s. Abb. 19 b) und in den Übergangsschichten zum hangenden Massenkalk bei Birschels *Polygnathus varca* STAUFFER gefunden wurde (BRINCKMANN 1963), gehört der überwiegende Teil des Gruiten-Dornaper Massenkalkes noch in das höhere Givet. PAECKELMANN (1928b) stellte die Osterholz-Schiefer in das Adorf und nahm gleichzeitig einen grabenartigen Einbruch dieser Folge an.

Der tiefere Massenkalk keilt 600 m westsüdwestlich des Gehöftes Lindenbeck (im Neandertal) aus (s. Abb. 14 u. 17), so daß hier die Flinzschiefer (Osterholz-Schiefer) unmittelbar den Brandenberg-Schichten auflagern (KARRENBERG 1965: 699). Weiter nach Südwesten keilen auch die Osterholz-Schiefer aus (s. Abb. 17), so daß schließlich der höhere

---

[7] Es handelt sich nach SCHMIDT (1960) um eine frühe Jugendform von *Stringocephalus burtini* DEFRANCE.

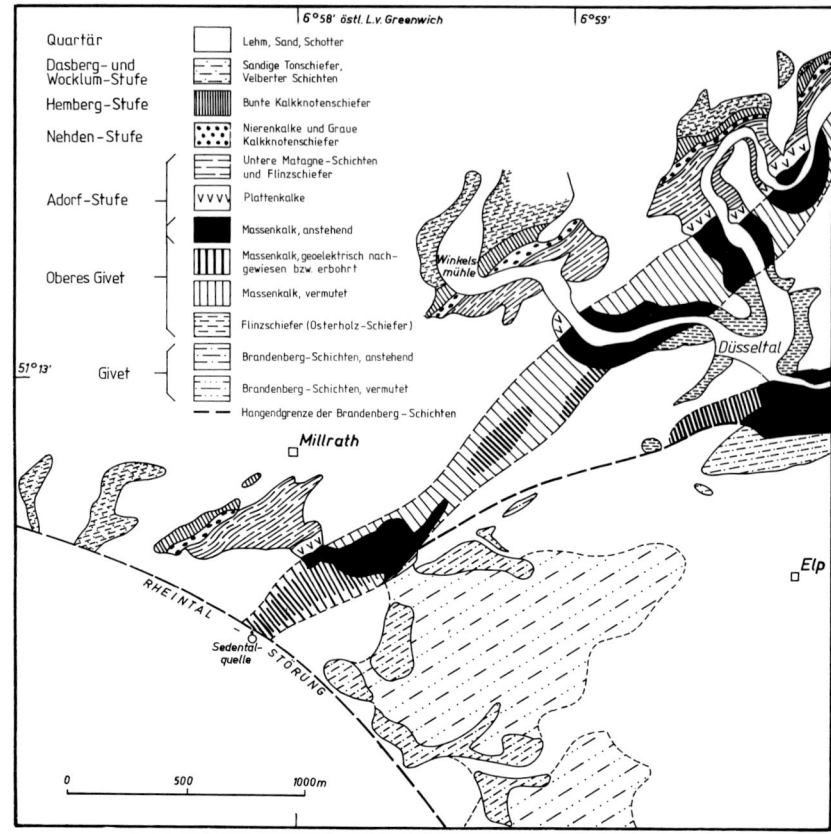

Abb. 16. Auskeilen verschiedener Schichtglieder des Oberen Mittel-Devon im Gebiet von Gruiten-Millrath n. KARRENBERG (1965), geändert.

Massenkalk die Brandenberg-Schichten überlagert (SCHRÖDER & TAUPITZ 1965: 680).

Die Osterholz-Schiefer werden also diachron von Südwesten nach Nordosten jünger. Sie gehen im Südwesten allmählich aus den Brandenberg-Schichten hervor und haben Massenkalk in ihrem Hangenden; am Nordost-Ende ihres Verbreitungsgebietes befindet sich dagegen

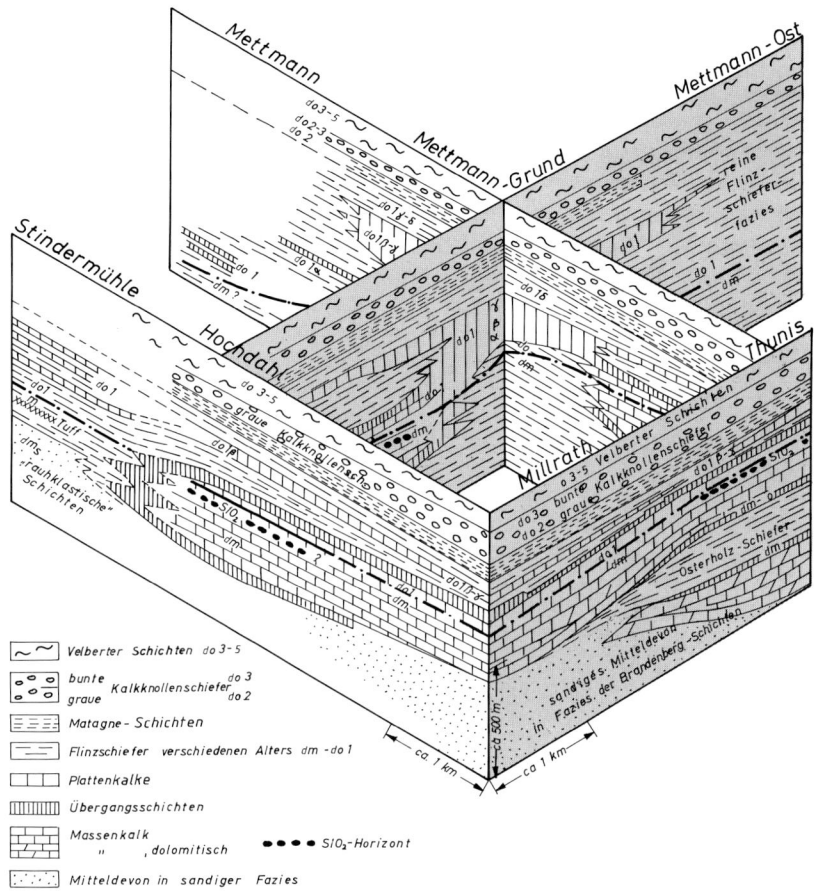

Abb. 17. Blockdiagramm der Fazies-Verzahnungen im Mittel- und Ober-Devon bei Mettmann n. SCHRÖDER & TAUPITZ (1965), geändert.

durch Auskeilen des höheren Massenkalkes bei Wuppertal-Saurenhaus Massenkalk nur noch in ihrem Liegenden (s. Abb. 13 u. 16).

Im **Gebiet des Velberter Großsattels** wird der Massenkalk des höheren Givet auf weite Erstreckung von den **Unteren Flinzschiefern** unterlagert oder auch vertreten (s. Abb. 13 u. 14). Diese gehören nach

Conodonten-Funden (KARRENBERG 1965: 715 ff., RIBBERT & LANGE 1993: 9) in das mittlere und obere Givet. In ihrem tieferen Teil führen sie noch Sandstein-Einlagerungen und bei Höltersmorp südöstlich Hubbelrath einen **Tuff-Horizont** mit Feldspäten und vulkanischem Glas (s. Abb. 17). Dieser Tuff dürfte nach ROTHAUSEN (1958) altersgleich mit den Tuffen im oberen Teil des Hauptkonglomerats (s. S. 18) sein. Die Unteren Flinzschiefer bestehen aus dunkelgraublauen bis grauschwarzen, karbonatischen Ton- und Schluffsteinen mit Feinsand-Lagen und -Bändern. Einzelne, lagenweise sehr fossilreiche Kalkflasern und -linsen kommen vor. Die Makrofauna wird überwiegend von Brachiopoden (Atrypiden, Cyrtospiriferen und Strophomeniden) sowie Bryozoen, Crinoiden und tabulaten Korallen gebildet. Die bankigen Karbonat-Einschaltungen sind entweder crinoidendetritisch oder werden von tabulaten oder rugosen Korallen sowie Stromatoporen aufgebaut. Die Schieferung hat die Schichtung meist ausgelöscht. Verbreitet ist **Schwefelkies**, teils in feiner Verteilung, teils in Knollen. Insgesamt stellt die pelitdominante sandarme Schichtenfolge ein isochrones Äquivalent der höheren Honseler Schichten dar (s. S. 14 f.).

Die Unteren Flinzschiefer wurden mit geringer Sedimentationsrate in einem flachen, teilweise sauerstoffarmen Stillwasser-Bereich im Schutz verstreut auftretender kleinräumiger Karbonat-Komplexe abgelagert. Letztere wird man sich als „patch reefs" mit umgebenden Crinoiden-Rasen und Brachiopoden-Siedlungen vorstellen können. In Annäherung an die Givet/Adorf-Grenze kommt es zu einer Verdichtung der karbonatproduzierenden Bereiche und schließlich zur flächendeckenden Verbreitung des Massenkalkes.

Auf der **Nordflanke des Velberter Großsattels** südlich von Heiligenhaus (Geologisches Blatt Kettwig) liegen ähnliche Verhältnisse wie bei Wuppertal-Elberfeld – Wuppertal-Dornap vor (s. S. 27 f.). Hier treten zwei Massenkalk-Züge auf, deren südlicher von PAECKELMANN (1924: 276) als ober-devonischer „Dorper Kalk", der nördliche dagegen als ober-mitteldevonischer „Schwelmer Kalk" angesehen wurde, wobei beide einen tektonischen Doppelhorst – getrennt durch Flinzschiefer – bilden sollten. Nach (KARRENBERG 1965) liegt jedoch eine normale stratigraphische Abfolge der Flinzschiefer vor, in die zweimal größere Riffkalk-Platten eingeschaltet sind (s. Abb. 18). Der obere Kalkstein erbrachte in seinem höheren Teil ober-devonische Conodonten (KARRENBERG

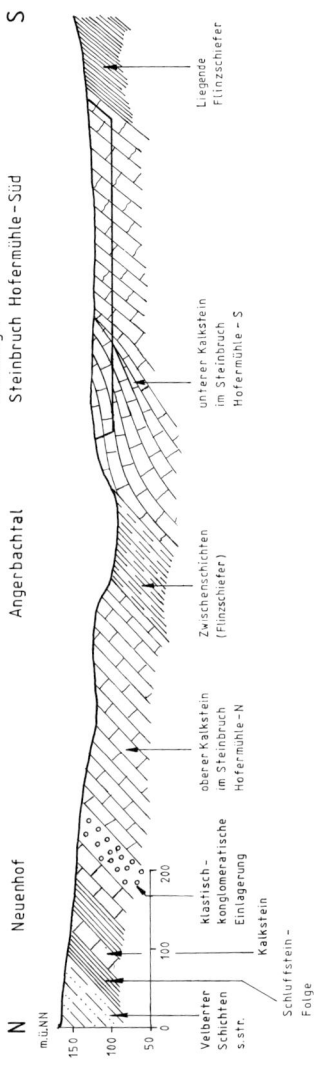

Abb. 18. Geologisches Profil durch die Massenkalk-Vorkommen von Hofermühle n. KARRENBERG (1965), stark geändert.

1965: 715, RIBBERT & LANGE 1993: 11), so daß hier die Karbonat-Bildung bis in das höhere Adorf (s. S. 33) anhielt.

In die Endphase der tief-oberdevonischen Karbonatproduktion durch Korallen und Stromatoporen fällt die erneute Schüttung von grobklastischem Material ähnlich demjenigen der Schwarzbachtal-Konglomerate. So zeigt der obere Massenkalk zwischen Ratingen und Hofermühle (südlich von Heiligenhaus) in seinem höchsten Teil eine **klastisch-konglomeratische Einlagerung**, die im ehemaligen Kalksteinbruch bei Voismühle südlich von Ratingen ca. 10 m[8], bei Hofermühle (s. S. 149), nur noch 8,5 m mächtig ist (s. Abb. 18). Sie besteht außer aus Sandsteinen und Geröllsandsteinen unterschiedlicher Korngröße auch aus Karbonat-Gesteinen mit wechselnden Sandanteilen. Letztere reichen von geschichteten schwach biodetritischen kalkigen Feinsandsteinen bis zu Kalksteinen mit einer grobsandigen Grundmasse von Biostrom-Material, das sich aus Trümmern von Stromatoporen und tabulaten Korallen zuammensetzt. Die grobsandigen bis feinkiesigen geröllführenden Sandsteine bestehen ganz überwiegend aus kaum gerundeten, 0,5–3 cm großen Quarz-Geröllen in tonig-karbonatischer Grundmasse. Ferner erscheinen geringe Beimengungen von Quarzit- und Phyllit-Bruchstücken (s. Abb. 44). Die Kombination karbonatischer und grobklastischer Sedimentgesteine ist derjenigen in den Schwarzbachtal-Konglomeraten (s. S. 15 ff.) ähnlich und wahrscheinlich durch den kurzzeitigen Vorbau eines Fan-Deltas in einen Flachwasser-Bereich mit biogener Karbonat-Produktion zu erklären. Bei Hofermühle finden sich ferner Primärbrekzien von Riffkalk sowie Hornstein und Tuff-Material, bei Voismühle weiche graue Tonschiefer mit einer roten Lage. Das grobklastische Material scheint ebenso wie dasjenige der Schwarzbachtal-Konglomerate vom Zantvoort-Krefelder Hoch zu stammen, wofür auch die Mächtigkeitsabnahme der grobdetritischen Einlagerung nach Osten spricht.

Im Gebiet des ehemaligen Kalksteinbruches „Hofermühle-Nord" liegt über dem Massenkalk in Dorp-Fazies eine ca. 30 m mächtige Schluffstein-Folge, die mit einem geringmächtigen konglomeratischen Sandstein abschließt (s. Abb. 43). Darüber folgt nochmals bis 10 m mächtiger

---

[8] In der ehemaligen Tongrube „Brill" am Bahnhof Ratingen-Ost zeigte diese Einlagerung sogar eine Mächtigkeit von mehr als 16 m (WUNSTORF 1931).

Massenkalk in Iberg-Fazies (s. S. 149), der anhand seiner Conodonten in das obere Adorf gestellt wird (RIBBERT & LANGE 1993: 11). Er ist daher mit dem Iberger Kalk im Dornaper Gebiet gleichzusetzen (s. unten).

3. Das Ober-Devon

α) *Die Adorf-Stufe*

Die Karbonat- oder Pelit-Sedimentation des Givet setzte sich in gleicher Weise in das Ober-Devon fort.

Das Adorf in Massenkalk-Fazies

Der Massenkalk in Dorp-Fazies auf der **Nordflanke des Remscheid-Altenaer Großsattels** endet im allgemeinen vor der Grenze Mittel-/Ober-Devon und reicht nur in wenigen Fällen darüber hinaus. Im Dornaper Gebiet war das Riff-Wachstum am ausgedehntesten und erreichte nicht nur eine Mächtigkeit von über 350 m gegenüber 180 m des gleichen Massenkalk-Zuges bei Gruiten, sondern hielt auch am weitesten in das Ober-Devon hinein an. Deshalb liegen im Bereich des Kalksteinbruches „Voßbeck" in Wuppertal-Dornap die Gebänderten Schiefer des Nehden (s. S. 40) unmittelbar auf dem Dornaper Massenkalk. Die kuppenartige Aufwölbung des Riffkalkes bei Wuppertal-Dornap steht auch in ursächlichem Zusammenhang mit einem starken Mächtigkeitsschwund des klastischen Ober-Devon, welcher die Ablagerungen des Adorf, Nehden und Hemberg betroffen hat. Während diese Schichtenfolge etwa 2 km weiter südwestlich etwa 500–600 m mächtig wird, nimmt sie bei Wuppertal-Dornap nur noch ca. 200 m im Profil ein.

Der **obere Teil des Massenkalkes** im Unteren Adorf ist meist in **Iberg-Fazies** (KREBS 1968) entwickelt, gelegentlich folgen auch schon die Oberen Flinzschiefer (s. S. 36 f.) im tiefsten Adorf unmittelbar auf Kalke in Dorp-Fazies. Die Iberg-Fazies („Iberger Kalk") umfaßt hellgraue, dichte bis spätige, dünn- bis mittelbankige oder flaserige Crinoiden-Brachiopoden-Kalke, die kaum noch Stromatoporen führen, fossilreiche Schuttkalke aus Crinoiden und Thamnoporen sowie untergeordnet Stromatoporen, *Alveolites*, rugose Einzelkorallen und Brachiopoden in teils spätiger, teils grauer kalzilutitischer Grundmasse. Die oft bio-

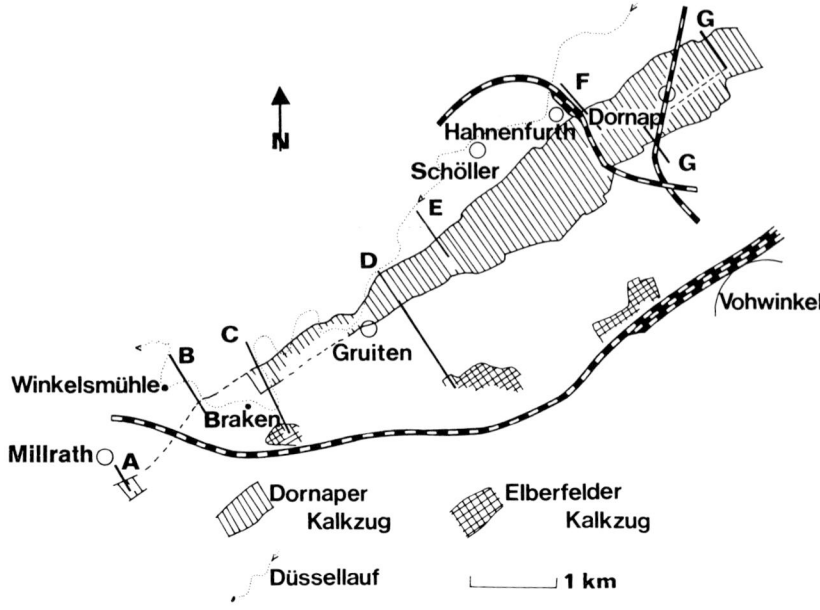

Abb. 19a. Lageskizze für die in Abb. 19b dargestellten Profile.

klastischen Kalke wurden unterhalb der Zone der Wellenerosion abgelagert. Insgesamt bildeten die Kalke in Iberg-Fazies (Kuppen-Typ) **biohermartige Kuppen** auf den höchsten Teilen der absinkenden Riffe in Dorp-Fazies (s. Abb. 12 u. Tab. 2).

Ihre arten- und individuenreiche Fauna setzt sich aus Brachiopoden: *Atrypa reticularis* LAM., *Dialasna whidbornei* (DAV.), *Orthis (Schizophoria) striatula* SCHLOTH., *Productella productoides* (MURCH.), *Pugnax ibergensis* KAYS., *Spirifer inflatus* SCHNUR; Cephalopoden: *Manticoccras intumescens* BEYR.; Korallen: *Alveolites suborbicularis* LAM., *Phacellophyllum breviseptatum* (FRECH.), *Thamnophyllum* n. sp. aff. *supradevonicum* PEN.; Lamellibranchiaten (Muscheln) und Gastropoden (Schnecken) zusammen.

Die Mächtigkeit des Massenkalkes in Iberg-Fazies überschreitet nur selten 50 m.

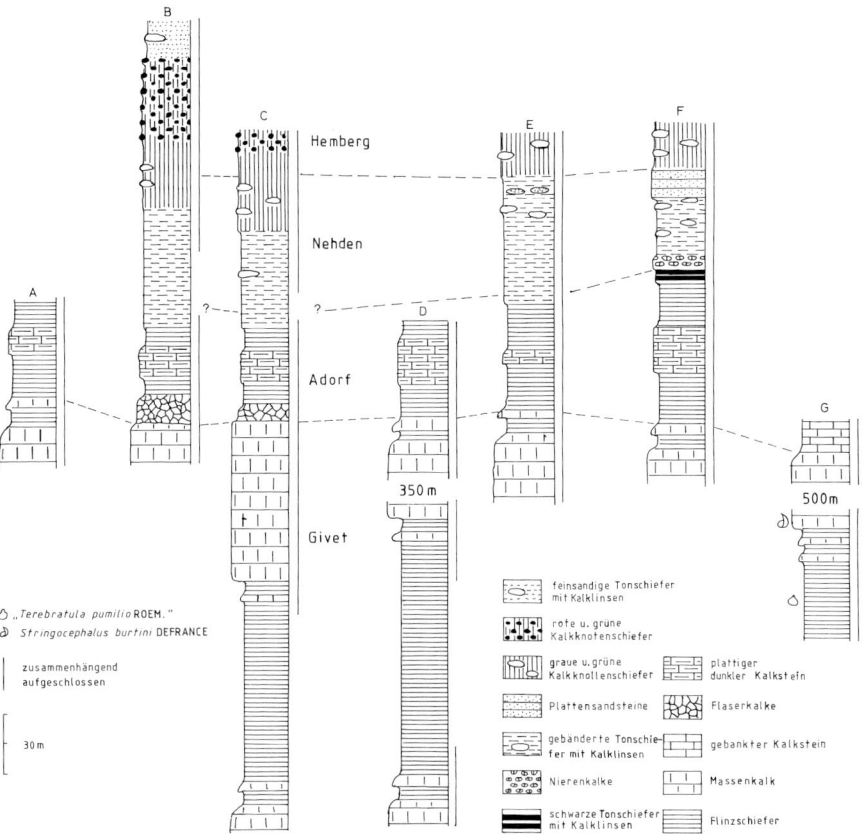

Abb. 19 b. Säulenprofile des Dornaper Massenkalk-Zuges mit seinen Hangend- und Liegend-Schichten n. BRINCKMANN (1963). Die Profil-Linien befinden sich auf Abb. 19 a.

Nach den Conodonten-Untersuchungen von BRINCKMANN (1963) hört die Bildung des Massenkalkes auf der Nordflanke des Remscheid-Altenaer Großsattels im tieferen Adorf auf (s. Abb. 19 a und b). Im Nordwesten von Wuppertal-Elberfeld (bei Dorp und Eckesberg) sowie im Dornap-Gruitener Massenkalk bei Wuppertal-Hahnenfurth und Wuppertal-Dornap schalten sich zwischen die Kalksteine in Dorp-Fazies und die Kalksteine in Iberg-Fazies noch 2–15 m mächtige Flinzschiefer und -kalke ein. Die Massenkalk-Bildung bei Wülfrath reicht ebenfalls über die Mittel-/Oberdevon-Grenze hinaus (s. Abb. 13). So gehören die etwa im oberen Drittel der Karbonatfolge eingeschalteten flaserigen (tonigen) Kalksteine („**Hangende Flaserkalke**") in das hohe Adorf (do I [β] γ, s. S. 145). Der darüber folgende Teil des Kalkes reicht hier etwa bis zum do I δ und ist in Iberg-Fazies ausgebildet. Die biohermartigen Kuppen von Wülfrather, Rohdenhauser und Mergelsberger Sattel in Iberg-Fazies stellten so stark aufragende Riffkomplexe dar, daß sie erst von den klastischen Velberter Schichten überdeckt wurden (s. S. 44 u. Exkursionskarte C). Somit war der Faltenbau paläogeographisch bereits vorgezeichnet. Die erklärt auch, weshalb nur in den Mulden die Grauen Kalkknoten- und Kalkknollenschiefer des Nehden über dem Massenkalk entwickelt sind.

Insgesamt reicht der Massenkalk im Wülfrather Gebiet, d. h. im Kern des Velberter Großsattels, bis an das Nehden heran, während er nach Norden und Süden auf kurze Entfernung durch die Oberen Flinzschiefer (s. unten) ersetzt wird. Somit entwickelte sich hier im höheren Adorf auf eng begrenztem Raum im Zentrum des heutigen Velberter Großsattels ein in mehrere Bioherm-Komplexe gegliedertes, stark aufragendes Riff. Von den ober-devonischen Riffbildungen in der Gegend von Wuppertal-Dornap–Wuppertal-Elberfeld ist der Massenkalk von Wülfrath schon primär durch die erste Anlage der Herzkamper Hauptmulde (s. S. 95) getrennt gewesen (s. Abb. 14). Erst weiter westlich im Gebiet des Neandertales greift das breite Riff am Nordrand des Remscheid-Altenaer Großsattels auf die Südflanke des Velberter Großsattels als Massenkalk von Neandertal über. Im Norden und Nordosten war offenbar die Wassertiefe größer, so daß dort Flinzschiefer abgelagert wurden. Nur bei Hofermühle entwickelte sich abermals ein stark aufragender Riffkomplex in Iberg-Fazies, der – wie bei Wülfrath – erst von den Velberter Schichten überdeckt wurde (s. Abb. 18 u. 43).

Die Oberen Flinzschiefer (und Plattenkalke)

Konkordant gehen die Kalksteine des Gruiten-Dornaper Massenkalk-Zuges in karbonatische Ton- und Schluffsteine über. Diese **Oberen Flinzschiefer** lassen sich in petrographischer Hinsicht nicht von den mitteldevonischen Flinz- bzw. Osterholz-Schiefern unterscheiden. Sie sind nur dort von diesen abzugliedern, wo sie durch die Einschaltung des Massenkalkes von den älteren (Unteren) Flinzschiefern getrennt werden (s. Abb. 14 und 19 b). Da die Karbonat-Bildung örtlich einen unterschiedlichen großen Zeitraum umfaßte, ist die Obergrenze der Unteren Flinzschiefer (Honseler Schichten) sowie die Untergrenze der Oberen Flinzschiefer chronologisch nicht genau zu fixieren. Fossilien sind selten. Bei Kindshof nördlich von Erkrath fand ROTHAUSEN (1958: 64) Styliolinen-Schiefer mit einer Fauna (*Entomis latesulcata* PAECKELM., *Lingula subparallela* SANDB., *Styliolina laevis* R. RICHTER, *Tentaculites tenuicinctus* ROEM.), die für tiefstes Adorf spricht.

In die Flinzschiefer sind auf der Südflanke des Velberter Großsattels und auf der Nordflanke des Remscheid-Altenaer Großsattels verschiedentlich **Plattenkalke** eingeschaltet (s. Abb. 19 b). Es handelt sich um plattige bis bankige, oft wulstige, blaugraue bis schwarzgraue, fein- bis mittelkörnige, oft sparitische Kalksteine von 10–150 cm Mächtigkeit mit geringmächtigen Flinzschiefer-Zwischenlagen. Sie sind meist stark kleingefaltet.

Die chronostratigraphische Stellung der Plattenkalke scheint örtlich verschieden zu sein. Nach den Conodonten-Funden von BRINCKMANN (1963: 128) gehören die Plattenkalke auf der **Nordflanke des Remscheid-Altenaer Großsattels** [von PAECKELMANN (1928 b) im Raum von Wuppertal-Hahnenfurth irrtümlich als „Iberger Kalk" und bei Wuppertal-Düsselsprung als „Schwelmer Kalk" kartiert sowie von ZIMMERMANN (PAECKELMANN & ZIMMERMANN 1930) auf dem Geologischen Blatt Mettmann als „Gruitener Schichten" ausgeschieden] dem do I β/γ, d. h. dem mittleren Adorf an.

Auf der **Südflanke des Velberter Großsattels** treten zwei Plattenkalk-Züge auf, die im Profil G–H zum Geologischen Blatt Mettmann als Aufsattlung erklärt werden. Der südliche Kalkstein-Zug bildet seinerseits einen Sattel, in dessen Kern do I α und auf den Flanken do I (β) γ sowie auf dem Südflügel sogar noch do I δ nachgewiesen wurden (KARRENBERG 1965: 713ff.). Somit liegt die Grenze Plattenkalke/Matagne-Schichten (s. S. 39 f.) auf beiden Seiten des Sattels nicht im gleichen stratigraphischen Niveau, was wiederum den oben beschriebenen starken Fazies-Wechsel in der Givet- und Adorf-Stufe auf kürzeste Entfernung unterstreicht.

Nach Nordosten treten bei Korreshäuschen (Geologisches Blatt Wuppertal-Elberfeld) Plattenkalke auf, die dem tiefsten Adorf angehören, während in schwarzen Kalken, die in dünnen Linsen bei „Unten zur Linden" [ca. 2,5 km nordöstlich von Mettmann (Geologisches Blatt Mettmann) nördlich der Straße, s. Abb. 13] den Flinzschiefern eingeschaltet sind, Givet-Conodonten (höchste *varca*-Zone) gefunden wurden.

Somit sind also die Plattenkalke auf der Südflanke des Velberter Großsattels lokal schnell auskeilende Bildungen, die im Südwesten fazielle Vertreter des oberen Massenkalkes vom Südflügel des Wülfrather Sattels (s. S. 36) darstellen. Dafür spricht auch, daß der Plattenkalk bei Üllendahl südwestlich von Wülfrath (s. Abb. 13) in Dorp-Fazies ausgebildet ist (KARRENBERG 1954: 15).

Bei Burwinkel–Nobbenhof nordöstlich von Neandertal (Geologisches Blatt Mettmann) taucht der Sattel des Neandertaler Massenkalkes nach Südwesten unter den Plattenkalken auf. Hier scheint auch ein Übergang von den Plattenkalken zum Massenkalk vorzuliegen. Die schwarze, vorwiegend plattige Partie im mittleren Teil des Massenkalkes die sich nach Südwesten in „normale" Riffkalke verliert, deutet eine solche Verzahnung zwischen Massen- und Plattenkalk-Fazies an (SCHRÖDER & TAUPITZ 1965: 686). Insgesamt stellen die Plattenkalke zwischen den Riffkalk-Gebieten das entsprechende Becken-Sediment dar. Nach MEISCHNER (1964) kann ein großer Teil der Plattenkalke als **Kalk-Turbidite** („allodapische Kalke"), d. h. als Kalkdetritus betrachtet werden, der durch turbulente Suspensionsströme in solche Stillwasser-Becken transportiert worden ist. Der Schutt selbst entstammt Halden, die sich am Fuße größerer Riffkörper am Rande der Becken unterhalb der Reichweite normaler Brandungsturbulenz anhäuften. Durch mechanische Beanspruchung wie Erdbeben, Verlagerung von Strömungen, Sturmfluten oder durch Auslösung der potentiellen Energie bei Überschreiten einer bestimmten Mächtigkeit gerieten größere Sedimentmassen in Bewegung und gingen in einen turbulenten Suspensionsstrom über.

Der Aufbau einer Kalkturbidit-Bank ist folgender (MEISCHNER 1964: 160): Ihre untere Grenze ist immer messerscharf. Kalkdetritus überlagert ohne Übergang den Pelit. Über der scharfen Unterfläche folgt ein Kalkstein, der überwiegend aus Kalzit-Körnern besteht, die Bruchstücke von Fossilien (Brachiopoden- und Mollusken-Schalen, Korallen, Echinodermen, Bryozoen, Foraminiferen, Ostracoden) darstellen. Der Kalkdetritus ist mit groben Geröllen von Fremd-

Das Devon 39

gesteinen, oft feinkörnigen Kalken oder Fossilschalen vermengt. Dieser gradiert geschichtete Bankteil ist meist am mächtigsten. Die Geröll-Führung kann an einer oberen Grenze scharf absetzen. Im höheren Bereich der groben Lage treten oft plattige, runde, gelegentlich auch kugelige Tonschiefer-Einschlüsse auf.

Über dem gradiert geschichteten Teil liegt der geringmächtige obere Teil der Bank, in dem ebene Schichtfugen folgen, die zum Hangenden immer dichter werden und in primäre Feinschichtung übergehen. Die allgemeine Korngröße nimmt weiter stetig ab, bis schließlich Korngröße und Menge des Kalkdetritus die Größenordnung der kalzilutitischen Beimengung erreichen. Auf die Kalkstein-Bank folgen mit allmählichen Übergang wieder feinschichtige Flinzschiefer.

Die Festlegung der Obergrenze der Flinzschiefer bereitet überall dort keine Schwierigkeit, wo die Matagne-Schichten (s. unten) sie überlagern. Wenn diese fehlen, muß man annehmen, daß die Matagne-Schichten und sogar die Kalkknoten- oder Kalkknollenschiefer des Nehden (s. S. 41) örtlich durch Flinzschiefer (bzw. auch durch Massenkalk, s. S. 36) ersetzt werden. Nach KARRENBERG (1954: 13) soll die flinzschieferartige Fazies im Bereich des Velberter Großsattels verschiedentlich bis in das mittlere Ober-Devon hineinreichen.

Die Unteren Matagne-Schichten

Die Absenkung des Meeresbodens beschleunigte sich im höheren Adorf, so daß zu jener Zeit fast überall die Riffbildung aufhörte. **Auf der Nordflanke des Remscheid-Altenaer Großsattels** schließen die **Unteren Matagne-Schichten** („Schwarze Schiefer") als Ablagerung des tieferen ruhigen Wassers die Flinzschiefer nach oben ab. Sie bestehen aus bituminösen, weichen, dunkelgrauen bis schwarzen, bräunlich verwitternden Tonschiefern von ca. 5–25 m Mächtigkeit. Ihnen sind schwarze mikritische „Flinzkalke" in Form flacher Linsen oder dünner Bänkchen eingelagert. Pyrit ist sowohl in den Kalksteinen als auch in den Tonschiefern häufig und deutet zusammen mit dem Bitumengehalt auf stagnierende euxininische Stillwasser-Bildungsbedingungen der Herzynischen Fazies hin.

Nach Conodonten-Funden von BRINCKMANN (1963) gehören die Unteren Matagne-Schichten dem do I δ an.

Die Fauna besteht überwiegend aus (oft verkiesten) Goniatiten: *Manticoceras bickense* WEDEKIND, *M. tuberculatum* HZL., *Tornoceras simplex* (v. BUCH); Lamellibranchiaten (Muscheln): *Buchiola retrostriata* (v. BUCH), *Posidonia venusta* MÜN-

STER; Brachiopoden: *Atrypa reticularis* (LAM.), *Camarotoechia rotunda* (MÜNSTER), *Liorhynchus bijugatus* SCHNUR, *L. subreniformis* (SCHNUR), *Orthis striatula* (SCHLOTH.) und *Spirifer (Reticularia) simplex* PHILL.) sowie dem Ostracoden *Entomis* sp.

Auf der **Südflanke des Velberter Großsattels** sind die Unteren Matagne-Schichten im Gegensatz zur Elberfelder Ausbildung vorwiegend karbonatisch entwickelt. Ihre Basis nehmen hier dunkelgraublaue mikritische Flinzkalke ein, die nach oben zu nierenkalkartig werden. Darüber folgen Kalkknollenschiefer. Auf der Nordflanke des Velberter Großsattels werden die Unteren Matagne-Schichten durch Flinzschiefer (s. Tab. 1) vertreten.

β) Die Nehden-Stufe

Im Verlauf der Nehden-Stufe gewinnen tonige und sandige Sedimente die Oberhand über die Karbonat-Bildungen.

Über den Unteren Matagne-Schichten folgen auf der **Nordflanke des Remscheid-Altenaer Großsattels** bis Wuppertal-Hahnenfurth im Westen die **Nierenkalke** (BRINCKMANN 1963: 129), die auf den Geologischen Blättern Wuppertal-Elberfeld und Wuppertal-Barmen als „**Obere Matagne-Schichten**" bezeichnet werden. Ihr genaues Alter ist etwas unsicher, da PAECKELMANN (1928b: 35), sie, mit *Manticoceras bickense* fossilbelegt, in das höhere Adorf stellt, während sie nach den Conodonten-Funden von BRINCKMANN (1963: 129) in das Untere Nehden (do II α) einzustufen wären (s. Abb. 19 b). Es handelt sich um eine Wechsellagerung von weichen, graubraunen Mergelsteinen mit harten, grauen, knolligen Nierenkalken und Kalkknotenschiefern. Die Mächtigkeit dieser Abfolge beträgt im Gebiet des Geologischen Blattes Wuppertal-Barmen ca. 30 m, am Güterbahnhof Wuppertal-Hahnenfurth nur noch 5 m.

Weiter im Westen werden die Nierenkalke durch die **Gebänderten Schiefer („Bänder- und Plattenschiefer")** vertreten (s. Abb. 19 b u. Tab. 1), die bis in das höchste Adorf hinunterreichen und eine Mächtigkeit von ca. 70 m haben. Sie bestehen aus dunklen, blaugrünen, vielfach gebänderten, schluffigen Tonschiefern mit hohem Karbonatgehalt, der stellenweise bis zum Auftreten von Nierenkalken ansteigt. Sandigglimmerreiche Partien lassen sich oft in dünne parallele Platten spalten.

Die Gebänderten Schiefer verwittern schwer und bilden daher Hänge und Höhenrücken. Im **Gebiet des Velberter Großsattels** sind derartige Bildungen nicht mehr entwickelt und werden anscheinend von den Grauen Kalkknoten- und Kalkknollenschiefern (s. S. 42) faziell vertreten (s. Tab. 1). Nach Osten zu, d. h. östlich von Wuppertal-Hahnenfurth, nehmen die Gebänderten Schiefer an Mächtigkeit auf etwa 30 m ab. Sie überlagern hier als „**Untere Cypridinenschiefer**" die Nierenkalke (Obere Matagne-Schichten).

An Fossilien haben diese Schichten Lamellibranchiaten (Muscheln): *Buchiola retrostriata* v. Buch, *Posidonia venusta* Münster; Cephalopoden: *Cheiloceras angulatum* Münster, *Ch. verneuili* Münster sowie Ostracoden: *Entomis serratostriata* Sandb. und *Richterina elliptica* Paeckelm. geliefert.

Über den Unteren Cypridinenschiefern folgen auf der **Nordflanke** des **Remscheid-Altenaer Großsattels** die **Plattensandsteine** der Herzynischen (Sauerländischen) Fazies, welche eine Mächigkeit von ca. 15 m besitzen und die allmählich nach Westen bis Gruiten auskeilen (s. Abb. 19 b). Sie gehören dem höheren Nehden an. Die Plattensandsteine stellen überwiegend turbiditische Sand-Schluffsteine dar und zeigen wie im Sauerland interessante Sedimentstrukturen, insbesondere bankinterne Verfältelung („Wulstbänke") und Sohlmarken wie Strömungskolkmarken, Schleifmarken (Richter 1971 b) und prä-depositionale Grabgänge von Sedimentfressern. Letztere wurden vor Ablagerung der Plattensandsteine im Tonschlamm angelegt und durch flächenhafte Erosion teilweise freigespült. Durch die anschließende Sand- und Schluffschüttung sind die Gangteile ausgegossen worden und somit auf der Unterseite der Sand-Schluffsteine erhalten geblieben.

γ) Die Hemberg-Stufe

Ab Hemberg verläuft die Sedimentation im Exkursionsgebiet noch deutlicher in zwei verschiedenen Ausbildungsarten: in der eintönigen Rheinischen (Velberter) Fazies im Westen und der stärker gegliederten Herzynischen (Sauerländischen) Fazies (s. S. 75 ff.) im Osten (am Nordrand des Remscheid-Altenaer Großsattels). Beide Fazies-Typen verzahnen sich im Nahtgebiet zwischen dem Velberter Großsattel und dem Remscheid-Altenaer Großsattel.

Das Hemberg in Velberter Fazies

Über den Gebänderten Schiefern (Bänder- und Plattenschiefer) bzw. den Plattensandsteinen folgen die **Grauen und Grünen Kalkknotenschiefer**, die westlich von Wuppertal-Hahnenfurth teilweise noch in das Nehden gehören (s. Abb. 19 b), während sie im Osten im Gebiet des Geologischen Blattes Wuppertal-Elberfeld erst im tiefsten Hemberg beginnen (BRINCKMANN 1963: 131). Damit greift die Velberter Fazies im Hemberg relativ weit nach Osten vor. Im Gebiet des Velberter Großsattels vertreten die entsprechenden (seltener grünen) **Grauen Kalkknoten- und Kalkknollenschiefer** das gesamte Nehden sowie den tieferen Teil des Hemberg (s. Tab. 1).

Die Kalkknotenschiefer bestehen aus 50–70 m mächtigen, graugrünen bis dunkelgrauen, streifigen, meist karbonatischen Tonschiefern mit wechselndem Schluff-Anteil, die lagenweise kleinere Kalkknoten oder größere brotlaibförmige Knollen von grauem, dichtem, splittrigem Kalkstein enthalten. In der Umrahmung des Velberter Großsattels handelt es sich vorwiegend um flaserige Kalkknotenschiefer.

An Fossilien liefert die Abfolge gelegentlich den Trilobiten *Phacops (Trimerocephalus) mastophthalmus* R. RICHTER.

Über den Grauen Kalkknoten- und Kalkknollenschiefern im Bereich des Velberter Großsattels folgen die **Velberter Schichten** (s. S. 43 f.), deren tiefste Partien nach Conodonten-Funden (BRINCKMANN 1963: 132) noch dem Hemberg angehören.

Das Hemberg in Sauerländischer Fazies

Vom Ostrand des Geologischen Blattes Wuppertal-Elberfeld schalten sich nach Osten in die Grauen und Grünen Kalkknotenschiefer allmählich immer mehr rote Partien ein. Daher liegen dann auf den Blättern Wuppertal-Barmen, Hattingen und Hagen die **Roten und Grünen Cypridinenschiefer** als Vertreter der Sauerländischen Fazies vor (s. Tab. 1). Diese bestehen aus rot und grün gefärbten, sehr weichen, schuppig zerfallenden Tonschiefern, die gelegentlich auch schluffig entwickelt sind. Sie führen Ostracoden (*Richterina striata* R. RICHTER).

Die Roten und Grünen Cypridinenschiefer sind 35–50 m mächtig.

Darüber folgen die **Roten und Grünen Kalkknotenschiefer** als dasjenige Schichtglied der Sauerländischen Fazies, das am weitesten nach Westen aushält. Es handelt sich um eine 40–70 m mächtige Folge von weichen Tonschiefern, die intensiv rot und grün gefärbt sind. Sie enthalten Lagen von Knoten eines unreinen Kalkes, sog. „Kramenzeln"[9], in denen der Tongehalt stark zurücktritt. Die mikritischen länglichen, seltener ovalen Kalkknoten sind bis zu 15 cm lang und 3–10 mm dick. Sie zeigen rötliche Hämatitflecken und rötliches Pigment und führen untergeordnet wechselnde Beimengungen von eckigem Schluff (Quarz, Plagioklas, Muskovit und Biotit). Rißfüllungen mit spätigem Kalzit lassen erkennen, daß die Kalkknoten ursprünglich kontinuierliche Kalklagen bildeten, die durch Rutschungsvorgänge in der hochbeweglichen tonigen Matrix boudinageartig auseinanderdrifteten (THOMAS & ZIMMERLE 1992: 14 f.).

Andere Partien bestehen aus grünen und grauen, seltener roten Tonschiefern mit lichtgrünen oder rötlichen karbonatischen Sand- und Schluffstein-Bänken. Auf der Unterseite dieser Bänke treten oft Sohlmarken und Weidespuren sowie im Inneren Schrägschichtung und bankinterne Verfältelung ähnlich wie in den Plattensandsteinen des Nehden auf.

Die Roten und Grünen Kalkknotenschiefer lassen sich am Nordrand des Remscheid-Altenaer Großsattels bis zum Düsseltal (Geologisches Blatt Mettmann) verfolgen, wo sie etwa 40 m mächtig werden. Bei Wülfrath-Schlupkothen am Ostende des Wülfrather Sattels (s. S. 97) treten an der Basis der Velberter Schichten letztmals rote Kalkknotenschiefer auf, so daß hier die Sauerländische Fazies noch in das Gebiet des Velberter Großsattels übergreift.

An Fossilien hat die Folge *Sporadoceras muensteri* v. BUCH und *Richterina striatula* R. RICHTER geliefert.

δ) *Dasberg- und Wocklum-Stufe*

Das Dasberg-Wocklum in Velberter Fazies

Das höhere Ober-Devon im Bereich des Velberter Großsattels besteht aus der eintönigen Folge der **Velberter Schichten**. Während diese am

---

[9] Kramenzel = Ameisen (Volksmund), weil in die Hohlräume, die durch Auswitterung der Kalkknoten entstanden sind, Ameisen gern ihre Nester bauen.

Süd- und Nordrand des Großsattels die Grauen Kalkknoten- und Kalkknollenschiefer überlagern, liegen sie bei Hofermühle und in den Sätteln des Faltenbaues bei Wülfrath (s. S. 36) unmittelbar dem Massenkalk auf. Dunkelblaue, meist feinglimmerhaltige und streifige, oft etwas flaserige Ton- und Schluffsteine mit wechselndem Sand- und Kalkgehalt setzen die Velberter Schichten zusammen. Bei der Verwitterung werden sie heller, graugrün bis gelbbraun. Sie sind meist stark geschiefert, so daß ihre Schichtung nur an günstigen Stellen zu erkennen ist. Durch Zunahme des Sandgehaltes entwickeln sich gelegentlich geringmächtige, stark glimmerhaltige, plattige Sandsteine. Hin und wieder erscheinen bis handtellergroße, flache Knollen eines dunkelblaugrauen, flinzartigen Kalkes mit Pyrit-Würfeln. Strömungsrippeln und Schrägschichtung kommen in der Folge häufig vor.

Im allgemeinen sind die Velberter Schichten arm an Fossilien. Nur die kalkreichen Bänke enthalten häufiger Brachiopoden: *Chonetes hardrensis* PHILL., *Ch.* aff. *laguessianus* DE VERN, *Cyrtospirifer verneuili* MURCH., *Orthis interlineata* PHILL., *Pugnax pugnus* MART., *Spirifer urii* FLEM., *Strophalosia productoides* (MURCH.); Cephalopoden: *Kosmoclymenia undulata* MÜNSTER, *Sporadoceras muensteri* v. BUCH, *Cymaclymenia* sp. sowie Trilobiten: *Pseudowaribole (Pseudowaribole)* cf. *conifera* (R. & E. RICHTER) und *Ps. sulcata* (H. PAUL) [HAHN & RICHTER 1975].

Im höchsten Ober-Devon verstärkt sich der Gegensatz zwischen der Velberter (Rheinischen) Fazies im Nordwesten und der Elberfelder (Sauerländischen) Fazies (Herzynische Fazies) im Südosten. Der nordwestliche Velberter Bereich wird zur Schwelle, während der sauerländische Bereich absinkt. Diese Differenzierung in Schwellen- und Becken-Fazies erklärt die starke Zunahme des Karbonat-Anteils sowie die Zunahme großer Brachiopoden und die Seltenheit von Ammonoiden in den obersten Velberter Schichten. Demgegenüber sind die etwa gleichaltrigen Unteren Hangenberg-Schichten (s. S. 47 f.) der Elberfelder Fazies im Südosten als karbonatarme Tonsteine ausgebildet.

Da der höchste Teil der devonischen Schichtenfolge im nordwestlichen Bereich des Velberter Großsattels sich durch das zunehmende Auftreten von mächtiger werdenden Kalkstein-Bänken auszeichnet, wurde er von den Velberter Schichten abgetrennt. Diese Abfolge, die auf dem Geologischen Blatt Velbert (BÄRTLING et al. 1931) die inzwischen aufgegebene Bezeichnung „Etroeungt-Stufe"[10] führt, wird hier den Velberter Schichten s.l. zugerechnet. Die „Etroeungt-Schichten" bestehen aus rhythmischen Sequenzen von dunkelgrauen, mehr oder weniger feinsandigen und glimmerreichen Tonschiefern, die über karbonatische Sandsteine in Bankfolgen von flaserigen, dunkelgraublauen, harten, oft crinoidenführenden Kalken (tiefster „Kohlenkalk") übergehen. Letztere weisen häufig Einlagerungen von Mergelsteinen auf. Mit dem Auftreten der ersten Kalkstein-Bänke setzt unvermittelt eine reiche Fossilführung ein. Nach Conodonten- und Foraminiferen-Faunen gehört das „Etroeungt" noch eindeutig in die Wocklum-Stufe. Es stellt das Übergangsglied zwischen der terrigenen Sedimentationsphase des höheren Ober-Devon (Velberter Schichten) und der karbonatischen Epikontinental-Fazies des Unter-Karbon (s. S. 48 f.) dar.

Die Mächtigkeit dieser Abfolge, deren höherer Teil nach der belgischen Gepflogenheit bereits dem tiefsten Tournai s.l. (Tn 1a und tiefes Tn 1b) angehört (s. Tab. 3) und die mit den unter-karbonischen Tournai-Schichten ihrer Genese nach eine Einheit bildet, beträgt auf der Nordflanke des Velberter Großsattels ca. 60 m und nimmt auf der Südflanke auf weniger als 8 m ab. Mit dieser Mächtigkeitsabnahme vollzieht sich auch eine Veränderung der Fazies, indem die sandigen Einlagerungen verschwinden und die Kalkstein-Bänke ausfallen, so daß ein rascher Übergang zu den Unteren Hangenberg-Schichten (s. S. 47 f.) vorhanden ist.

Die Grenze Devon/Karbon liegt nach BÖGER (1962: 155) im Nordwesten des Velberter Großsattels etwa an der Unterkante einer bis 18 m mächtigen Kalkstein-Folge („Ostracoden-Kalk"), die bereits in das tiefste Unter-Karbon (höheres Tn 1b der belgischen Gliederung, s. Tab. 3) gehört. Sie nimmt nach Südosten ständig an Mächtigkeit ab, und wird bei Zippenhaus östlich von Velbert schließlich durch eine Wechselfolge von Ostracoden führenden Tonschiefern und karbonatischen Sandsteinen vertreten (s. Abb. 22), so daß die Ziehung einer scharfen Grenze in diesem faziellen Übergangsgebiet schwierig ist.

Die „Etroeungt-Schichten" führen Brachiopoden: *Cyrtospirifer verneuili* (MURCH.), *Hamlingella goergesi* (PAECKELM.), *Productus kayseri* PAECKELM., *Spirifer*

---

[10] PAUL (1939b) trennte die tiefsten Schichten von „Etroeungt s. str." als „Angertal-Schichten" ab.

Tabelle 3. Stratigraphische Gliederung des höchsten Ober-Devon und des Unter-Karbon im Exkursionsgebiet.

System	Stufe	Belgische Gliederung			Lithostratigraphie Frischwasser-Fazies	Lithostratigraphie Stillwasser-Fazies	Cephalopoden	Conodonten	Kulm - Gliederung		
Ober-Karbon	Namurien	A			Schichten mit *Posidonia* u. Goniatiten	Hgd. Alaun-Sch.	*Eumorphoceras*		cu III	granosus-Zone (cu III γ)	Aprath
Unter-Karbon	Viséen	V 3c		Warnatien			Goniatites	*Gnathodus bilneatus*		striatus-Zone (cu III β)	
		V 3b	α β γ			Kieselschiefer				crenistria-Zone (cu III α)	
		V 3a		Livien	Hauptmasse des Kohlenkalkes				δ	nasutus-Zone (cu II δ)	
		V 2b	α β γ					*Gnathodus homopunctatus*			
		V 2a				Kulm-Kieselkalke					
		V 1b	α – β γ	Molinacien							
		V 1a			Richrather Kalk		*Pericyclus*		cu II	γ	kochi-Zone (cu II γ)	Erdbach
	Tournaisien	Tn 3	c	Ivorien	(Kondensation, Lücken)			*Scaliognathus anchoralis*		β	cu II β
			a-b		Zwischenschiefer			*Polygnathus communis carina*				
		Tn 2	c	Hastarien		Liegende Alaun- und Kieselschiefer				α	cu II α	
			b					*Siphonodella crenulata*				
			a		Ostracoden-kalk		*Gattendorfia*	*Siphonodella sulcata*	cu I		Balv
		Tn 1b	α β γ	"Etroeungt"	Velberter Schichten	Hangenberg-Schichten						
Ober-Devon	Famennien	Tn 1a			"Etroeungt-Schichten"	Obere Cypridinen-Schiefer	*Wocklumeria*	*Siphonodella praesulcata*	do VI		
		Fa 2	c d					*Protognathodus*				

urii FLEM., *Strophalosia productoides* (MURCH.), *Widbornella caperata* (SOW.) sowie Cephalopoden: *Cymaclymenia euryomphala* SCHINDEW., *Postclymenia evoluta* (FRECH) und *Kosmoclymenia* sp.; Trilobiten: *Brachymetopus (Brachymetopus) drevermanni* G. HAHN (BRAUCKMANN 1994), *Omegops accipitrinus bergicus* DREVERM. und *Pseudowaribole (Pseudowaribole) quaesita* G. HAHN sowie die Tetrakoralle *Clisiophyllum kayseri* FRECH und Schlangensterne (THOMAS 1979).

Die Mächtigkeit der Velberter Schichten dürfte 700–1200 m betragen.

Das Dasberg-Wocklum in Sauerländischer Fazies

Über den Roten und Grünen Kalkknotenschiefern am Nordrand des Remscheid-Altenaer Großsattels folgen die **Oberen Cypridinenschiefer** (s. Tab. 1), die etwa 300 m mächtig werden. Es handelt sich überwiegend um weiche, graue bis grünliche, ebenflächig spaltende Tonschiefer und glimmerreiche, graue bis grünliche oder rötliche, plattige, karbonatische Sandsteine. Letztere zeigen oft ähnliche Sedimentstrukturen wie die Nehden- und Hemberg-Sandsteine. Gelegentlich treten auch rote und grüne Mergelsteine und Kalkknotenschiefer, graue Knollenkalke sowie dünne Kalkstein-Bänkchen auf. Im Westen des Geologischen Blattes Wuppertal-Elberfeld sind die Sandsteine regellos in der ganzen Schichtenfolge verteilt; der Übergang zur Rheinischen Fazies der Velberter Schichten wird dadurch angezeigt. Im Osten, d. h. schon auf dem Geologischen Blatt Wuppertal-Barmen, läßt sich die Abfolge hingegen in eine sandsteinreiche untere und eine aus weichen Tonschiefern mit einzelnen Rotschiefer-Lagen bestehende obere Folge unterteilen.

Fossilien sind Lamellibranchiaten (Muscheln) (*Posidonia venusta* MÜNSTER), Brachiopoden (*Orthis interlineata* PHILL., *Spirifer urii* FLEM. und *Strophalosia productoides* [MURCH.], Cephalopoden (*Gonioclymenia hoevelensis* WEDEK.), Crinoiden-Stielglieder und gelegentlich Trilobiten (*Cyrtosymbole bergica* R. RICHTER, *Phacops griffithides* R. & E. RICHTER, und *Drevermannia schmidti* R. RICHTER).

Die **Unteren Hangenberg-Schichten („Hangenberg-Schiefer")**, welche nördlich von Wuppertal-Elberfeld etwa 25 m mächtig werden, bilden über den Oberen Cypridinenschiefern eine Folge von graublauen Tonschiefern mit Kalkstein-Bänkchen und schwarzen Knollenkalken (s. Tab. 1). Im Gebiet des Geologischen Blattes Hattingen und nördlich von Wuppertal-Barmen (Geologisches Blatt Wuppertal-Barmen) sind die

Hangenberg-Schiefer durch die Ennepe-Störung (s. S. 102 f.) tektonisch unterdrückt. Im Gebiet östlich von Hagen bestehen sie nur noch aus blaugrauen und grünlichen Tonschiefern mit dünnen Bänkchen feinkörniger, glimmerhaltiger Sandsteine. Einzelne karbonatreiche Tonschiefer-Lagen führen gelegentlich dünne Bänke und große flache Knollen von teilweise pyritreichem Kalkstein.

Die Unteren Hangenberg-Schichten zeigen eine typische herzynische Fauna mit gelegentlichen Clymenien (*Postclymenia* sp. und *Wocklumeria* sp.). Weiterhin treten hin und wieder Brachiopoden [*Athyris royssii* L'Ev., *Orthis interlineata* (Phill.), *Spirifer urii* Flem. und *Strophalosia productoides* (Murch.)] als ober-devonische sowie *Productus niger* Goss. und *Spirifer tornacensis* De Koninck als unter-karbonische Formen auf.

d) Das Karbon

In der variszischen Senkungszone Mitteleuropas verstärkten sich vom Unter-Karbon an die orogenen Bewegungen. Das variszische Tektogen der gegen Ende des Devon aufgestiegenen Mitteldeutschen Kristallinschwelle weitete sich nach Norden aus. Synchron zum Vorrücken der Tektogenese griff auch der nördlich des Schwellenbereiches verbliebene, sich zunehmend verengende Ablagerungsraum des östlichen und nördlichen Rheinischen Schiefergebirges nach Nordwesten auf das Vorland des Old Red-Festlandes über. An dieses neugebildete Schelfmeer schloß sich nach Süden und Südosten ein tieferes Becken mit Stillwasser-Bedingungen an, das sich mit Sedimenten der **Kulm-Fazies**[11] (s. S. 58 ff.) füllte.

1. Das Unter-Karbon (Dinant)

Während des Unter-Karbon verzahnten sich im Exkursionsgebiet der von Nordwesten vordringende Kohlenkalk und der aus östlicher Richtung vorstoßende Kulm. An den Schelf des Old Red-Festlandes gebunden, bildeten sich seit dem höchsten Ober-Devon auf einem Streifen,

---

[11] Die pelagische Becken-Fazies wird „Kulm-Fazies" genannt. Sie ist im tieferen Ober-Karbon durch Flysch-Sedimente gekennzeichnet (s. S. 61), welche die einsetzende Variszische Orogenese signalisieren.

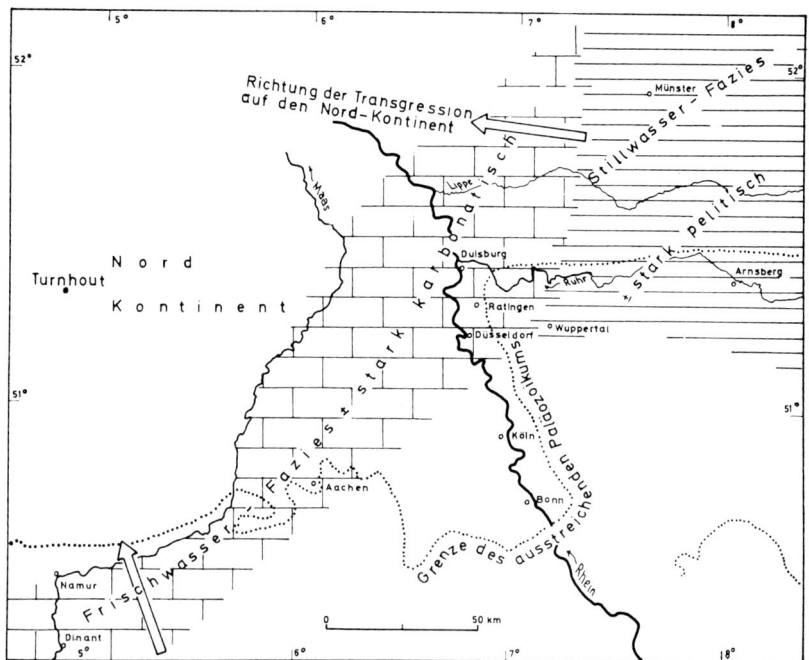

Abb. 20. Die Beziehungen von Stillwasser- und Frischwasser-Fazies zur Kohlenkalk-Zeit n. CONIL & PAPROTH (1969).

der parallel zur Küste verlief (s. Abb. 20), vorwiegend Kalksteine stationär-organogener Entstehung, insbesondere Korallen-, Algen- und Calzisphären-Biostrome sowie Crinoiden- und Bryozoen-Rasen. Daher ist der **Kohlenkalk** teils als gewachsener Riffkalk, teils als Riffschuttkalk überliefert. Diese Karbonat-Plattform stellte eine ständig absinkende Zone dar, bei der jedoch die organogene Sedimentation stets in der Lage war, den Absenkungsbetrag zu kompensieren. In Zeiten der Überkompensation der Subsidenz durch die benthonische Kalk-Produktion stieß die Karbonat-Fazies auf Kosten der Stillwasser-Fazies nach Südosten vor (z. B. Richrather Kalk, s. S. 51 ff.). Im Velberter Gebiet lag der Außenrand des Kohlenkalk-Gürtels. Hier wölbte sich im Unter-Tournai (höheres Tn 1 b, s. Tab. 3) eine Schwelle empor, die das **Frischwasser-Schelfmeer** im Nordwesten vom **Becken-Bereich** mit **Stillwasser-Fazies** des Kulms im Südosten scharf trennte. Über diese „**Velberter Tournai-Schwelle**" (BÖGER 1962) konnten keine Faunen-Elemente aus dem Kohlenkalk-Faziesraum hinwegwandern. Mit Beginn des Mittel-Tournai (Ablagerung der Zwischenschiefer, s. Tab. 3) verlor die Schwelle plötzlich an Bedeutung und ist auch später (Ablagerung des Richrather Kalkes, s. S. 51 ff.) nicht mehr nachweisbar. Im Bereich der Schwelle sind die Tn 1 b-Kalke großenteils oolithisch ausgebildet (BÖGER 1962, FRANKE et al. 1975). Insgesamt markiert dieser „**Oolith-Gürtel**" während des höheren Unter-Tournai (bzw. – bezogen auf die Kulm-Fazies – während der *Gattendorfia*-Stufe, s. Tab. 3) den südöstlichen Rand der absinkenden flachmarinen Karbonat-Plattform. Nach Südosten schloß sich das pelagische Kulm-Meer an (s. Abb. 21). Im tieferen und mittleren Visé

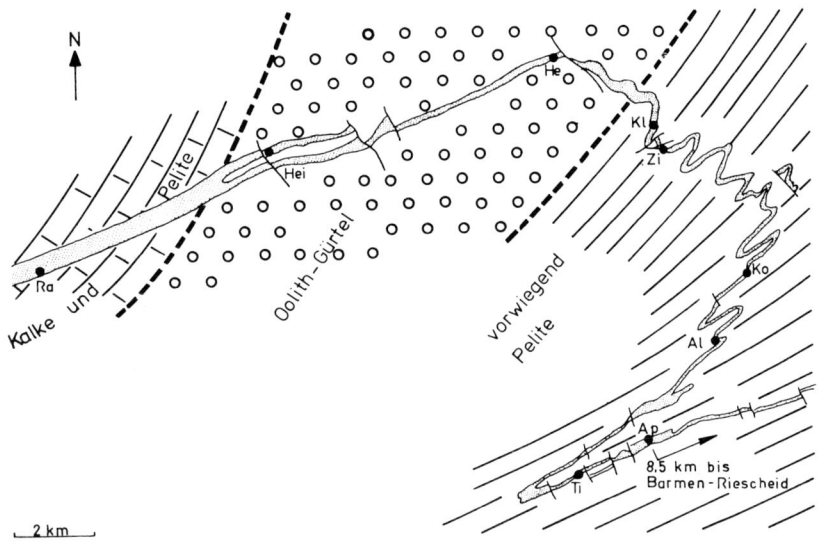

Abb. 21. Faziesverteilung während der Oolithkalk-Sedimentation im Unter-Tournai (Ra Ratingen, Hei = Heiligenhaus, He = Hefel, Kl = Kleff, Zi = Zippenhaus, Ko = Kopfstation Neviges, Al = Altenlinken (heute nicht mehr aufgeschlossen), Ap = Aprath (Gut Steinberg), Ti = Tillmannsdorf n. FRANKE et al. (1975), geändert.

stießen nach der Unterbrechung der karbonatischen Sedimentation durch die Zwischenschiefer und Ablagerung des Richrather Kalkes (s. unten) Ausläufer des Schutt-Mantels, den die aus Nordwesten vordringenden Riffe vor sich her schütteten, bis in den Velberter Bereich vor. Nach Südosten keilt dieser Schutt meist in Form von Kalk-Turbiditen (FRANKE et al. 1975) in Schichten der Kulm-Fazies aus.

α) *Das Unter-Karbon in Kohlenkalk-Fazies*

Die typische Wechsellagerung von Kalksteinen, Tonschiefern und Sandsteinen des höchsten Ober-Devon (s. S. 45) am **Nordwestrand des Velberter Großsattels**, in der besonders im Westen bei Ratingen sehr mächtige Kalkstein-Folgen eingeschaltet sind, wird vom ca. 15 m mächtigen **Ostracoden-Kalk** überlagert, der nach Osten in Oolithe (s. S. 50) übergeht. Weiter nach Südosten wird er durch Pelite ersetzt (s. Abb. 21). Über diesem Kalkstein liegt mit scharfer Grenze eine bei Ratingen ca. 2,50 m mächtige Folge graubrauner, stark dolomitischer Tonschiefer, die sich teilweise lateral mit grünen sandflaserigen Tonschiefern verzahnen und Crinoiden-Stielglieder sowie Spiriferiden und Conodonten der *Siphonodella crenulata*-Zone (s. Tab. 3) führen. Sie leiten das Mittel-Tournai (Tn 2) ein. Nach Südosten nimmt die Mächtigkeit dieser **Zwischenschiefer** auf 45 cm ab, gleichzeitig werden sie stärker bituminös, so zum Beispiel bei Zippenhaus östlich von Velbert, und verlieren ihren Sandgehalt. Bei Dresberg östlich von Velbert führen sie Kalkknollen; dieser Aufschluß leitet bereits zur Stillwasser-Fazies des Kulms über (CONIL & PAPROTH 1968: 157 ff.). Insgesamt zeigt die pelitische Fazies eine ruckartige Senkung des Schelfes an, so daß die Stillwasser-Bedingungen auf seine randlichen Teile vorstoßen konnten.

Darüber folgt scharf abgegrenzt der **Richrather Kalk** (früher „Erdbacher Kalk", s. BÖGER 1962: 157 ff.), der Conodonten der unteren, mittleren und oberen *Polygnathus carinus*-Zone (FRANKE et al. 1975) sowie der *Scaliognathus anchoralis*-Zone (BÖGER 1962, PAPROTH et al. 1973, AMLER et al. 1990) führt und somit in den Grenzbereich Tournai/Visé zu stellen ist (s. Tab. 1 u. 3). Es handelt sich um einen dunklen, festen, feinspätig bis dichten, bioklastischen, pyritreichen Kalkstein (Biosparite und Bio-Mikrosparite) mit umgelagerten Fossilien und **Phosphorit-Konkretionen** in Form von kleinen Knötchen und scharfkantigen

Stratigraphische Einführung

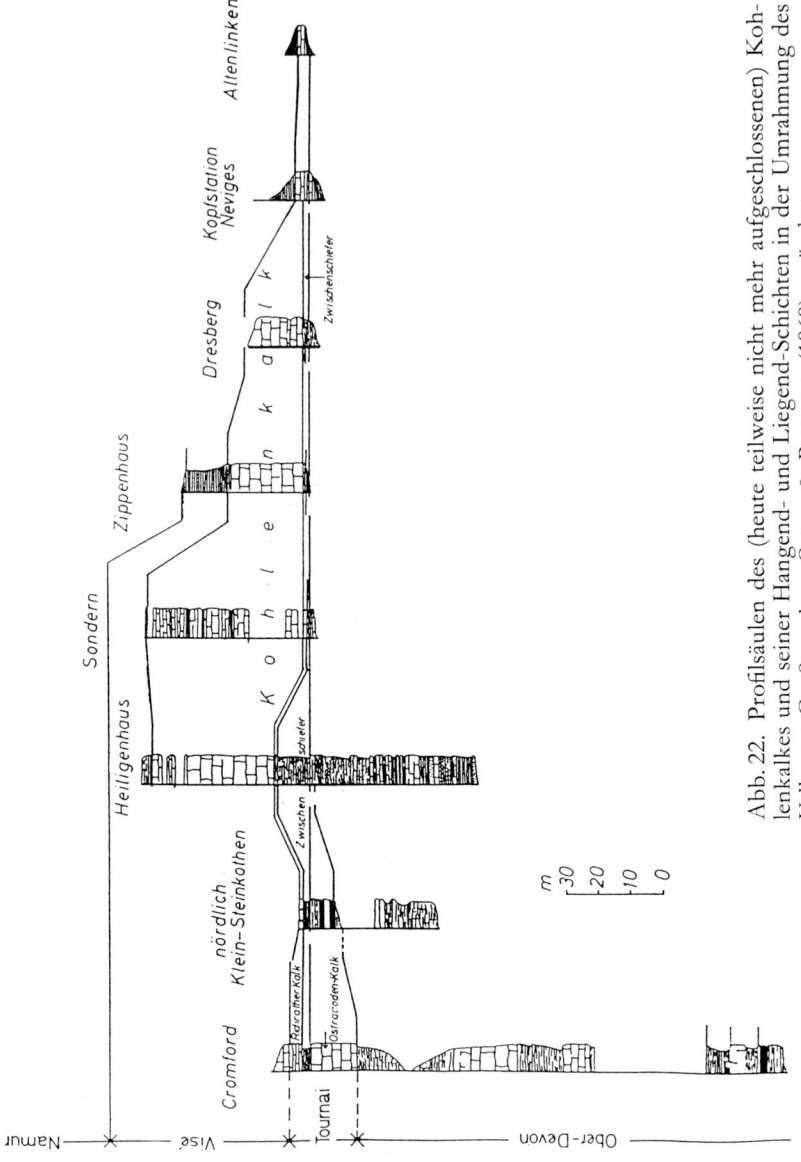

Abb. 22. Profilsäulen des (heute teilweise nicht mehr aufgeschlossenen) Kohlenkalkes und seiner Hangend- und Liegend-Schichten in der Umrahmung des Velberter Großsattels n. CONIL & PAPROTH (1969), geändert.

Bröckchen, die an seiner Basis stark angereichert sind. Die Sohlfläche der untersten Bank über den liegenden Zwischenschiefern ist oft uneben.

Wegen dieses Befundes und der Phosphorit-Bröckchen wird der Richrather Kalk von PAUL (1937) sowie CONIL & PAPROTH (1968) als Aufarbeitungshorizont nach einer vorangegangenen Sedimentationsunterbrechung gedeutet. An der Basis des Kalkes liegt ein Schichtenausfall bzw. eine mehr oder weniger starke Kondensation des höheren Tournai vor, die vom Tn 3a (Tn 2a?) bis in das Tn 3c reichen kann (PAPROTH et al. 1973). FRANKE et al. (1975: 343f.) sehen in der unregelmäßigen Unterfläche des Kalksteins eine **Bioturbation**, die den Beginn einer neuen Besiedlung des Meeresbodens durch karbonatproduzierenden Benthos nach der sauerstoffarmen Zwischenschiefer-Pelitfazies markiert. Eine solche reduzierte Sedimentationsrate ist nach FÜCHTBAUER & MÜLLER (1970: 186) mit der Bildung von Phosphorit verknüpft.

Der Richrather Kalk ist besonders gut auf dem Nord- und Ostrand des Velberter Großsattels zu verfolgen. Seine Mächtigkeit nimmt nach Osten rasch ab. Während er bei Ratingen ca. 13 m mächtig ist, beträgt seine Mächtigkeit beispielsweise bei Hefel nördlich von Velbert nur noch 40 cm. Erst im Grenzbereich vom Velberter Großsattel zur Herzkamper Hauptmulde verliert er seine unverkennbare Ausbildung. Hier wird er nur noch durch Phosphorit-Bröckchen in den tiefsten Zentimetern des Kalksteins oder in den schluffigen Mergelsteinen der höchsten Zwischenschiefer markiert.

Über dem Richrather Kalk folgt ein mächtiges Paket gebankter Kalksteine, die teilweise in Dolomit umgewandelt sind. Gelegentlich findet man Drusen-Ausfüllungen mit oft großen Bergkristallen und Rauchquarzen. Die Verquarzung erfolgte vermutlich im Zusammenhang mit der Blei-Zink-Vererzung (s. S. 111 f.).

Innerhalb dieser geschlossenen Visé-Karbonatfolge, die verschieden hoch bis nahe an (und teilweise auch über) die Visé 2b/3a-Grenze hinaufreicht[12], können einzelne petrographische Leithorizonte nicht verfolgt werden (s. Abb. 22). Im höheren Teil sind häufig Lagen, Linsen und Knollen von schwarzem Hornstein zu finden.

---

[12] Nach CONIL & PAPROTH (1968) reicht der Kohlenkalk bei Heiligenhaus bis in das V 2a, bei Sondern nördlich von Velbert in das V 2b und bei Zippenhaus östlich von Velbert ebenfalls in das V 2b (s. Abb. 22 u. Tab. 3).

Die Mächtigkeit der Visé-Kalksteine nimmt bereits auf der Nordflanke des Velberter Großsattels von ca. 200 m bei Ratingen im Westen nach Osten, z. B. bei Velbert-Hefel mit 100 m, rasch ab. Weiter nach Südosten keilt der Kohlenkalk in Schichten der Kulm-Fazies (s. S. 57 ff.) aus. So wird er an der ehemaligen Kopfstation Neviges (s. S. 157) nur noch 5 m und in der westlichen Herzkamper Hauptmulde bei Wülfrath-Düssel ca. 3 m mächtig. Bei Wülfrath-Aprath verzahnt sich der Kohlenkalk mit Kulm-Gesteinen und endet allmählich. Nur in Wuppertal-Riescheid tritt nochmals ein kleines Kohlenkalk-Gebiet innerhalb der Kulm-Fazies auf.

Der **Visé-Kohlenkalk** zeigt nach den Untersuchungen von FRANKE et al. (1975) von Westen nach Osten eine deutliche Fazies-Änderung. Im **Gebiet von Ratingen** besteht er aus Bioklastiten in Form von Bio-Spariten, -Areniten und -Ruditen mit teilweise sehr grobem Fossilschutt (Brachiopoden, rugose Einzelkorallen mit Durchmessern bis zu 5 cm, Foraminiferen und Algen-Bruchstücken). Ferner treten Pellet-Kalke und Oolithe auf. Die Pellet-Kalke enthalten als Hauptkomponenten scharf begrenzte, etwa 0,2 bis 1 mm große, meist vollkommen runde Körner, die oft länglich oval, gelegentlich aber auch kugelrund sind. Die Oolithe werden 0,5 bis 6 mm groß. Daneben kommen als Fossilien Crinoiden-Bruchstücke, Foraminiferen, Algen, Brachiopoden und hin und wieder Korallen vor.

An der **Nord- und Ostflanke des Velberter Großsattels** besteht der Visé-Kohlenkalk aus gutgebankten bioklastischen Kalksteinen, deren Bankmächtigkeiten zwischen wenigen Millimetern und 2,5 m liegen. Gradierte Schichtung vieler Bänke und andere Sedimentstrukturen wie rasches Auskeilen, Erosionen vor Ablagerung jüngerer Schichten, Dachziegel-Lagerung usw. beweisen, daß diese Karbonate Kalk-Turbidite („allodapische Kalke") darstellen. Die räumliche Verteilung von Bankmächtigkeiten und Korngrößen belegt ein ungehindertes Abströmen der turbulenten Suspensionsströme von der Schelf-Plattform im Nordwesten bzw. Westen (s. Abb. 23) in östlicher Richtung. Nach Südosten nimmt nicht nur die Gesamtmächtigkeit der Karbonatfolge, sondern auch die Zahl der Einzelbänke rasch ab. Parallel dazu werden wachsende Profil-Anteile von dicken, gradiert geschichteten Brekzienbänken eingenommen, die nach Südosten zur Kulm-Fazies hin abrupt auskeilen. FRANKE et al. (1975) führen diese Sedimentationsbilder auf den Einfluß einer herzynisch verlaufenden Schwelle infolge Krustenbewegungen im

Das Karbon 55

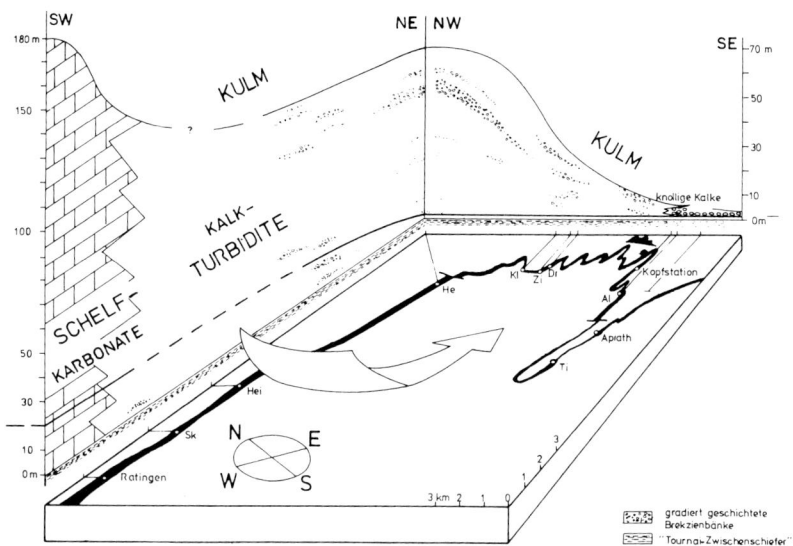

Abb. 23. Fazies- und Mächtigkeitsdiagramm des Unter-Karbon im Bereich des Velberter Großsattels n. FRANKE et al. (1975), geändert.

Bereich der heutigen Herzkamper Hauptmulde zurück (s. Abb. 24), an deren Nordwest-Abfall die energiereichen grobdetritischen Suspensionsströme abgebremst und am weiteren Vorstoß nach Südosten gehindert wurden. Dabei setzten sie bei Erlahmen ihrer Transportkraft den mitgeführten groben Detritus in diesem Bereich rasch ab. Schwarze Tonschiefer und tuffitische Lagen, d. h. Anklänge an die Kulm-Fazies (s. S. 58 ff.), treten in der vorliegenden Abfolge gelegentlich auf.

In der **Herzkamper Hauptmulde** (Aufschlüsse: Kopfstation Neviges bis Wuppertal-Riescheid, s. Abb. 25) besteht der Kohlenkalk aus knolligen Kalksteinen in Form von Biomikriten und Mikrospariten, in denen Radiolarien, Foraminiferen und Calzisphären sowie Crinoiden-Stielglieder, Schalenreste und gelegentlich rugose Einzelkorallen vorkommen. Die Entstehung dieser Kalksteine war an die Schwelle im Bereich der heutigen Herzkamper Mulde (s. S. 95) geknüpft (s. Abb. 24). Der obere Teil der knolligen Kalksteine wird bereits auf der Südflanke

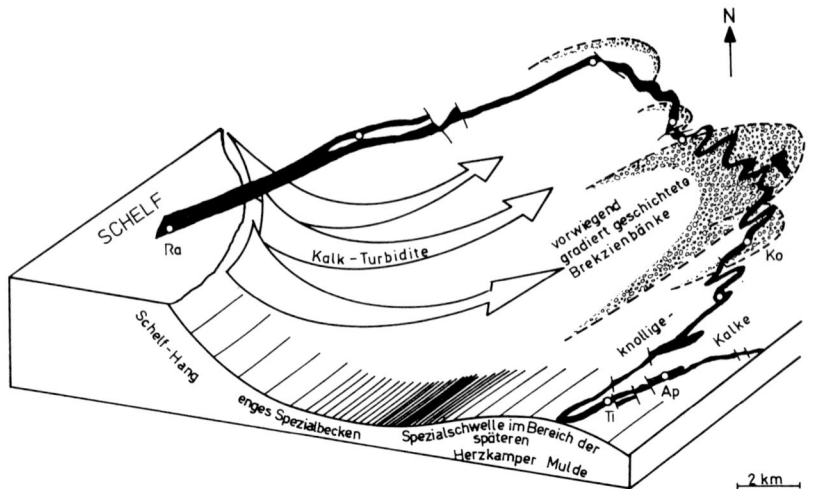

Abb. 24. Paläomorphologie und Fazies-Verteilung während der Kalkturbidit-Sedimentation im unteren und mittleren Visé n. FRANKE et al. (1975), geändert.

der Herzkampfer Hauptmulde durch Kulm-Sedimente ersetzt (s. Abb. 25). Dies spricht für eine in südlicher Richtung zum pelagischen Kulm-Meer zunehmende Wassertiefe (FRANKE et al. 1975: 348). Weiter nach Süden werden daher die karbonatischen Bildungen völlig von Kulm-Gesteinen abgelöst.

An Fossilien liefert der Kohlenkalk Brachiopoden: *Buxtonia scrabricula* (J. SOW.), *Gigantoproductus giganteus* (J. SOW.), *G. latissimus* (J. SOW.), *Megachonetes papilio* (PAECKELM.), *Overtonia fimbriata* (J. SOW.), *Plicatifera plicatilis* (J. SOW.), *Plicochonetes interstriata* (DAV.), *Pugnax pugnus* (MART.), *Schellwienella crenistria* (PHILL.), *Schizophoria resupinata* (MART.); *Somenewia concentrica* (DE KONINCK), *Spirifer lineatus* (MART.), *Sp. striatus* SOW., *Sp. subrotundatus* (MCCOY); Gastropoden (Schnecken): *Bellerophon hiulcus* MART., *Euomphalus amaenus* DE KONINCK, *Naticopsis sturii* DE KONINCK, *Turbonitella biserialis* (PHILL.); Lamellibranchiaten (Muscheln): *Aviculopecten* sp., *Conocardium aliforme* SOW.; Trilobiten: *Belgibole sondernensis* G. HAHN, *Bollandia tisiphone* G. HAHN, *Brachymetopus (Brachymetopus) germanicus* G. HAHN, *Br. senckenbergianus* G. HAHN, *Br. (Conimetopus) vogesus* G. HAHN, *Rhenogriffidis rhenanus* G. HAHN, *Waribole (Latibole) paprothae* G. HAHN (BRAUCKMANN 1994, G. & R. HAHN 1968, 1970); Korallen: *Lithostrotion affine*

Das Karbon 57

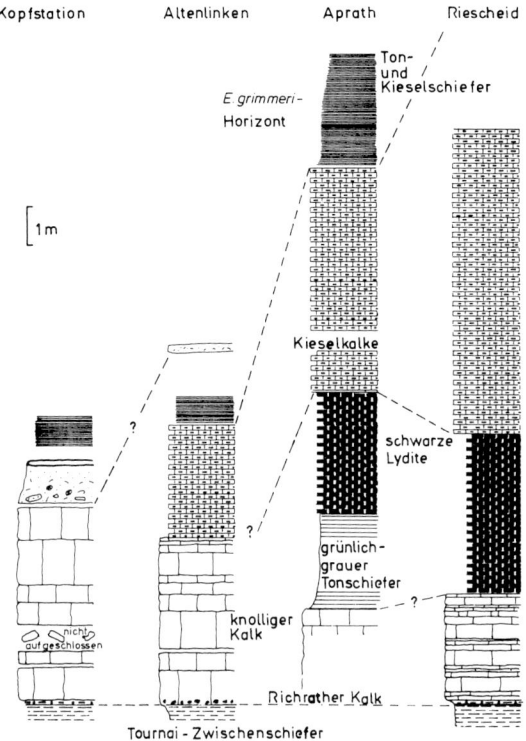

Abb. 25. Lithologie und Korrelation des Kohlenkalkes in der Herzkamper Hauptmulde n. FRANKE et al. (1975).

MART., *Clisiophyllum* sp.; die Syringopore *Vaughanites flabelliforme* (PAUL) sowie Foraminiferen, Bryozoen (*Fenestella*-Arten) und Conodonten.

Im höchsten Visé breitete sich die Stillwasser-Fazies des Kulms, mit der sich die Karbonat-Fazies nach Osten und Südosten verzahnte, in den Velberter Bereich aus. Kulm-Schichten überlagerten den Kohlenkalk. Der Fazies-Wechsel dauerte nur kurze Zeit. Die obersten Kohlenkalk-Bänke werden von den **Hangenden Alaunschiefern** mit gelegentlich Kieselschiefern (s. S. 60) und Lyditen überlagert (s. Tab. 1 u. 3); nur in die untersten Teile dieser Abfolge sind noch einzelne dünne, grobdetritische Kohlenkalk-Bänke (Kalk-Turbidite) eingeschaltet. Die Folge entspricht den meist mächtigeren „couches de passage" der belgischen Gliederung. Dieses rasche Ende der Kohlenkalk- und Einsetzen der Kulm-Fazies dürfte von epirogenen Bewegungen während der Sudetischen Tektogenese verursacht worden sein (CONIL & PAPROTH 1968). Sie führten zu einem verstärkten Absinken des bisherigen Schelfes, so daß die organogene Sedimentation den Senkungsbetrag nicht mehr ausgleichen konnte. Als Folge der Schelf-Absenkung weitete sich die Variszische Senkungszone rasch nach Norden und Nordwesten aus.

β) Das Unter-Karbon in Kulm-Fazies

Die Kulm-Fazies ist lithologisch durch das Vorherrschen von pelitischen Ablagerungen gekennzeichnet. Über den Unteren Hangenberg-Schichten (s. S. 47 f.) folgen am **Nordrand des Remscheid-Altenaer Großsattels** als tiefstes unter-karbonisches Schichtglied die **Oberen Hangenberg-Schichten**, ein ca. 2–2,50 m dickes Paket dunkler flinzartiger Knollenkalke („**Hangenberg-Kalk**"), die ihrer Conodonten- und Cephalopoden-Fauna nach der *Gattendorfia*-Stufe zuzuordnen sind.

An Leitfossilien führt der Hangenberg-Kalk Cephalopoden (*Gattendorfia subinvoluta* MÜNSTER, *Aganides infracarbonicus* PAECKELM.), Trilobiten (*Phacops circumspectans* PAECKELM.) sowie Conodonten (*Siphonodella crenulata* COOPER).

Der Hangenberg-Kalk ist nicht überall ausgebildet, sondern kann verschiedentlich durch Tonsteine vertreten werden. Es ist dann meist schwierig, die Grenze Devon/Karbon innerhalb der Hangenberg-Schichten zu bestimmen[13]. Gelegentlich fehlen sogar die Hangenberg-Schichten völlig; beispielsweise überschreitet nach Ostracoden-Untersuchungen von RABIEN (1960: 102 ff.) bei Schwelm-Linderhausen (Geologisches Blatt Hattingen) die Fazies der Oberen Cypridinenschiefer (s. S. 47) die Devon/Karbon-Grenze. Hier werden die Oberen Cypridinenschiefer unmittelbar von den Liegenden Alaunschiefern überlagert.

Über dem Hangenberg-Kalk folgen die **Liegenden Alaunschiefer**, die das Mittel-Tournai und den tieferen Teil des Ober-Tournai vertreten (s. Tab. 3). Es handelt sich um ein ca- 8–25 m dickes Paket dunkelgrauer

---

[13] Die Devon/Karbon-Grenze kann jetzt öfters mittels von Sporen festgestellt werden.

Das Karbon

bis schwarzer, weicher, bituminöser, sapropelitischer Tonschiefer („Schwarzschiefer"), die ihren Namen dem ehemals feinverteilten Pyrit verdanken, bei dessen Verwitterung **Alaun** und andere **Sulfate** (Eisenvitriol und Gips) entstanden. Diese Sulfate sind die Ursache der häufigen bunten Anlauffarben oder Gipsnadeln auf den Schichtflächen. In früherer Zeit wurden die Alaunschiefer zur Schwefelsäure-Gewinnung abgebaut, und noch heute zeugen Halden, Pingen, Schürfe und Wege-Bezeichnungen von dem einst blühenden Bergbau. Gelegentlich führen die Alaunschiefer Phosphorit-, Toneisenstein- und Kieselknollen.

Die Liegenden Alaunschiefer sind in ihrem oberen Teil verkieselt. Sie gehen in das nächstjüngere Schichtglied, die **Kulm-Kieselschiefer und -Lydite** über. Diese Gesteine bestehen aus einem dichten Gefüge feinster Quarz- und Chalzedon-Kristalle[14]. Bei der Verwitterung zerfallen sie an zahlreichen Querklüften in typische scharfkantige, parallelepipedische Stücke.

Im Grenzgebiet nahe dem Übergang vom Kohlenkalk in Kulm-Schichten ist es oft schwierig, die zwei dunkelgefärbten Abfolgen, d. h. Liegende Alaunschiefer sowie die Kulm-Kieselschiefer und -Lydite, voneinander zu unterscheiden, zumal sie beide in diesem Gebiet geringmächtig ausgebildet sind und ineinander übergehen können. Sie werden deswegen meistens als „**Liegende Alaun- und Kieselschiefer**" zusammengefaßt.

Die Liegenden Alaun- und Kieselschiefer führen selten Fossilien. Zu nennen sind *Münsteroceras rotella* DE KONINCK, *Phillipsia glabroides* R. RICHTER und einige schlecht erhaltene kleinwüchsige Brachiopoden.

Die Gesamtmächtigkeit der Liegenden Alaun- und Kieselschiefer im Gebiet der Geologischen Blätter Wuppertal-Elberfeld und Wuppertal-Barmen ist im Vergleich mit dem sich weiter östlich anschließenden Bereich wegen der Velberter Tournai-Schwelle (s. S. 50) relativ gering.

Zum Hangenden hin folgen hellgraue Kieselkalke. Ihre Mächtigkeit nimmt nach Osten zu. Sie sind bei Wuppertal-Barmen bis zu 4 m, im Gebiet des Geologischen Blattes Hattingen bereits 8 m mächtig. Der unterste Teil dieser Kieselkalke stellt wahrscheinlich die Basis des Visé

---

[14] Durch inkohlte organische Substanzen schwarzgefärbte Kieselschiefer bezeichnet man als „Lydite".

dar; stellenweise mögen sie aber auch noch in das höchste Tournai hinunterreichen. Sie sind in 3–5 cm dicken Bänken geschichtet und verschiedentlich als Plattenkalke ausgebildet. Darüber kann stellenweise nochmals geringmächtiger Kohlenkalk auftreten.

Es folgen wieder Kieselschiefer mit Alaunschiefer- und Kieselkalk-Lagen. Der tiefere Teil dieser Folge gehört der *crenistria*-Zone (cu III α, s. Tab. 3) an. Er enthält eine nur wenige Zentimeter dicke Schicht aus härterem kieseligen Tonschiefer, die *grimmeri*-Bank. Diese führt den Goniatiten *Entogonites grimmeri* (Kittl.) und stellt die oberste Bank der *grimmeri*-Subzone (cu III α1), d. h. des unteren Teiles der *crenistria*-Zone, dar. Die *grimmeri*-Bank ist ein über weite Bereiche des Rheinischen Schiefergebirges verbreiteter Leithorizont im Unter-Karbon in Kulm-Fazies. Der höhere Teil der Kieselschiefer gehört bereits der *schmidtianus*-Subzone (cu III α2) an.

Die Kieselschiefer gehen allmählich in die **Hangenden Alaunschiefer** des höchsten Visé und des tieferen Namur über, deren Mächtigkeit im Velberter Bereich (über dem Kohlenkalk) ca. 50–70 m, im Gebiet des Geologischen Blattes Wuppertal-Barmen über 150 m beträgt. Sie bestehen aus dunkelgrauen, gelegentlich feinsandigen Tonsteinen und schwarzen Alaunschiefern. Verschiedentlich eingeschaltete Tuffit-Lagen weisen auf vulkanische Ereignisse während ihrer Ablagerungszeit hin.

In den Kieselschiefer führenden Übergangsschichten und an der Basis der Hangenden Alaunschiefer sind die Schichtflächen stellenweise mit der Muschel *Posidonia becheri* Bronn („Posidonien-Schiefer") bedeckt. Ferner findet man plattgedrückte Goniatiten der *Goniatites*-Stufe [*Goniatites granosus* Portl., *G. striatus* Sow., *Nomismoceras vittiger* (Phill.), Orthoceren (*Dolorthoceras striolatum* V. Münst.], Trilobiten [*Phillibole aprathensis* R. & E. Richter, *Cyrtosymbole (Makrobole)* sp.] sowie kleine Choneten (*Chonetes kayserianus* Gallwitz, *Ch. longispinus* Roem.) und Productiden.

Der höhere Teil der Hangenden Alaunschiefer führt bereits ober-karbonische Fossilien wie *Cravenoceratoides nitoides* Bisat, *Eumorphoceras pseudobilingue* Bisat und gelegentlich *Homoceras beyrichianum* de Koninck, so daß seine Obergrenze in der E_2- oder sogar in der H_1-Zone des Namur A liegt (Paproth 1960: 392). Die Untergrenze des Namur wird nach dem Beschluß der Stratigraphischen Kommission des 21. Internationalen Geologen-Kongresses in Kopenhagen 1960 an die Unterkante der Zone des *Cravenoceras leion* Bisat (s. Tab. 4) gelegt.

2. Das Ober-Karbon (Siles)

An der Wende Unter-/Ober-Karbon führten die Bewegungen der Sudetischen Tektogenese zur Heraushebung weiter Gebiete Mitteleuropas. Das Meer verblieb in einer breiten, sich ständig absenkenden Vortiefe vor dem sich hebenden Rhenoherzynischen Orogen. Diese **Subvariszische Saumtiefe** besaß einen asymmetrischen Querschnitt (PAPROTH 1960), d. h. ihr interner Rand war steiler geneigt als der externe, so daß das Trogtiefste im Süden lag (s. Abb. 26). Der Hauptsedimentationsbereich befand sich somit immer nahe dem Orogenrand. Die Trogachse verlagerte sich im Verlauf des Ober-Karbon nach Norden bzw. Nordwesten. Während im Namur A marine Sedimente wie im höchsten Visé abgelagert wurden, setzten mit der Wende Namur A/B Schüttungen grobklastischen Abtragungsmaterials aus dem aufsteigenden Gebirge ein. Damit wurde die pelitisch-chemische Kulm-Fazies von der Flysch-Fazies des flözleeren Ober-Karbon abgelöst. Im höheren Namur B begann die Regression des Unterkarbon-Meeres nach Norden, womit auch die Flysch-Sedimentation endete. Seit der Wende Namur B/C verlandete die Saumtiefe allmählich, verbunden mit einem Wechsel von der marinen Fazies des flözleeren Ober-Karbon zur paralischen (lagunären) Fazies

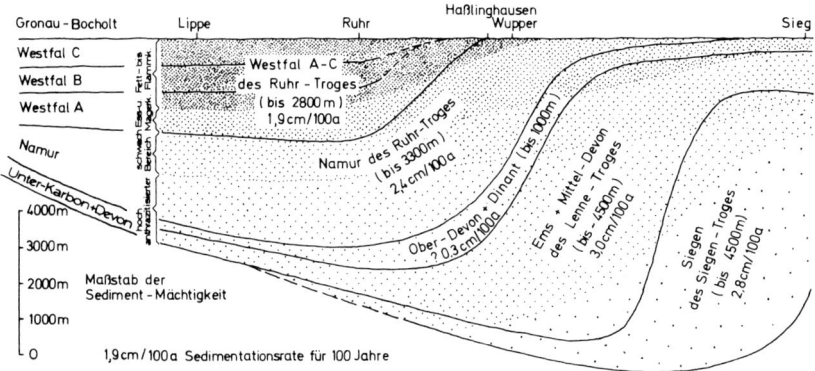

Abb. 26. Der asymmetrische Querschnitt der Subvariszischen Saumtiefe und die Inkohlungsänderungen im Devon und Karbon als Folge der Verlagerung des Sedimentationstroges von Süden nach Norden zwischen Siegerland und Münsterland (ohne Berücksichtigung der tektonischen Verformung) n. M. & R. TEICHMÜLLER (1971).

des flözführenden Ober-Karbon (s. S. 67 f.). Kräftige fluviatile Schüttungen schufen ein weitverzweigtes **Delta-System**. Der paralische Charakter dieser Ablagerungen wird durch die im Namur C sehr häufigen marinen Horizonte (s. S. 67) belegt. Es bildete sich eine typische Molasse (DROZDEZEWSKI 1992), deren Sedimentation sich in das Westfal fortsetzte. Mit Beginn des Westfal A stabilisierten sich die Ablagerungsbedingungen, und marine Ingressionen wurden seltener. Im Verlauf des Westfal A, B und C verschob sich der Sedimentationsraum weiter nordwärts, und es entwickelte sich eine fluviatil-alluviale Sediment-Fazies. Die Faltungsfront der Variszischen Orogenese hatte das südliche Ruhr-Karbon zu Beginn des Westfal erreicht und wanderte – wie die Zone stärkster Absenkung (s. Abb. 26) – weiter nach Norden. Lediglich der südliche Bereich der Subvariszischen Saumtiefe wurde während der Asturischen Tektogenese an der Wende Westfal/Stefan an das Rhenoherzynikum angegliedert.

Wie oben erwähnt, liegt die biostratigraphische Grenze Unter-/Ober-Karbon innerhalb der Hangenden Alaunschiefer. In ihren höchsten Partien, die aus weichen Schiefertonen bestehen, schalten sich dann zahlreiche geringmächtige Bänke feinkörniger dunkler Grauwacken, teilweise auch Quarzite ein, die den Beginn grobklastischer Schüttung der Flysch-Fazies markieren.

In diesen Schichten können, wie z. B. bei Schwelm-Linderhausen (Geologisches Blatt Hattingen), *Homoceras undulatum* (BRONN) sowie *Reticuloceras todmordenense* BISAT & HUDSON, *R. paucicrenulatum* BISAT & HUDSON und *R.* aff. *pulchellum* BISAT & HUDSON auftreten, so daß sie bereits zur tieferen R_1-Superzone (unteres Namur B) gehören (s. Tab. 4). An anderen Stellen liegt die Basis des flözleeren Ober-Karbon in der H_1-Zone oder in der tiefsten E_2-Zone wie weiter östlich im Gebiet der Geologischen Blätter Hagen, Hohenlimburg und Witten.

α) Das flözleere Ober-Karbon

Während im Namur A Ton- und Alaunschiefer vorherrschen, setzen mit der Basis des Namur B allmählich mächtige, teils quarzitische Grauwacken sowie Quarzite ein. Diese psammitischen Schichten des flözleeren Ober-Karbon sind im **Raum von Hagen und Wuppertal** besonders mächtig entwickelt und erreichen hier 2200 m (PATTEISKY & SCHÖNWÄL-

DER 1960). Am **Nordrand des Velberter Großsattels** wird ihre Mächtigkeit geringer und die gröberklastischen Sedimente treten zugunsten der Schiefertone stark zurück (BACHMANN et al. 1971). In westlicher Richtung, d. h. mit Annäherung an das Vorland, werden die Schichten des flözleeren Ober-Karbon zunehmend geringmächtiger, beispielsweise ist im Zantvoort-Krefelder Hoch (Bohrung Stenden 2) nur noch eine 200 m mächtige Abfolge vorhanden (BACHMANN et al. 1971). Infolge seiner lithologisch definierten Begrenzung („im Liegenden an der ersten mächtigeren, häufig quarzitischen Grauwackenbank ... im Hangenden durch die liegendste Werksandsteinbank" [KRUSCH 1912: 20]) nimmt das flözleere Ober-Karbon keinen festen Platz im biostratigraphischen Schema ein. Seine Untergrenze ist stark heterochron (s. S. 62). Gleiches gilt auch für seine Obergrenze, die in der höchsten R_2-Superzone (s. Tab. 4) oder sogar im tiefsten Namur C liegt (PAPROTH 1960: 392). Daher ist die Obergrenze des flözleeren Ober-Karbon heute wieder lithologisch definiert; sie wird an die Unterkante des Grenzsandsteins, der „liegendsten Werksandsteinbank" KRUSCHS, gelegt, mit welchem das flözführende Ober-Karbon beginnt (s. Tab. 5). Dieses wird im Anschluß an KÜHNE (1934) von PATTEISKY (1959) teils auf petrographischer, teils auf paläontologischer Grundlage in:

unterteilt.
Vorhaller Schichten (früher „Ziegelschiefer-Zone")[15]
Hagener Schichten (früher „Grauwacken-Zone")
Arnsberger Schichten (früher „Quarzit-Zone")

Die **Unteren Arnsberger Schichten** umfassen noch den höheren Teil der Hangenden Alaunschiefer, so daß die Abgrenzung der Arnsberger Schichten gegen ihr Liegendes sehr schwierig ist, zumal auch in den untersten Partien der Oberen Arnsberger Schichten noch Alaunschiefer auftreten können (s. S. 127). Die Unteren Arnsberger Schichten werden 150–250 m mächtig.

Die Fossilführung des tieferen Namur A (pelitische Gesteine, s. oben) zeigt eine artenreiche, rein marine Fauna (s. Tab. 4). Relativ weite Entfernungen von der Küste können angenommen werden, denn Pflanzen-Funde sind selten. Wenn

---

[15] Die alte Gliederung auf petrographischer Grundlage in „Ziegelschiefer-Zone" usw. wird verschiedentlich auch heute noch benutzt.

Pflanzenreste vorkommen, sind sie durch weite Transportwege zerrieben und daher schlecht erhalten.

Die etwa 250–550 m mächtigen **Oberen Arnsberger Schichten** bestehen vorwiegend aus Schiefertonen von grauer und schwarzer Farbe, in die einzelne Quarzit- oder quarzitische Grauwacken-Bankfolgen bis 15 m Mächtigkeit eingeschaltet sind. Sie bilden im Gelände leicht zu verfolgende Rücken. Im Wuppertal-Elberfelder Gebiet und nach Osten bis in die Gegend von Hagen zeigen diese Bankfolgen verschiedentlich eine konglomeratische Ausbildung; die meist nur kantengerundeten Gerölle sind erbsengroß und bestehen aus Quarzen sowie Kulm-Kieselschiefern. Die Schüttung erfolgte von Süden oder Südosten; die Konglomerate können als Zeugen variszischer Bewegungen und Hebungen im südlichen Hinterland angesehen werden. **Toneisenstein-Konkretionen** bis Wagenrad-Größe sind in den Schiefertonen der Arnsberger Schichten nicht selten.

Die Schichten des höheren Namur A und des Namur B (höherer Teil der Unteren Arnsberger Schichten, Obere Arnsberger, Hagener und Vorhaller Schichten) führen eine Fauna, die sich mit jener in den marinen Horizonten (s. S. 67) des flözführenden Ober-Karbon vergleichen läßt. Charakteristisch sind Goniatiten (s. Tab. 4); die Begleitfauna umfaßt Muscheln, Nautiliden und Krebse. Diese Gesteine der Goniatiten-Fazies mit individuenreicher, aber artenarmer Fauna wurden in einem Stillwasser-Becken abgelagert.

An Fossilien führen die Arnsberger Schichten Pflanzenreste (s. Tab. 4) sowie gelegentlich Goniatiten.

Die **Hagener Schichten** bestehen ebenfalls aus teilweise sehr mächtigen Schiefertonen, denen vielfach dunkelgraue Sandstein- und Grauwacken-Bänke eingeschaltet sind, die sich zu geringmächtigen Bankfolgen, unter denen die **Hauptgrauwacken-Bankfolge** besonders hervortritt, zusammenschließen können. Die Grauwacken und Sandsteine führen gelegentlich Metamorphite, die teils aus südlichen Richtungen, d. h. von der Mitteldeutschen Kristallinschwelle, teils aus mehr oder weniger nördlichen Richtungen stammen und mehrfach umgelagert worden sind. Nur selten sind die Psammite quarzitisch verkittet, meist aber ist das Bindemittel tonig oder karbonatisch-tonig, so daß sie leicht verwittern und zerfallen. Nur die Hauptgrauwacken-Bankfolge besteht aus festen Bänken, die sich als Bausteine eignen. Sie wurde daher an verschiedenen Stellen in Steinbrüchen gewonnen.

Das Karbon 65

Tabelle 4. Stratigraphische Gliederung und wichtigste Fossilien des flözleeren Ober-Karbon im Exkursionsgebiet.

System	Stufe	Goniatiten - Zone	Schichten - Folge	Goniatiten (nach PATTEISKY 1959)	Pflanzen - Vergesellschaftungen (nach JOSTEN 1983)
Ober - Karbon (flözführend)	Namur C				
Ober - Karbon (flözleer)	Namur B	R_2	Vorhaller Schichten	Reticuloceras superbilingue metabilingue	Alethopteris lonchitica, Alloiopteris herbstiana, Annularia subradiata, Asterophyllites hagenensis, Cordaites principalis, Eusphenopteris hollandica, Karinopteris acuta, Lepidodendron obovatum, Mesocalamites cistiiformis, M. haueri, Neuralethopteris larischi, N. schlehani, Paripteris gigantea, Sigillaria sp., Sphenophyllum cuneifolium, Sphenopteris preslesensis,
			Hagener Schichten	R. superbilingue metabilingue R bilingue	
		R_1	Obere Arnsberger Schichten	R. coreticulatum, R. reticulatum, R. nodosum, R. circumplicatile lentus mutatio R. circumplicatile, Homoceratoides varicatus, Homoceras henkei, H. magistrorum	Wenige Pflanzenreste: Mesocalamites sp. Neuralethopteris larischi
				Reticuloceras todmordenense, R. umbilicatum	Eusphenopteris hollandica, Karinopteris acuta Lepidodendron aculeatum, Mesocalamites cistiiformis, M. ramifer, Neuralethopteris larischi, Pecopteris plumosa,
	Namur A	H_2	Untere Arnsberger Schichten		Asterophyllites gothani, Cordaites sp., Eusphenopteris hollandica, Lepidophloios laricinus, , Mesocalamites cistiiformis, Neuropteris condrusiana, N. nächstebreckiana. Pecopteris aspera, Sigillaria sp.
		H_1		Hudsonoceras proteum, Homoceras smithi, H. beyrichianum, H. diadema	
		E_2		Eumorphoceras bisulcatum, Nuculoceras nuculum, Cravenoceratoides bisati, C. nititoides	wenige, meist unbestimmbare Pflanzenreste
		E_1		Eumorphoceras pseudobilingue, Cravenoceras leion	
Unter - Karbon (Kulm)	Visé				

Die Grauwacken sind oft reich an Pflanzenhäcksel, der sich mitunter zu kleinen, schnell auskeilenden Kohlenschmitzen anreichert. Die Sortierung der Grauwacken ist umso schlechter und die einzelne Bank um so mächtiger, je gröber das Korn ist. Gradierte Schichtung und Strömungsmarken wie Kolk-, Schleif- und Riefenmarken weisen auf Ablagerungen aus Suspensionsströmen hin, die in das Stillwasser-Becken vorstießen (WACHENDORF 1962, PLESSMANN 1964).

Die Schiefertone der Hagener Schichten enthalten verschiedentlich Pflanzenreste von Calamiten, Sigillarien und Farnen (s. Tab. 4). Nach Funden von *Reticuloceras bilingue* SALTER (PATTEISKY 1959) gehört die Abfolge der tieferen R_2-Superzone an.

Die Gesamtmächtigkeit der Hagener Schichten dürfte 500 m erreichen.

Die **Vorhaller Schichten** bestehen fast ausschließlich aus grauen und grauschwarzen, weichen Schiefertonen mit wechselndem Glimmergehalt. Sie wurden daher früher verschiedentlich abgeziegelt. Gelegentlich werden die Schiefertone etwas schluffig bis sandig. Bezeichnend ist das Auftreten von Tongallen. Untergeordnet sind sapropelitische, bituminöse, schwefelkieshaltige Tonschiefer (Alaunschiefer) eingelagert. Dünne Sandstein-Bänke treten seltener auf.

Während die Arnsberger und Hagener Schichten unter vollmarinen Ablagerungsbedingungen sedimentiert wurden, kommen in den höheren Vorhaller Schichten Sturmsandlagen vor, deren Rippelgefüge ein küstennäheres Bildungsmilieu anzeigen (KRAFT 1992).

Die Schiefertone schließen gelegentlich Fossilien ein, und zwar meist Pflanzenreste (s. Tab. 4) und flachgedrückte Goniatiten; die leitende Form ist *Reticuloceras superbilingue metabilingue* BISAT, die für die Einstufung der Abfolge in die höhere R_2-Superzone spricht.

In den Vorhaller Schichten der Ziegeleigrube Hagen-Vorhalle (s. S. 196) wurde eine fossile Insekten- und Spinnentier-Fauna (Urnetzflügler, Libellen, Urschnabelkerfe, Tausendfüßler, Skorpione, Spinnen) mit bisher weit über hundert Exemplaren gefunden (BRAUCKMANN 1991, BRAUCKMANN & KOCH 1985, BRAUCKMANN et al. 1985). Die Schiefertone führen häufig Landpflanzen; es sind bisher etwa 60 Arten bekannt, die sich auf Lycophyta, Equisetophyta, Filicophyta und Spermatophyta verteilen. Ferner wurden große Reste von Stämmen und Wedeln geborgen (BRAUCKMANN et al. 1993).

Die vollständige Erhaltung der Insekten und Spinnentiere sowie das reichlich aufgefundene Pflanzenmaterial sprechen für nur kurze Transportwege der Se-

Das Karbon 67

dimente und für ihre Ablagerung in einer geschützten Bucht (oder Lagune?). Aus der Zusammensetzung der Flora kann geschlossen werden, daß sich an diese nach Süden eine üppig mit Pflanzen bewachsene Küstenregion mit tropischem bis subtropischem Klima anschloß.

Im Bereich des Geologischen Blattes Hattingen führen die Vorhaller Schichten verschiedentlich 2–3 cm dicke allochthone Kohlenflözchen. Die Vorhaller Schichten erreichen eine Mächtigkeit von ca. 400 bis 550 m.

β) Das flözführende Ober-Karbon

Die marine Fazies, die im Dinant und im größeren Teil des Namur geherrscht hatte, wurde im Laufe des höheren Namur vom wachsenden limnischen Einfluß zurückgedrängt, unter dessen Bedingungen die mächtigen, kohlenführenden Molasse-Schichten des jüngeren Ober-Karbon entstehen konnten. Es herrschten nun paralische (lagunäre) Verhältnisse in der Subvariszischen Saumtiefe, deren Senkung sich im rhythmischen Wechsel, bald rascher, bald zögernder, vollzog (s. S. 68 f.). Die Flöze entstanden in den Zeiten des Stillstandes oder nur langsamen Sinkens mit Anstieg des Grundwassers, wodurch Waldsümpfe und Sumpfwälder ungestört in den Niederungen oder Mündungsgebieten großer Flüsse wachsen konnten. Wiederholt bildeten sich auch weit ausgedehnte flache Seen, in denen sich Brackwasser-Muscheln ansiedelten. Bei einem stärkeren Abwärtsruck, oder wenn Zufuhr und Aufschüttung der Abtragungsmassen des sich hebenden Variszischen Gebirges mit dem Sinken des Troges nicht Schritt hielten, kam es zur Überflutung und zum Absterben der Moor-Vegetation und in extremen Fällen zu marinen Ingressionen mit der Bildung **mariner Horizonte**[16] (Rabitz 1966). Derartige Ingressionen des Meeres waren anfangs noch häufig, traten später jedoch immer seltener auf (s. Tab. 5). Aus den Torfmassen der Moore wurden durch Inkohlung **Steinkohlen**. Somit besteht das flözführende Ober-Karbon aus einer Wechsellagerung von teils konglomeratischen Sandsteinen, Schiefertonen und Steinkohlen-Flözen. An Masse überwiegen die Schiefertone, während Sandsteine und Konglomerate die auf-

---

[16] In diesen marinen Horizonten treten verschiedentlich cone-in-cone-Strukturen (Tutenmergel) auf (Dahm & Schöne-Warnefeld 1962).

fallendsten Glieder der Schichtenfolge darstellen. Die Steinkohlen-Flöze lassen sich hingegen übertage nur selten verfolgen, da sie meistens verwittert, oxidiert, ausgewaschen oder von Gehängeschutt bedeckt sind. Die Sandsteine bestehen im allgemeinen aus Körnern von Quarz und untergeordnet Feldspat, die durch ein tonig-kieseliges Bindemittel verkittet sind. Häufig enthält dieses auch noch Ankerit-Dolomit oder Siderit. Die tonige Komponente besteht in der Regel aus Illit und Serizit sowie etwas Chlorit. In den oberen Teilen des flözführenden Ober-Karbon kommt häufig noch Kaolinit hinzu, der hauptsächlich aus zersetzten Feldspäten hervorgegangen ist. Viele Sandsteine sind durch einen großen Gehalt an inkohlten Pflanzenresten ausgezeichnet, die sich besonders auf den Schichtflächen anhäufen. Schrägschichtung ist nicht selten.

Die Schiefertone im Liegenden der Flöze sind im allgemeinen als **Wurzelböden** ausgebildet. Sie stellten nach Röschmann (1962) nasse Sumpfböden dar, die vorwiegend von Lepidophyten-Sumpfwäldern und Calamiten-Röhricht bestanden waren. Die Wurzelböden werden von einer Unmenge von Stigmarien mit Apendizes durchzogen, die in der Regel bei der Setzung platt gedrückt wurden.

Der im Ruhr-Karbon häufige Sedimentationsrhythmus Wurzelboden–Flöz–Tonstein–Sandstein–Wurzelboden ist seit langem bekannt. Jessen (1957) hat festgestellt, daß das ca. 3800 m mächtige flözführende Ober-Karbon in zahlreiche derartig aufgebaute zyklische Wechselfolgen unterteilt ist. Solche Zyklotheme sind im allgemeinen ca. 7–10 m mächtig. Ein „Regelzyklothem" ist nach Jessen (1957: 440) von unten nach oben folgendermaßen aufgebaut:

12. Sandstein, grobkörnig
11. Sandstein, feinkörnig
10. Sandstreifiger Tonstein
9. Sandiger Tonstein
8. Schwachsandiger Tonstein
7. Tonstein häufig mit Fossilien
} rezessives Hemizyklothem

6. Kohlenflöz
5. Tonstein (Wurzelboden s. l.)
4. Schwachsandiger Tonstein
3. Sandiger Tonstein
2. Sandstreifiger Tonstein
1. Sandstein, feinkörnig
} progressives Hemizyklothem

JESSEN erklärt den Sedimentationsumschlag vom grobkörnigen Sandstein zum feinkörnigen Wurzelboden-Tonstein durch Anstieg des Meerwasserspiegels. Dieser Vorgang bewirkte einen Rückstau, so daß die im Hinterland anfallenden Sandmassen nicht mehr in den Ablagerungsraum gelangen konnten. Die zunächst durch den Anstieg des Grundwasserspiegels üppig wachsenden Moor- und Sumpfwälder ertranken schließlich gegen Ende des progressiven Hemizyklothems im Meer, welches in das Hinterland vorstieß. Daher gelangte jetzt gar kein Sand mehr und nur wenig feiner Schlamm in die Saumtiefe, und das erklärt auch, warum schon dicht über den Flözen marine Faunen auftreten. Anschließend begann der Wasserspiegel zu fallen und die gestauten Sandmassen gerieten in Bewegung zur Saumtiefe. Deshalb wurden die flöznahen Tone zum Hangenden hin immer sandstreifiger, bis schließlich nur noch Sand zur Ablagerung kam. Von diesem Regelfall können Zyklotheme gelegentlich mehr oder weniger abweichen.

Die einzelnen Kohlenflöze haben eine außerordentlich weite Verbreitung. Lagen von **Kaolin-Kohlentonstein** innerhalb der Flöze und ihres Nebengesteins (STADLER 1962; BURGER 1964, 1982, BURGER et al. 1971) halten meistens über große Flächen (mehrere Hundert km²) aus und sind deswegen hervorragende Leitschichten zur Identifizierung und Gleichstellung von Flözen. Einige dieser Lagen können durch das gesamte Ruhrgebiet verfolgt werden (BURGER et al. 1971). Ihre Mächtigkeit beträgt meist 1–2 cm, seltener 10–20 cm. Der Mineralbestand umfaßt Kaolinit, Illit, Montmorillonit, Chlorit, Quarz, Pyrit, gelegentlich auch Siderit und Apatit. Ob das Ausgangsmaterial der Kaolin-Kohlentonsteine von vulkanischen Aschen stammt oder ob sie biochemisch-sedimentär entstanden sind, ist unklar. Ihre unterschiedliche Ausbildung läßt darauf schließen, daß die eine wie die andere Deutung ihre Berechtigung haben kann.

Größere Niveau-Unterschiede der Bodenoberfläche im ober-karbonischen Molasse-Becken fehlten weitgehend; die damaligen Verhältnisse lassen sich etwa mit denjenigen in den Everglades im US-Bundesstaat Florida vergleichen, wo die Moore eine horizontale Ausdehnung von mehr als 5000 km² haben.

Insgesamt wurde im Verlauf von 32 Mio. Jahren die ca. 3800 m mächtige Schichtenfolge von Sandsteinen, Tonsteinen und über 100 (teilweise nicht bauwürdigen) Flözen abgelagert (s. Tab. 5). Dies entspricht einer mittleren Sedimentationsgeschwindigkeit unter Berücksichtigung der Sediment-Verdichtung von etwa 2 cm/100a (s. Abb. 26). Die Diagenese, insbesondere die **Inkohlung** in den Flözen des Ruhr-Karbon, geht vor allem auf die prä-orogene Absenkung des Ruhrkohlen-Beckens und die damit verbundene Erwärmung zurück (NEUMANN-MAHLKAU 1962, PATTEISKY et al. 1962, M. & R. TEICHMÜLLER 1971). Je tiefer ein Flöz versenkt war, desto stärker wurde es erwärmt und damit um so stärker inkohlt (s. Abb. 26). Die Hauptinkohlung wird überlagert von einer schwachen syn- und post-orogenen Nachinkohlung, die zur Zeit der Faltung und daran anschließend stattfand. Dies ist darauf zurückzuführen, daß die Kohlen in den Kernen der Großmulden tiefer versenkt und damit stärker erwärmt blieben als im Bereich der Großsättel, wo die Flöze frühzeitig herausgehoben wurden (M. & R. TEICHMÜLLER 1971). Die relativ geringe Inkohlung am Südrand des Ruhr-Karbon zeigt an,

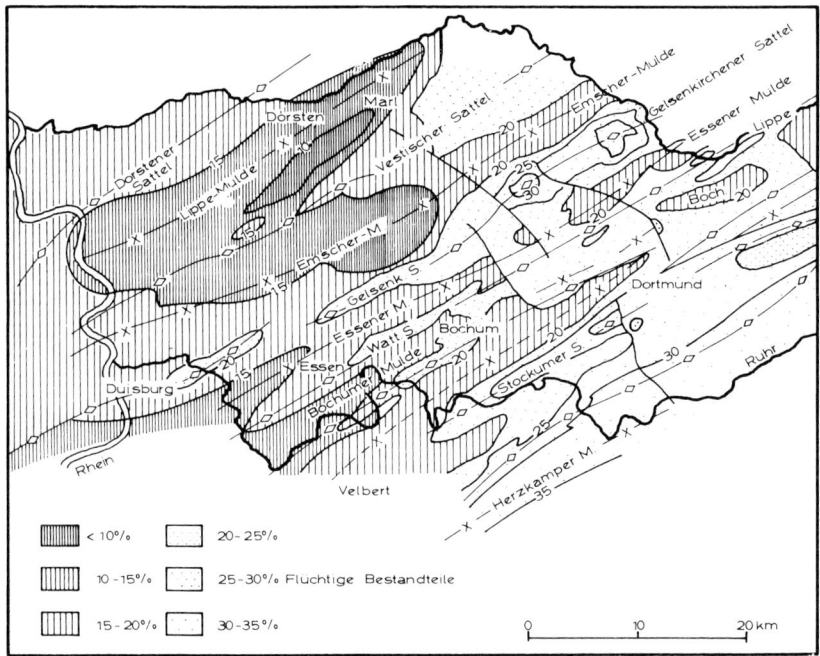

Abb. 27. Inkohlungskarte des Exkursionsgebietes, bezogen auf Flöz Sonnenschein (Untere Bochumer Schichten) n. M. & R. TEICHMÜLLER (1971).

daß die Schichten hier schon früh der Hebung unterlagen, und daß der tangentiale Faltungsdruck die chemische Umwandlung nicht gefördert hat (s. Abb. 27). Zufuhr und Ablagerung endeten im Ruhrgebiet mit dem Oberen Westfal C, und an der Wende Westfal/Stefan ergriff die Asturische Tektogenese den südlichen Bereich der Saumtiefe (s. S. 62).

Die Sprockhöveler Schichten

Das flözführende Ober-Karbon unterscheidet sich vom flözleeren im Gelände durch das Auftreten fester und mächtiger Werksandstein-Bänke. Die von Sandsteinen dominierte ca. 150 m mächtige Folge der **Kaisberg-Schichten**, mit welchen die **Unteren Sprockhöveler Schichten** im südöstlichen Ruhrgebiet beginnen, reicht vom **Grenzsandstein** über **Kaisberg-, Sengsbänksgen-** und **Sengsbank-Sandstein** bis zum ersten bauwürdigen Flöz, dem **Flöz Sengsbank** (s. Tab. 5). Die Sandsteine sind verschiedentlich etwas konglomeratisch entwickelt und führen vorzugsweise Quarzgerölle, wie zum Beispiel der **Kaisberg-Sandstein** (Kaisberg-Konglomerat[17]). Die anhand von Sedimentstrukturen in den fluviatilen Sandsteinen festgestellten **Paläo-Strömungsrichtungen** deuten auf einen beckenachsenparallelen Sedimenttransport aus östlichen bis südöstlichen Richtungen hin. Nach Nordwesten und Westen keilten die Sand-Schüttungen rasch aus (s. Abb. 28) und mit diesen die im Hangenden einsetzende Flözbildung von Flöz Sengsbank bis Flöz Besserdich. Bei Hattingen lag ein Hochgebiet, das während der Ablagerung des Sengsbank-Sandsteins zeitweise als Sediment-Lieferant aktiv war. Es lenkte mehrfach die von Osten kommenden Flüsse nach Nordwesten ab. Das gesamte fluviatile System des tieferen Namur C (Kaisberg-Schichten) mündete in einen lagunären Bereich (KRAFT 1992). Die Sandsteine dieses Fluß-Systems bilden heute wegen ihrer größeren Widerstandsfähigkeit gegen die Abtragung Geländerücken.

Mit Flöz Sengsbank beginnt der kohlenführende Teil der Unteren Sprockhöveler Schichten. In diesem sind die marinen Horizonte Cremer, Bickefeld, Gottessegen und Besserdich eingeschaltet. Die letztgenannten beiden Horizonte liegen über den gleichnamigen Flözen.

---

[17] Als „Konglomerate" werden im Ruhrgebiet auch Sandsteine mit wenigen nußgroßen Quarz- und Kieselschiefer-Geröllen bezeichnet.

72

Die **Oberen Sprockhöveler Schichten** beginnen mit dem marinen Horizont über Flöz Hinnebecke. Darauf folgt ein ca. 50 m mächtiges konglomeratisches Sandstein-Paket, das Flöz Neuflöz enthält. Da diese Sandstein-Abfolge von der Wasserbank-Flözgruppe überlagert wird, nennt man sie häufig „Wasserbank-Sandstein". Es folgen drei *Lingula*-Horizonte über Flöz Wasserbank, Flöz Alte Haase und dem Nebenflöz. Der darüberliegende Hauptflöz-Horizont zeichnet sich durch zahlreiche Goniatiten [*Agastrioceras carinatum* (FRECH), *Anthracoceras vanderbeckei* (LUDWIG), *Gastrioceras cancellatum* BISAT, *G. crencellatum* BISAT und *Dunbarella elegans* (JACKSON)] aus, die teilweise in Konkretionen erhalten sind.

Die Flöze der Sprockhöveler Schichten wurden früher als Anthrazite und Magerkohlen für Hausbrand und Industrie abgebaut.

Die festen Quarz-Sandsteine stellten als „**Ruhrsandstein**" einen beliebten Baustein dar.

Die Mächtigkeit der Sprockhöveler Schichten beträgt ca. 800 m.

Das Westfal

Im Westfal unterscheidet man fünf Schichtenfolgen:

Dorstener Schichten 750–850 m = Westfal C
Horster Schichten 300–375 m = Oberes Westfal B
Essener Schichten 450–600 m = Unteres Westfal B
Bochumer Schichten 550–750 m = Oberes Westfal A
Wittener Schichten 400–600 m = Unteres Westfal A

Die **Wittener Schichten** sind bereits flözreicher als die Sprockhöveler Schichten. Verschiedene Flöze liefern Industriekohle (Eß- und Magerkohle, in geringerer Menge Anthrazit und Fettkohle). Die **Unteren Wittener Schichten** beginnen mit dem tieferen marinen Horizont über Flöz Sarnsbank. Dieser führt *Gastrioceras suborenatum* (FRECH) sowie Homoceratoiden und Anthracoceraten, ferner Linguliden, Pterinopectiniden, Posidoniellen, Posidonien, Myalinen und Orthoceren. Der obere marine Horizont ist reich an articulaten Brachiopoden, heterodonten Muscheln,

← Abb. 28. Die Kaisberg-Schichten der tieferen Unteren Sprockhöveler Schichten in einem Längsschnitt am Südrand des Ruhrgebietes n. BRAUCKMANN et al. (1993), geändert.

Bellerophontiden und Crinoiden. Im Abstand von ca. 70 bis 150 m über dem Flöz Sarnsbank erscheint das Flöz Mausegatt. In seinem Liegenden ist vielerorts der mächtige **Mausegatt-Sandstein** verbreitet. Die Flöze der Kreftenscheer-Gruppe sind wechselhaft ausgebildet und spalten verschiedentlich in maximal vier Einzelflöze auf. Darüber folgt der marine Horizont über Flöz Kreftenscheer 2, der durch Linguliden, marine Gastropoden und die Grabgänge von *Planolites ophthalmoides* JESSEN (s. S. 75) gekennzeichnet ist. Die Flöze der **Geitling-Gruppe** scharen ebenfalls häufig. Den Abschluß dieser Flözgruppe bilden die Mentor-Flöze. Der vorwiegend konglomeratische **Finefrau-Sandstein**, der 20 bis 40 m mächtig wird, ist in weiten Bereichen des Ruhrgebietes zu finden. Auch die Flöze Finefrau und Finefrau-Nebenbank sind überall nachzuweisen.

Die **Oberen Wittener Schichten** beginnen mit dem **marinen Finefrau-Nebenbank-Horizont**, dessen Fauna durch *Gastrioceras circumnodosum* BISAT, Anthracoceraten, Posidoniellen, Pterinopectiniden und Linguliden gekennzeichnet ist. Etwa 50 bis 70 m über der Unterkante der vorliegenden Abfolge setzt die Girondelle-Flözgruppe ein, deren Kohlenführung bis Flöz Girondelle reicht. Im mittleren Teil dieses Abschnittes herrschen Sandsteine vor. Über Flöz Girondelle 6 liegt eine 50–70 m mächtige, vorwiegend flözleere Schichtenfolge, die mit dem Grenzflöz Plaßhofsbank abschließt.

Die **Bochumer Schichten** liegen in der Regel im Fettkohlen-Stadium, im östlichen Ruhrrevier auch im Gaskohlen-Stadium vor und finden insbesondere zur Koksherstellung Verwendung. Sie werden in Untere, Mittlere und Obere Bochumer Schichten gegliedert. Während in den Unteren Bochumer Schichten noch mehrere marine Horizonte entwickelt sind, entstanden die Mittleren und Oberen Bochumer Schichten vorwiegend unter nichtmarinen Ablagerungsbedingungen.

Die **Unteren Bochumer Schichten** beginnen mit dem marinen Horizont über Flöz Plaßhofsbank, der verschiedentlich *Gastrioceras amaliae* H. SCHMIDT führt. Darüber folgt ein stellenweise 20–30 m mächtiger konglomeratischer Sandstein, der Plaßhofsbank-Sandstein oder -Konglomerat, besser Schöttelchen-Sandstein genannt wird. Die Schöttelchen-Flözgruppe enthält zwei marin beeinflußte Horizonte, die gelegentlich Linguliden aufweisen.

Flöz Sonnenschein leitet den kohlenreichsten Teil des gesamten flözführenden Ober-Karbon ein, in welchem ein bauwürdiges Flöz auf das andere folgt. Er reicht bis an die Obergrenze der Bochumer Schichten. Über Flöz Wasserfall liegt ein mariner Horizont, der als „Augenschieferton"[18] mit zahlreichen Foraminiferen und Linguliden, gelegentlich auch Productoideen, entwickelt ist.

Die Basis der **Mittleren Bochumer Schichten** bildet der (teilweise) konglomeratische Sandstein über Flöz Präsident. In der dichten Flözfolge dieses Abschnittes kommen häufig Flöz-Aufspaltungen vor. Auf schwach marine Einflüsse weisen foraminiferenführende Augenschiefertone hin, die insbesondere über den Flözen Jakob 2, Johann 1 und der Albert-4-Wellington-Flözgruppe entwickelt sind.

Die **Oberen Bochumer Schichten** beginnen über Flöz Hugo und enden an der Basis des marinen Horizontes über Flöz Katharina. Letzterer führt massenhaft *Anthracoceras vanderbeckei* (LUDWIG), *Dunbarella macgregori* (CURRIE), seltener *Hudsonoceras catharinae* (H. SCHMIDT), häufig *Lingula mytiloides* Sow. und *Pseudoorthoceras* sp.

Die schon außerhalb des Exkursionsgebietes liegenden Essener, Horster und Dorstener Schichten führen ebenfalls Flöze. Auf der Zeche „Fürst Leopold-Baldur" in Dorsten wurden in den Dorstener Schichten Kohlen-Gerölle gefunden, die den Sprockhöveler Schichten entstammen. Somit war bereits im höheren Westfal C, als sich im Norden des Ruhrkohlen-Beckens noch Flöze bildeten, die Orogenese (s. S. 94 ff.) im Süden so weit fortgeschritten, daß die älteren Flöze schon wieder der Erosion unterlagen (MACKOWSKY & KÖTTER 1962). Dies beweist ein anhaltendes Wandern des Hauptsenkungsbereiches der Vortiefe nach Norden.

e) Fazielle Betrachtung von Devon und Karbon

Durch die gesamte Ablagerungszeit der Gesteine des Exkursionsgebietes während des Devon und Unter-Karbon zieht sich eine fazielle Zweiteilung, die sich durch die Begriffe „Frischwasser-Fazies" und „Stillwasser-Fazies" charakterisieren läßt. Im Devon wird die Frischwasser-Fazies als „Rheinische Fazies" (s. S. 3), im Karbon als „Kohlenkalk-Fazies" (s. S. 49) bezeichnet; die Stillwasser-Fazies nennt man im Devon „Her-

---

[18] Dieser Tonstein zeigt besonders viele Grabgänge des Brackwasser-Wurms *Planolites ophtalmoides* JESSEN (JESSEN 1950). Sie haben ein Hühneraugen ähnliches Aussehen, daher der Name.

zynische Fazies" (s. S. 3), im Unter-Karbon „Kulm Fazies" (s. S. 48). Die Rheinische Fazies zeigt häufige Besiedlung des Meeresbodens und verschiedentlich Schichtenfolgen, in der Sedimente aufgearbeitet wurden. Es handelt sich um den Schelfbereich des Old Red-Festlandes (Nord-Kontinent), auf dem die Zonen bewegteren Wassers vorwiegend an die Flachsee und Untiefen gebunden waren (s. Abb. 4). Die Herzynische Fazies ist dagegen die schlecht durchlüftete Fazies in der variszischen Senkungszone zwischen dem Old Red-Festland im Norden bzw. Nordwesten und der Mitteldeutschen Kristallinschwelle im Süden mit schwacher oder fehlender Bodenbesiedlung und mit verhältnismäßig nur selten durch Suspensionsströme gestörter, pelitischer Sedimentation. In diesem landfernen „off-shore"-Bereich wechselten die Meerestiefen stärker, Schwellen- und Beckenzonen zeichneten sich ab.

Unter-Devon und tieferes Mittel-Devon der Stillwasser-Fazies treten im nördlichen Bergischen Land nicht auf. Hier wurden vorwiegend gröberklastische, d. h. sandige und sandig-tonige Schichten der Rheinischen Fazies abgelagert, weil dieser Bereich nahe dem schuttliefernden Old Red-Festland lag. Im Mittel-Devon stieß die Stillwasser-Fazies, belegt durch die Ablagerung der Schwarzen Schichten (s. S. 13), kurzzeitig weit nach Nordwesten vor. Im höheren Mittel-Devon griff das Meer beträchtlich über den Südrand des Old Red-Festlandes über, und die Grenze zwischen Rheinischer und Herzynischer Fazies rückte weiter nach Nordwesten vor, allerdings wurden im nördlichen Teil des Exkursionsgebietes größere Sedimentmächtigkeiten nicht erreicht. Man darf im Ruhrgebiet mit einer etwa 500–1500 m mächtigen Abfolge des Mittel-Devon und Unter-Karbon über dem Kaledonischen Sockel rechnen, während im Bergischen Land eine mehr als 7000 m mächtige Schichtenfolge dieses Alters vorliegt.

Im Gebiet der Rheinischen Fazies entstanden schon im tieferen und mittleren Givet an einzelnen Stellen Ansätze zu Riffkörpern und -rasen (s. S. 14), die sich im höheren Givet zu mächtigen Karbonat-Platten fortbildeten. Die sandige Sedimentation erreichte die Becken zwischen den Riffkomplexen kaum noch oder nicht mehr; die Wasserbewegung ging soweit zurück, daß dort der Meeresboden gelegentlich zur Stillwasser-Fazies tendierte. In die pelitischen Becken-Sedimente schalteten sich als Schüttungen von den Riffhalden wiederholt Kalk-Turbidite (s. S. 38 f.) ein.

Das Karbon 77

An der Wende Mittel-/Ober-Devon war der Höhepunkt des Riff-Wachstums überschritten, und die starke Absenkung konnte bald nicht mehr ausgeglichen werden. Im oberen Adorf erlosch das Riff-Wachstum; die Sedimente der Stillwasser-Fazies griffen allmählich über die versunkenen Riffkörper.

Im höheren Ober-Devon lag der Übergangsbereich zwischen der Rheinischen und der Herzynischen Fazies im Velberter Gebiet. Daher sind die Velberter Schichten schon nicht mehr lithostratigraphisch zu gliedern wie das typisch ausgebildete Famenne in Belgien und noch bei Aachen (RICHTER 1985: 59 ff.). Nach Südosten gehen die Velberter Schichten kontinuierlich in die Pelite der Herzynischen Fazies über, in deren Stillwasser-Bereich von Norden her Suspensionsströme glimmerreichen Sand und Schluff transportierten.

Im höchsten Ober-Devon und im Unter-Karbon war der Fazies-Wechsel abrupter. Im Velberter Gebiet verzahnte sich der im Nordwesten unter den Bedingungen eines stabilen Schelfmeeres entstehende Kohlenkalk mit den von Osten und Südosten vorstoßenden Kulm-Sedimenten. Im obersten Unter-Karbon wanderte die Becken-Achse weiter nach Nordwesten, so daß die Gesteine der Kulm-Fazies die Plattform-Karbonate überlagerten. Im gesamten Bereich des Exkursionsgebietes wurden nun Pelite der Stillwasser-Fazies (Hangende Alaunschiefer) abgelagert.

Im Ober-Karbon wurde dann der nördliche Bereich des Exkursionsgebietes zur Subvariszischen Saumtiefe umgestaltet[19]. Im Trog bildeten sich zunächst noch unter Stillwasser-Bedingungen abgelagerte Flysch-Gesteine mit Peliten und Turbiditen sowie anschließend Sedimente einer paralischen Molasse und im späteren Stadium einer Süßwasser-Molasse mit mächtigen kohlenführenden Schichten. Zeitweise drang das Meer von Westen her in die Saumsenke ein und hinterließ die geringmächtigen marinen fossilführenden Pelit-Lagen (marine Horizonte), die zur Gliederung des Ober-Karbon besonders wichtig sind.

---

[19] Die Vortiefen-Entwicklung dürfte im höheren Namur etwa bei Münster in Westfalen (an der Nordgrenze der Faltungszone) geendet haben. Daran schloß sich nach Norden ein paralisches Senkungsfeld an, das bis in das Gebiet der heutigen südlichen Nordsee reichte. Das ausgedehnte Vorland-Becken erstreckte sich mit gleichbleibender Fazies von Pommern bis Mittelengland.

II. Das Deckgebirge

a) Die Ober-Kreide

Nach der Asturischen Tektogenese und der damit verbundenen Landwerdung und Heraushebung des Variszischen Orogens setzte dessen Abtragung ein. Bereits im jüngsten Ober-Karbon und im Perm dürfte sich eine stärkere Einebnung der Rhenoherzynischen Zone, d.h. des Rheinischen Schiefergebirges, und des Subvariszikums vollzogen haben. Wohin die ungeheuren Massen von Verwitterungs- und Abtragungsschutt befördert und wo sie abgelagert wurden, ist nicht bekannt. Nur an einer Stelle im Sauerland außerhalb des Exkursionsgebietes ist ein Rest jener festländisch abgesetzten Schuttmassen („Mendener Konglomerat") erhalten geblieben (HEITFELD 1956).

Nach solchen und ähnlichen Bildungen im Rotliegenden kam es zum Vorstoß des Zechstein-Meeres, der festländischen Ablagerung des Buntsandsteins, dem Vordringen des Muschelkalk-Meeres, zu Binnenseen im Keuper und einer erneuten Überflutung durch das Keuper-Meer. Wahrscheinlich breitete sich vom Zechstein ab über den eingerumpften Gebirgssockel ein jüngeres Deckgebirge aus, das später im Gefolge der Jungkimmerischen Tektogenese und der damit verbundenen epirogenen Hebung des Rheinischen Schiefergebirges wieder abgetragen wurde. Durch diese Vorgänge entstand das Rheinische Schiefergebirge erstmals in seiner heutigen Umgrenzung. Gleichzeitig zeigte das Ruhrgebiet eine sinkende Tendenz.

Am Ende der Unter-Kreide bestand im Exkursionsgebiet wieder ein weitgehend eingeebnetes **Rumpfgebirge**, über dessen randliche Bereiche das ober-kretazische Epikontinentalmeer allmählich transgredierte. So wurden zur Zeit des weitesten Meeresvorstoßes im Turon, Coniac und Santon auch die Ränder des Bergischen Landes Ablagerungsraum. Die heutige Südgrenze der Kreide-Verbreitung ist lediglich ein Erosionsrand, wenn auch die ober-kretazischen Ablagerungen primär nicht mehr viel weiter nach Süden reichten.

Auf dem eingerumpften Steinkohlengebirge liegt vielfach ein lockeres **Transgressionskonglomerat** oder eine Brekzie mit Geröllen verschiedener Größe und Form. Letztere bestehen aus Sandstein und/oder oft aus Toneisenstein. Die Mächtigkeit dieses Basiskonglomerats kann 3 m erreichen.

Darüber folgt der **Essener Grünsand** des tieferen Cenoman, der aus meist tonigen, wenig verfestigten Sanden besteht, die durch Glaukonit mehr oder minder dunkelgrün gefärbt sind. Dort wo der Ton-Anteil des Sandes groß genug ist, schützt er den Bergbau vor dem Wasser des Deckgebirges.

An Fossilien führt der Essener Grünsand *Schloenbachia varians* Sow. und *Ostrea* sp.

Die Mächtigkeit des Essener Grünsandes beträgt etwa 10–12 m. Es folgen ca. 15 m mächtige Kalkmergel und Knollenkalke des höheren Cenoman, die ebenfalls *Schloenbachia varians* Sow. führen.

Das Turon besteht überwiegend aus ziemlich festen **Kalksteinen und Kalkmergeln** von etwa 90 m Mächtigkeit. Sie verzahnen sich mit dem Bochumer und Soester Grünsand. Im einzelnen wird die Folge gegliedert in:

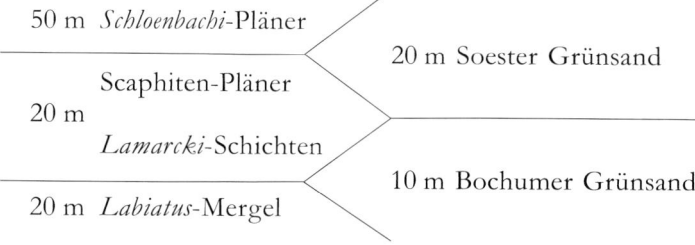

Bezeichnende Fossilien sind: *Inoceramus labiatus* (Schloth.), *I. lamarcki* Park., *I. schloenbachi* Böhm und *Scaphites geinitzi* D'Orb.

Ablagerungen der höheren Ober-Kreide sind im Exkursionsgebiet nicht mehr vorhanden.

b) Das Tertiär

Im Campan brach die ober-kretazische Sedimentation ab, und an der Kreide/Tertiär-Wende stieg das Rheinische Schiefergebirge als Blockgebirge wieder in die Höhe. Dabei wurden die Kreide-Ablagerungen abgetragen und der Gebirgsrumpf weiter erniedrigt.

1. Paleozän und Eozän

Bis zum Beginn der **mittel-oligozänen Transgression** zeigte das Rheinische Schiefergebirge im Alt-Tertiär nur ein flaches Relief; Aufwölbung und Abtragung hielten sich in jener Zeit etwa die Waage. Gleichzeitig erfolgte an dieser „prä-oligozänen Landoberfläche" (Altflächen-System n. RICHTER 1962) eine tiefgründige chemische Verwitterung, die auf tropische und subtropische Klima-Bedingungen schließen läßt. Stellenweise sind die devonischen Ton- und Schluffsteine, wie zum Beispiel die Flinzschiefer oder Velberter Schichten, bis zu mehreren Dekametern Tiefe stark zersetzt worden.

In diese Zeit vor dem Oligozän ist auch der Beginn der heute zu beobachtenden Verkarstung der paläozoischen Kalk- und Dolomitsteine zu legen, da ein Teil der Karst-Erscheinungen vom oligozänen Meeressand (s. S. 81 f.) oder vom Ratinger Ton (s. unten) überdeckt wird. So wurde bei Ratingen, wo eine fast geschlossene Decke oligozäner Sedimente (s. S. 170) vorliegt, festgestellt, daß der Ratinger Ton über dem devonischen Massenkalk besonders mächtig wird. Auch über dem Kohlenkalk beim „Blauen See" (s. S. 142) lassen sich Dolinen mit oligozäner Ton- und Meeressand-Füllung beobachten. Dolinen weiter im Osten bei Neandertal, Wülfrath und Wülfrath-Rohdenhaus sind mit feinsandigen Sedimenten gefüllt, die dem oligozänen Meeressand entsprechen.

Im Paläozän und besonders im Eozän begann durch Zerlegung des Gebirges in Bruchschollen die Herausbildung der Niederrheinischen Bucht und des Bruchstaffel-Systems an ihren Rändern.

2. Das Oligozän

Im Mittel- und vor allem im Ober-Oligozän traten großräumige Senkungen ein, welche zur endgültigen Formung des ausgedehnten Beckens der Niederrheinischen Bucht sowie zu Meeresvorstößen führten. Die ältesten dieser Ingression zugehörigen Ablagerungen, der mittel-oligozäne **Ratinger Ton**, sind allein bei Ratingen, Ratingen-Hösel und Ratingen-Breitscheid entwickelt, so daß das Meer im Rupel nur den Rand des weitgehend eingeebneten Rheinischen Schiefergebirges bedeckt hat. Der Ratinger Ton besteht aus blaugrauem bis grüngrauem fetten Ton, der brötchen- oder brotlaibförmige **Kalk-Konkretionen** führt. Das Vorkommen dieser Tone bei Ratingen war die Grundlage für eine sehr alte, inzwischen aufgegebene Töpferwaren-Manufaktur.

An Fossilien führt der Ratinger Ton *Nuculana deshayesiana* DUCH., Foraminiferen, Fischzähne sowie Wirbel von Walen.

Die Mächtigkeit des Ratinger Tons beträgt 10–15 m.

Im Ober-Oligozän transgredierte das Meer über die randlichen Teile des Niederbergischen Landes. Die Ablagerungen bestehen aus feinkörnigen Sanden sowie Schluffen, die teilweise glaukonitische Lagen enthalten. Geröll-Bänke treten gelegentlich im Gebiet von Solingen auf; sie setzen sich aus, meist erbsen- bis haselnußgroßen, gerundeten Milchquarz-Geröllen zusammen. Hin und wieder kommen auch bis walnußgroße Rollstücke von Quarzit oder quarzitischem Sandstein vor. Über dem eingeebneten Grundgebirge liegt an einigen Stellen eine Transgressionsbildung aus Geröllen von mäßig grobem Quarzkies, der zuweilen Bruchstücke von Feuerstein führt.

Durch die Verwitterung wurde die ursprünglich weiße, graue oder grüne Farbe der ober-oligozänen Sande gelb und braun, und der Eisengehalt verursachte verschiedentlich Verkittungen, so daß insbesondere an der Oberfläche festere eisenschüssige Lagen entstanden sind. Wegen ihres gleichförmigen Korn-Aufbaus sind die schluffigen **Grafenberger Sande** als Formsande für Gießereizwecke geeignet und wurden im Raum Ratingen-Erkrath in einigen Formsand-Gruben abgebaut. In diesen findet man gelegentlich Steinkerne von *Cardium* sp. sowie Knochen und Zähne von Haien [*Odontaspis (Synodontaspis) cuspidata* (AGASSIZ), *Isurus hastalis* (AGASSIZ) und *Carcharodon* sp.].

Die Mächtigkeit der ober-oligozänen Bildungen ist nicht bekannt.

3. Das Miozän

Die kräftigen Krustenbewegungen an der Wende Oligozän/Miozän führten zu einer erneuten allgemeinen Heraushebung vorher tieferliegender Bereiche des Rheinischen Schiefergebirges und zu dessen weiterer Zerstückelung. Dadurch zog sich das Meer weit nach Norden zurück. Es kam zur Abtragung, so daß einerseits die oligozänen Ablagerungen weitgehend erodiert wurden, andererseits wiederum weitreichende Verebnungen vom Typ einer Fastebenen-Landschaft („Jungflächen-System" n. RICHTER 1962) entstanden. In dieser Phase traten kurzzeitig stärkere

Hebungsbewegungen ein, so daß sich die deutliche Gliederung der jüngeren Rumpffläche in eine höhere und eine tiefere Stufe (STICKEL 1927) während des Miozäns vollzogen haben dürfte. Gleichzeitig erfolgte nach der Oligozän-Transgression eine Neubelebung der Verkarstung, die zur Bildung vorwiegend miozäner limnischer Becken- und Dolinen-Füllungen führte. Die Verkarstung spielte sich dabei vorwiegend im Grundwasser-Bereich ab (LANGGUTH 1966: 21).

Miozäne limnische Sande und Tone findet man beispielsweise vereinzelt in Vertiefungen der verkarsteten Massenkalk-Oberfläche bei Wülfrath-Rohdenhaus, Velbert, Wuppertal-Barmen und Schwelm, aber auch über devonischen Tonschiefern bei Schwelm-Linderhausen. Es handelt sich um Abschwemmungen aufgearbeiteter Verwitterungsböden der benachbarten alt-tertiären Landoberfläche. Sie setzten sich als bunte Sande, Letten, Tone und Kiese ab.

Bei Wuppertal-Vohwinkel treten sogar **Braunkohlen** auf, die aus unregelmäßigen Zusammenschwemmungen bestehen. Diese allochthone Kohle ist teils erdig und braun, teils mattschwarz und fest; verbreitet sind Lignite mit wirr durcheinanderliegenden Baumstücken.

Die starke Vegetation in der Miozän-Zeit und die dabei aus dem Humus entstandenen Humin-, Fulvo- und Humuligninsäuren setzten aus den ober-oligozänen Sanden als chemische Verwitterungslösung Kieselsäure frei, die bei ihrer Dehydratisierung zunächst Opal und später Quarz bildete und somit zur teilweisen Verkieselung der lockeren tonarmen Sande zu Zementquarziten führte. Derartige „**Tertiär-Quarzite**", teilweise mit Wurzelröhren und -resten, findet man verschiedentlich im Niederbergischen Gebiet als Einzelblöcke.

4. Das Pliozän

Mit dem Pliozän setzte durch die zunehmende Abkühlung eine wesentliche Veränderung der klimatischen und damit morphogenetischen Bedingungen ein. Die Hebung des Gebirges und die Senkung in den Tiefgebieten dauerten unter Beschleunigung der Bewegungen weiter fort. Die Reliefenergie nahm zu, so daß die flächenhafte Denudation durch die Erosion von Flüssen abgelöst wurde und sich Terrassen bilden konnten. Die Abtragung, welche während des gesamten Tertiär nur zur Aufarbeitung der mächtigen Verwitterungsrinde über dem Grundgebirge geführt hatte, drang gegen Ende des Pliozän stellenweise bis zum frischen Gestein vor. Daher stellen sich in den jüngsten Pliozän-Schottern der Niederrheinischen Bucht erstmals Gerölle unzersetzter Ton- und Sandsteine ein.

Ablagerungen des Pliozän sind sandige Tone, Quarzsande, Kiese und Schotter. Die Kiese bestehen aus Gangquarzen, quarzitischen Grauwakken und verkieselten Karbonatgesteinen sowie seltener aus „bunten Geröllen" (Buntsandstein, Basalt). Charakteristisch sind **verkieselte Kalkoolithe** („Kieseloolithe"), die ein dunkles, aus zahlreichen stecknadelkopfgroßen Kügelchen zusammengesetztes fischrogenähnliches Gestein darstellen. Kreuzschichtung weist auf den fluviatilen Charakter der pliozänen Ablagerungen hin.

c) Das Quartär

Im Quartär steigerte sich die endogene Dynamik zu einem bis dahin nicht erreichten Ausmaß und ließ nun erst das Rheinische Schiefergebirge zum eigentlichen Gebirgsland werden, wobei sich die Täler tief einschneiden konnten. Gleichzeitig vollzog sich eine verstärkte Absenkung der Niederrheinischen Bucht.

1. Das Pleistozän

Einschneidende klimatische Änderungen machen das Pleistozän zu einem die heutige Gestaltung der Erdoberfläche sehr wesentlich bestimmenden Zeitabschnitt. Es waren vor allem die viele Jahrtausende dauernden **Kaltzeiten**, in denen sich auf der Nordhalbkugel große **Inlandeis-Massen** bildeten, und die deshalb auch „Eiszeiten" genannt werden. Diese Kaltzeiten wechselten mehrfach mit wärmeren Phasen, die etwa dem Klima der Jetztzeit, dem Holozän, entsprachen.

Die erheblichen klimatischen Veränderungen des Pleistozän führten im Zusammenhang mit verstärkten Krustenbewegungen zu Material-Verlagerungen großen Ausmaßes.

α) *Frostschutt und Hanglehm*

Durch die Frostsprengung und den häufigen Wechsel zwischen Tauen und Wiedergefrieren wurden die oberflächennahen festen Gesteine, besonders die Tonsteine, aber auch klüftige Sandsteine und Quarzite, kleinstückig zerlegt. Es entstand auf der gesamten Oberfläche des Rheinischen Schiefergebirges ein **Frostschutt-Boden**, der in den Warmzeiten zu mehr oder weniger steinigem bzw. grusigem Lehm verwitterte. Heute bedeckt diese Lockerboden-Schicht weithin die Oberfläche des Gebirges und verhüllt den festen Gesteinsuntergrund. Im eiszeitlichen Klima wanderten die Lockerböden, soweit sie im Sommer auftauten, hangabwärts und lagerten sich als **steiniger Hanglehm** oder **lehmiger Hangschutt** ab. Dieses Bodenfließen („Solifluktion") war selbst auf nur schwach geneigten Hängen möglich, weil die aufgetaute Schicht durch den Frost sehr stark gelockert war, breiartige Konsistenz besaß und kein Wasser in den noch gefrorenen Untergrund einsickern konnte.

β) Flußterrassen

Die Tiefen- und Seitenerosion der Flüsse und Bäche im sich hebenden Schiefergebirge verstärkte sich während der kalten Klima-Perioden wesentlich, weil die Flüsse infolge der frühsommerlichen Schneeschmelze sehr starke Hochwässer führten, die zudem oft mit schweren, die Ufer angreifenden Eisschollen bedeckt waren. Die Erosion wurde durch die jeweils vorausgegangene Frost-Einwirkung erleichtert, welche durch die geringmächtigen Schotter oft bis in den festen Untergrund der Flußbetten hineingriff und diesen auflockerte.

In der Kaltzeit schnitt der Fluß sich tiefer ein. Wechsel zwischen kräftiger Tiefen- und Seitenerosion in Kaltzeiten und schwacher Erosion in Warmzeiten führte, verbunden mit der fortdauernden langsamen Hebung des Rheinischen Schiefergebirges, zu einem treppenförmigen Einschneiden. An den Hängen blieben Reste alter Talböden als **Terrassen** stehen. Oft tragen sie noch die Schotter des damaligen Flußbettes.

Während die ältesten Höhenterrassen wie die Mettmann-Terrasse aufgrund ihrer Mineralführung noch in das Pliozän gestellt werden (KAISER 1957), gehört die **Ältere Hauptterrasse** in die Brüggen-Kaltzeit (V. D. BRELIE 1959: 382). Sie wurde vom Rhein geschaffen, welcher in der sich bildenden Ebene der Niederrheinischen Bucht hin- und herpendelte. Ihre Absätze finden sich bei Ratingen-Hösel (Geologisches Blatt Kettwig) in Form heller Milchquarze und anderer Kieselgesteine. Die Nebenflüsse des Rheins besitzen nur selten entsprechende Terrassen-Reste.

Auf dem Höhepunkt einer folgenden Eiszeit wurde die **Jüngere**

Hauptterrasse[20] abgelagert. Damals bestand das Bett des Niederrheins aus einem 50 bis über 100 km breiten Schwemmkegel, der mit seiner Ostflanke ins Bergische Land, etwa bis zur Linie Mettmann–Heiligenhaus–Duisburg, reichte. Ruhr, Wupper und die kleineren Nebenflüsse bildeten ebenfalls Hauptterrassen, die sich aber in weit bescheidenerem Rahmen hielten.

Die Ablagerungen der Jüngeren Hauptterrasse finden sich heute in kleineren und größeren zusammenhängenden Flächen am Westrand des Bergischen Landes. Die meist groben Rhein-Schotter führen neben Grauwacken und Tonsteinen weißliche bis violettrötliche Taunus-Quarzite, Kieselschiefer, Eisenkiesel des Lahn-Gebietes, Achate, Chalzedone und Quarzporphyre von der Nahe, Metamorphite und Granite aus den Vogesen, Feuerstein-Eier aus dem Oligozän der Niederrheinischen Bucht (RICHTER 1985) sowie Basalte, Trachyte und Andesite aus dem Siebengebirge (VINKEN 1959). An verschiedenen Stellen, so beispielsweise im Gebiet der Blätter Heiligenhaus und Mettmann, liegen diese Schotter unmittelbar auf den oligozänen Schichten. Die Höhenlage der Jüngeren Hauptterrasse beträgt etwa 90 m bis 130 m ü. NN.

Die Schotterfracht der Nebenflüsse des Rheins ist entsprechend den relativ gleichartigen Gesteinsarten in ihren kleinen Einzugsgebieten im Vergleich mit derjenigen des Rheins wesentlich eintöniger.

Nach der Hauptterrassen-Zeit erfolgte weithin ein starkes Einschneiden der Flüsse, durch das die **Mittelterrassen** entstanden. Sie sind als schmale Stufen unterhalb der Hauptterrassen an den Talhängen noch stellenweise erhalten geblieben. Besonders kräftig scheint das Einschneiden in der Elster-(Mindel-)Eiszeit gewesen zu sein. Die Terrassen aus der Saale-(Riß-)Eiszeit bilden die **untersten Mittelterrassen**.

Die Mittelterrassen blieben im wesentlichen auf die inzwischen eingetieften Täler beschränkt. Auch hier lassen sich mehrere Stufen unterscheiden. Während eine durchgehende Mittelterrasse in einer Höhenlage von 60–70 m zum Rheintal nur selten vorhanden ist, kann die Mittelterrassen-Gruppe im Gebige vor allem im Tal der Wupper nachgewiesen werden, wo sie in zwei Stufen als schmale Schotter-Leisten bzw. treppenförmige Hangknicke etwa 30 und 10 m über der Talsohle liegen.

---

[20] Sie ist die eigentliche, morphologisch am deutlichsten ausgebildete und am weitesten ausgebreitete Rhein-Hauptterrasse.

Auch im Ruhrtal sind Mittelterrassen entwickelt. Hier führen sie verschiedentlich nordische Gerölle.

Als letzte eiszeitliche Terrasse entstand die **Niederterrasse**; sie ist am Rhein noch in großen Flächen erhalten. Die kleineren Niederterrassen der Nebenflüsse erstreckten sich zwar einst über die gesamten heutigen Talböden bis zu den deutlichen Hangknicken der seitlichen Ufer. Sie wurden aber durch die Hochwässer während des Holozän oft noch weitgehend umgeformt, so daß heute nur stellenweise etwas höher gelegene schmale Leisten neben den Talauen als ihre Reste anzusehen sind. Unter den holozänen Flußauen liegen weitverbreitet noch **Niederterrassen-Schotter**.

γ) Glaziale Ablagerungen

In der Saale-(Riß-)Eiszeit rückte das nordeuropäische Inland-Eis, nachdem es Skandinavien, Ostsee und Norddeutschland unter seinen Eismassen begraben hatte, mit seinen Rändern, die sich in Gletscherzungen untergliederten, von Norden bis an das Bergische Land vor.

Die Südgrenze des nordischen Inland-Eises verläuft an einer Linie, die von Ratingen über Ratingen-Eggerscheidt, Bahnhof Ratingen-Hösel, Kettwig vor der Brücke, Essen-Werden und südlich von Essen über Essen-Kupferdreh weiter nach Westfalen führt. Aus der Lage dieser Grenzlinie ergibt sich, daß das Eis die Ruhr stellenweise überschritt und ihren Lauf sperrte. Im Bereich des Ruhrtals fand damals eine kräftige Aufschotterung statt; zeitweise bestanden Stauseen. Das Eis sperrte beispielsweise eine nach Norden ausgreifende Ruhr-Schlinge bei Witten-Herbede und zwang den Fluß, den südlich gelegenen Hals dieser Flußwindung zu durchschneiden. Das frühere Ruhr-Bett ist heute hoch zugeschüttet und nur noch als schwache Vertiefung an der Erdoberfläche teilweise erkennbar.

Ein Stück der Autobahn A 77 verläuft westlich von Witten in einem Teil dieser prä-glazialen Ruhr-Schlinge.

Das Eis hat stellenweise **Grundmoränen**, so bei Kettwig, Essen-Kupferdreh und -Heisingen, hinterlassen. Sie beweisen, daß die Talrinne der Ruhr bereits vorhanden war, als das Eis heranrückte.

Der Geschiebemergel dieser Moränen besteht aus grauem kalkreichen Lehm, der ganz unregelmäßig mit groben Sandkörnern und Geröllen aus nordischem Kristallin und Feuersteinen von Rügen durchspickt ist. Stauchungen der Grundmoränen durch das Eis sind gelegentlich erfolgt.

Typische **Endmoränen-Blockpackungen** sind unter anderem in der ehemaligen Ziegelei der Gewerkschaft „Christine" in Essen-Kupferdreh und der ehemaligen Kiesgrube in Essen-Heisingen beobachtet worden. Bei Kettwig und Ratingen-Hösel bilden sie längere Rücken und Kuppen, die vorwiegend aus feinem Kies- und Sandmaterial bestehen, in dem Gerölle von Ton- und Sandsteinen, Konglomerate des flözführenden Ober-Karbon sowie vereinzelt größere nordische Geschiebe vorkommen. Somit handelt es sich zum überwiegenden Teil um vom Inland-Eis aufgearbeitete Ruhr-Schotter.

Der Eisvorstoß fand zur Zeit der Unteren Mittelterrasse statt, da sich seine Ablagerungen mit dieser Terrasse verzahnen (LÖSCHER 1922).

Bei Ratingen-Hösel, Kettwig und Essen-Kupferdreh sowie im Raume nördlich davon, findet man vereinzelt größere erratische Blöcke aus nordischen Graniten oder Gneisen, die z. T. als Denkmal oder zu sonstigen Zwecken aufgestellt worden sind.

δ) *Löß und Flugsand*

Große Mengen von Lößstaub wurden in den Kaltzeiten vorwiegend durch West- bzw. Nordwest-Winde wie heute (MÜLLER 1959) aus den weiten, meist trockenliegenden Schotterfluren der Niederterrasse und der westlichen Küstengebiete, aber auch aus dem von Gletschern zermahlenen Kristallinschutt ausgeweht und in Senken des Gebirges abgelagert, in denen er vor erneuter Auswehung durch Buschvegetation geschützt war. Demgegenüber ist der Löß-Anteil, der aus der Frostschutt-Zone und aus Moränen (oder dem trocken gefallenen Schelf stammt) nur gering (WEIDENBACH 1952). Der Löß ist vorwiegend ungeschichtet; dünngeschichtete Vorkommen wurden vermutlich in Seen abgelagert. Die Löß-Vorkommen des vorliegenden Gebietes sind insbesondere im Niederbergischen Land in Höhen zwischen 250 m und 350 m ü. NN weit verbreitet. Es handelt sich überwiegend um Ablagerungen der Weichsel-(Würm-)Eiszeit.

Ältere Löß-Absätze der Saale-(Riß-) und Elster-(Mindel-)Eiszeit wurden fast immer in den darauf folgenden Glazial- und Interglazial-Zeiten durch

Solifluktion und Denudation entfernt und sind nur gelegentlich unter dem Weichsel-(Würm-)Löß erhalten geblieben.

Während die Mächtigkeit des Lösses im allgemeinen 3 m kaum überschreitet, kann die Löß-Decke über den Massenkalk-Gebieten, die bereits im Tertiär durch Karst-Verwitterung Senken gebildet hatten (s. S. 80 u. 82), 7—8 m dick werden.

Im unverwitterten Zustand ist der **Löß** ein lockerer, kalkhaltiger Schluff von hellgelblicher Farbe. Oft wird er in den Tälern in Form von grauem Schwemmlöß angetroffen, der Lagen aus feinen Geröllen von Ton- und Sandsteinen sowie Grauwacken enthalten kann. Dessen Bildung geht auf stärkere Regenfluten oder Schneeschmelzen zurück. Gelegentlich ist der Schwemmlöß nach seiner Ablagerung unter den Grundwasserspiegel geraten und zu einem tonigen kalkhaltigen Schluff vergleyt worden.

Der Löß ist meist durch die Verwitterung tiefgründig entkalkt und in graugefleckten oder braunen Lößlehm umgewandelt; der gelöste Kalk wurde in tieferen Lagen häufig angereichert oder in Form von „Lößkindeln bzw. -puppen" wieder ausgeschieden. Unter dem Einfluß von Staunässe in Wald- und Wiesenbereichen zeigt der Löß durch Wegführung von Kalk, Eisenverbindungen und anderen Mineralstoffen eine Umsetzung in einen undurchlässigen, weiß und grau marmorierten, unfruchtbaren Lehm.

An Fossilien führt der Löß im allgemeinen Löß-Schnecken [*Helix hispida* MÜLL. und *Pupilla muscorum* (LINNAEUS)].

Den **Flugsand** trug der Wind nicht so weit fort wie den Löß, sondern lagerte ihn schon in der Nähe der Flüsse ab. So begleitet ein Gürtel von Flugsanden den Rhein auf seiner östlichen Talseite von Düsseldorf nach Norden und erstreckt sich über Kettwig nach Osten. Zwischen die Flugsand-Zone und die ausgedehnten Lößgebiete schaltet sich meist der Sandlöß als Übergangsbereich mit Feinsanden ein.

Der Flugsand bildet zum Teil ausgedehnte Dünengebiete, wie z. B. im Gebiet von Ratingen-Hösel—Ratingen-Eggerscheidt.

ε) *Höhlen*

Während der pleistozänen Terrassenbildung entstanden im devonischen Massenkalk und teilweise auch in den Kalkstein-Folgen der Oberen Honseler Schichten (zum Beispiel am Hardtberg oder bei Milspe auf Blatt Wuppertal-Barmen) Höhlen. Ihre Entstehung ist an die ehemaligen Flußläufe gebunden und dürfte auf die auslaugende Wirkung von Spaltenwässern zurückgeführt werden, da sie heute hoch über dem Wasserspiegel der Flüsse liegen. Andere Höhlen bildeten sich wahrscheinlich bereits im Tertiär.

ζ) *Der Homo sapiens neanderthalensis* KING

Im Sommer 1856 wurden im Neandertal[21] beim Kalkstein-Abbau in der kleinen Feldhofer Grotte Menschenknochen gefunden (s. Abb. 29), die FUHLROTT (1857) als Reste eines pleistozänen urtümlichen Menschen deutete. Diese Deutung wurde jedoch von der damaligen Fachwelt bezweifelt (VIRCHOW), und erst nach dem Tode FUHLROTTS ist seine Annahme bestätigt worden.

Die Teile des gefundenen Skeletts gehörten einem 40–50 Jahre alten Menschen. Die Körpergröße dieses Neandertalers (und anderer später gefundener) ist mit etwa 160 cm geringer als die des durchschnittlichen Europäers. Weitere Unterschiede zum heutigen *Homo sapiens sapiens* sind eine fliehende, flache Stirn, starke Überaugen-Bögen und ein zurückweichendes Kinn. Bemerkenswert ist die ovale Hinterhaupt-Gestaltung, durch die sich der Neandertaler von den vor ihm lebenden Hominiden-Gattungen und vom heutigen Menschen unterscheidet. Recht lang sind auch die Arme. Er besaß einen gedrungenen Rumpf und starke Gliedmaßen.

Die Neandertaler waren eine überspezialisierte Gattung, von der es in Europa keine geradlinige Fortsetzung gab. Sie lebten vor etwa 100000–40000 Jahren, d. h. ihre Zeit begann in der jüngeren Eem-Warmzeit und endete mit dem Abklingen des ersten Eisvorstoßes der letzten Eiszeit. Somit lebten die Neandertaler in der Busch- und Strauchtundra unter Bedingungen, wie sie heute im nördlichen Lappland bestehen. Nach Funden von Steinwerkzeugen, beispielsweise von Faustkeilen im Neandertal oder Spitzen, Schabern und Doppelschabern bei Rheindahlen, muß man in Verbindung mit Knochen- und Geweihgeräten annehmen, daß die Neandertaler Ren und Mammut jagten.

---

[21] So benannt nach JOACHIM NEANDER (1659–1680), der durch seine Kirchenlieder bekannt ist.

90   Stratigraphische Einführung

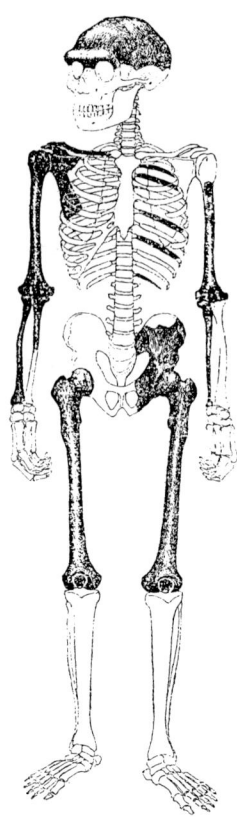

Abb. 29. Der *Homo sapiens neanderthalensis* KING. Die gefundenen Knochenreste sind in der Abbildung schwarz punktiert.

Nach dem Neandertaler kam der weichsel-(würm-)eiszeitliche *Homo sapiens sapiens* nach Europa. Es ist unklar, ob er die Neandertaler verdrängte, oder ob sie schon vorher ausgestorben waren.

2. Das Holozän

Während des Holozän, d.h. seit den letzten 8000 Jahren, sind keine erheblichen geologischen Veränderungen und Neubildungen eingetreten. Der Block des Rheinischen Schiefergebirges ist auch heute noch in Hebung begriffen, während sich Bäche und Flüsse weiter einschneiden.

α) *Flußschotter und Tal-Lehm*

Die Talböden, die sich seit der letzten Eiszeit in die Niederterrasse eingeschnitten haben, zeigen geringmächtige, bis einige Meter dicke Ablagerungen von lehmigem Sand und Flußschottern sowie den vielfach erst in historischer Zeit entstandenen Tal-Lehm, der überwiegend aus hell- bis dunkelbraunen, humosen mageren Lehmen mit Pflanzenresten besteht.

Im Staunässe-Bereich ist der Lehm fahl gefleckt oder graubraun marmoriert.

Dort, wo Täler mit starkem Gefälle in solche mit geringerem Gefälle einmünden, sind die Schottermassen in deltaförmigen Schuttkegeln aufgehäuft.

β) *Verkarstung*

Die tertiäre Verkarstung (s. S. 80 u. 82) setzte sich im Quartär fort und hält auch gegenwärtig weiter an, wie Trockentäler, junge Erdfälle und Bach-Versickerungen (s. S. 126) anzeigen.

C. Magmatische Gesteine

Eruptivgesteine sind im Exkursionsgebiet seit langem bekannt, heute jedoch nur in wenigen Fällen noch aufgeschlossen.

I. Diabas-Gänge

Im Remscheid-Altenaer Großsattel treten im Unter- und Mittel-Devon an verschiedenen Stellen **Diabas-Gänge** auf, die im allgemeinen etwa senkrecht zur Schichtung der umgebenden Sedimentgesteine einfallen. Andere Gänge stellen **Lagergänge** dar. Das Streichen folgt ungefähr dem Generalstreichen der tektonischen Großstrukturen (s. S. 95 ff.), so daß das Magma in *bc*-Spalten eingedrungen ist. Häufig sind die Gänge auch in Linien von Ost–West- bzw. Ostnordost–Westsüdwest-Richtung angeordnet. Im Bereich des Geologischen Blattes Wuppertal-Barmen tritt eine Anhäufung solcher Diabas-Gänge beiderseits einer quer verlaufenden Störungszone auf (s. S. 123). Die Eruptiva, die dem Initialen

Vulkanismus angehören, suchten sich – vielleicht im Zusammenhang mit ersten tektogenetischen Bewegungen – im höheren Mittel-Devon und tiefsten Ober-Devon Aufstiegswege zum Rheinischen Trog der variszischen Senkungszone.

Die Dicke der Gänge ist sehr verschieden, sie kann zwischen wenigen Dezimetern und mehreren Metern schwanken. Oft treten die geringmächtigen Vorkommen in der Nachbarschaft der stärkeren, parallel zu diesen auf. Die Diabase sind durch die Verwitterung stark zersetzt, so daß sie dem grau, braun oder grün gefärbten Nebengestein oft ähnlich sehen. In frischem Zustand haben sie eine olivgrüne Farbe. Die Kontaktmetamorphose war nur schwach, sie bewirkte eine Bleichung und Härtung des pelitischen oder psammitischen Nebengesteins. Die Salbänder sind scharf ausgeprägt.

Die Gang-Diabase führen leistenförmige Plagioklase mit ophitischem Gefüge, die häufig in ein feinkörniges Gemenge von Chlorit und Serizit-Illit umgewandelt sind. Einige bestimmbare Reste bestehen aus Oligoklas; Augit fehlt. Er ist mehr oder minder in Chlorit, der in einigen Bereichen von feinstkörnigem Titanit (aus Titanaugit) übersät wird, und ein durch Oberflächen-Verwitterung stark zersetztes Chlorit-Saussurit-Gemenge umgewandelt. In einigen Zwickeln steckt ein primär-magmatischer Quarz-Anteil. Als Erz liegt Titanomagnetit vor, der auch etwas zersetzt ist. Quarz-Gänge durchschneiden das Gestein (JACOB 1964).

II. Der Barmer Diabas

Zwischen den Tälern des Leimbaches und Schellenbecker Baches am Nordrand von Wuppertal-Barmen ist ein dunkelgrünschwarzer **Diabas** in den Oberen Matagne-Schichten (Nierenkalke) lagerförmig eingeschaltet. Es handelt sich um ein submarines Ergußgestein, dessen Magma während der Oberen Matagne-Zeit aufdrang.

Der Diabas, der etwa 30–40 m, gelegentlich bis 100 m mächtig wird, zeigt in seinen höheren Partien deutlich Fließ- und Blasenstrukturen sowie Schlackenkrusten (FUCHS & PAECKELMANN 1928: 64), die im Verein mit unregelmäßigen Begrenzungen gegen das hangende Nebengestein den Vulkanit als **Lava** ausweisen. Einige Partien des Diabases sind als **Mandelstein** ausgebildet. Der Durchmesser der einzelnen Mandeln beträgt 3−7 mm, ihre Füllung besteht aus weißem Kalkspat. Tiefere Partien sind körnig entwickelt. Der Diabas verwittert ausgesprochen kugeligschalig und nimmt dabei eine schokoladenbraune Farbe an.

Vereinzelt treten Einlagerungen von Tonsteinen im Diabas auf, so daß es sich wahrscheinlich um einen mehrfachen Erguß handelt.

Das Vorkommen der submarinen Extrusion liegt in der nördlichen Verlängerung der querverlaufenden Störungszone, die dem Oberlauf der Wupper folgt und durch das gehäufte Auftreten von Diabas-Gängen ausgezeichnet ist (s. S. 91), so daß der Aufstieg der Laven wahrscheinlich durch diese vermutlich schon prä-orogen angelegte Schwächezone ermöglicht wurde.

Petrographisch besteht der Diabas primär aus Plagioklas und Pyroxen, gelegentlich ist auch ein geringer Olivin-Gehalt vorhanden. Die Erstausscheidungen waren immer die Plagioklase, denen die Pyroxene folgten. Das Gestein zeigt vollkristalline ophitische Strukturen und alle Übergänge über Intersertal- zu variolithischen und arboreszierenden Strukturen mit Skelettplagioklasen. Letztere sprechen für eine rasche Abkühlung des Magmas an der Oberfläche des Ergusses.

Die Tiefenlage der Magmakammer ist − wie auch bei den Diabas-Gängen (s. S. 91) − nicht bekannt. Wahrscheinlich lag diese recht tief, möglicherweise sogar an der Grenze Ober-/Unterkruste.

III. Die Albit-Quarzporphyre von Wuppertal-Langerfeld und Schwelm-Delle

Im Einschnitt der Autobahn bei Wuppertal-Langerfeld (r 87 269, h 82 076) stehen stark gefaltete und gestörte Untere Honseler Schichten (s. S. 13 f.) an, in die ein **Albit-Quarzporphyr** intrudiert ist. Der Magmatit erscheint in Form mehrerer Intrusionskörper, die über 10 m Ausdehnung erreichen, und folgt nur wenig den Schichtflächen des Nebengesteins; meist werden die steilgestellten Schichten von den Magmatit-Vorkommen abgeschnitten. Die einzelnen Intrusionskörper stellen schlauchförmige, gelegentlich blasenartig erweiterte Gebilde dar, die nach der Tiefe an Ausdehnung zunehmen und sich dort mehr und mehr zusammenschließen. Die hier auftretenden Diabas-Gänge (s. S. 91 f.) sind alle kontaktmetamorph verändert worden.

Bei Delle (südlich von Schwelm) ca. 3,2 km östlich des oben genannten Autobahn-Einschnittes (Blatt Wuppertal-Barmen) tritt ein weiteres Vorkommen eines ganz ähnlichen Gesteins auf (FUCHS & PAECKELMANN 1928: 63). Nach SCHERP & SCHRÖDER (1962: 1211) handelt es sich um eine Linse von etwa 17 m Länge und 8 m Breite, deren Längsachse etwa Nordost–Südwest streicht. Der Intrusiv-Körper ist hier in höhere Brandenberg-Schichten (s. S. 9 f.) eingedrungen. Makroskopisch zeichnet sich das frische Gestein durch blaßrötliche bis fleischrote Farbe (in der Randfazies) aus. Mit bloßem Auge lassen sich bis 1 mm große Einsprenglinge von Quarz und Feldspat innerhalb der Grundmasse erkennen.

Unter dem Mikroskop bildet die Grundmasse ein Quarz-Feldspat-Gemenge, in dem Quarz poikilithisch von kleinen, meist idiomorphen Albit-Leisten durchsetzt wird. In der kryptokristallinen Ausbildung der Randzone des Vorkommens sind die Albite seltener idiomorph. Serizit-Flitter dürften durch hydrothermale Umwandlung aus ursprünglichem Kalifeldspat der Grundmasse hervorgegangen sein. Verschiedenartige Abkühlungsbedingungen haben die Ausbildung der Grundmasse beeinflußt, so daß alle Übergänge zu mikrogranitischen bzw. mikrolithischen und kryptokristallinen Strukturen vorhanden sind (SCHERP & SCHRÖDER 1962: 1212).

Bei den Einsprenglingen überwiegen die Quarze, die im Schliff teils mehr oder weniger korrodierte Querschnitte von Dihexaedern, teils auch abgerundete Formen zeigen. Sie sind meist von einem Saum orientiert angewachsenen Quarzes ummantelt, der in die Grundmasse übergeht. Feinste Einschlüsse chloritischer Substanz kennzeichnen diesen Saum. Die Albite zeigen Verzwillingungen nach dem Albit-, Karlsbader und Periklin-Gesetz. Neben den sauren Plagioklasen treten gelegentlich auch Anorthoklase und Mikroperthit auf. Seltene Serizit-Pseudomorphosen, die mit schuppigem Serizit gefüllt sind, scheinen ein Umwandlungsprodukt von Biotit darzustellen.

Die Albit-Quarzporphyre entstammen einem aplit-granitischen Magma, das vermutlich gegen Ende der Asturischen Tektogenese (s. unten) aufdrang. Für eine syntektonische Natur sprechen Quarz-Feldspat-Verwachsungsgefüge, die auf eine hydrothermale Mobilisierung weisen, welche vor der endgültigen Kristallisation wohl im Zusammenhang mit tektonischen Bewegungen erfolgte (SCHERP & SCHRÖDER: 1205).

D. Die Tektonik

Am Ende des Westfal erfaßte die Asturische Tektogenese das Exkursionsgebiet. Durch sie wurden die noch nicht deformierten Gesteinsfolgen des nördlichen Rheinischen Schiefergebirges und Ruhrgebietes gefaltet und dem schon bestehenden Variszischen Orogen angeschweißt. Sowohl die im Silur als auch an der Grenze zum Gedinne vorhandenen Schichtlücken (s. Tab. 1) scheinen im nördlichen Bergischen Land nicht von strukturverändernden Bewegungen der Kaledonischen Orogenese, wie sie in den Ardennen erfolgten (RICHTER 1985: 140ff.), verursacht worden zu sein. Die möglicherweise vorhandene Schichtlücke im Unter-Devon zwischen den Bunten Ebbe-Schichten und den Rimmert-Schichten (s. S. 5f.) dürfte ebenfalls nicht auf eine Tektogenese zurückgehen, da keine wesentliche Diskordanz bekannt geworden ist.

Der tektonische Formenschatz

Falten verschiedener Größenordnungen sind die Strukturelemente, die den tektonischen Baustil des Exkursionsgebietes am auffälligsten geprägt haben. Von den Großfalten lassen sich die Spezialfalten erster und zweiter (Größen-) Ordnung sowie die „selektiven Klein- und Mikrofalten" (s. S. 101) unterscheiden. Diese Reihenfolge entspricht auch einem genetischen Nacheinander, wie es ebenfalls aus anderen Teilen des Rheinischen Schiefergebirges bekannt geworden ist (RICHTER 1985: 150ff.).

Die Übersichtskarte zeigt, daß die Großfalten-Strukturen des nördlichen Bergischen Landes und südlichen Ruhrgebietes, denen die Spezialfalten aufsitzen, von Westsüdwesten nach Ostnordosten verlaufen. Im Ostteil des Exkursionsgebietes erscheinen von Süden nach Norden: der Remscheid-Altenaer Großsattel, in dessen Kern die ältesten Schichten des Exkursionsgebietes zutage treten, die Herzkamper Hauptmulde, der Esborner Hauptsattel, die Wittener Hauptmulde und der Stockumer Hauptsattel (s. Abb. 30). Im Westteil ist der Herzkamper Hauptmulde der Velberter Großsattel vorgelagert, der sich von den übrigen Großstrukturen durch seine kurze streichende Erstreckung und sein rasches Abtauchen nach Osten unterscheidet. Nach Westen werden sich der Remscheid-Altenaer und der Velberter Großsattel wahrscheinlich im Un-

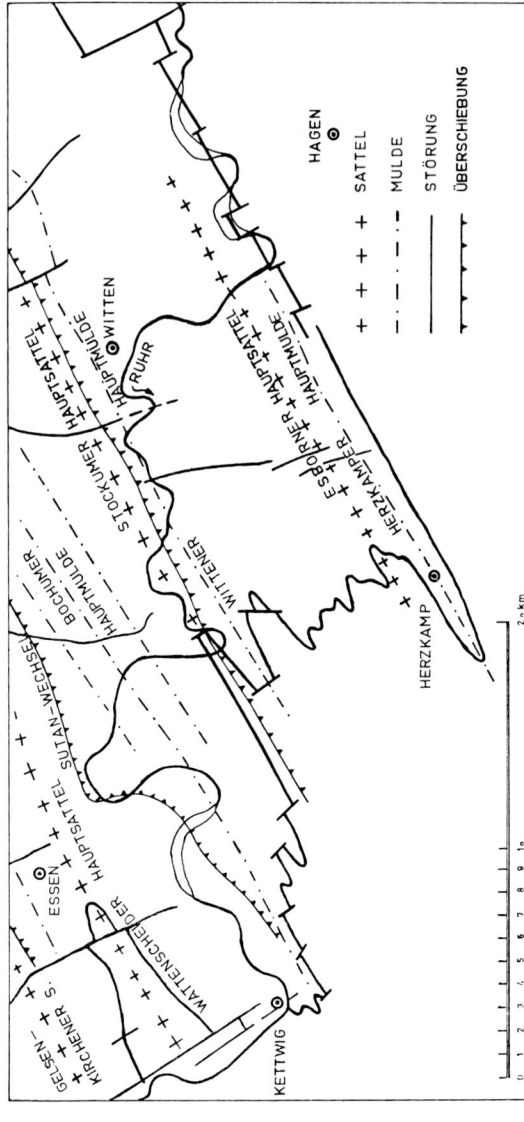

Abb. 30. Geologische Übersichtskarte des Steinkohlen-Gebirges im Bereich des Exkursionsführers.

tergrund der Rheinischen Bucht fortsetzen. Nördlich des Velberter Großsattels folgen die Bochumer Hauptmulde, der Wattenscheider Hauptsattel und die Essener Hauptmulde (s. Abb. 30). Während die Großfalten bereits im ersten Stadium der Tektogenese als flache Aufwölbungen angelegt wurden, kam es durch die Spezialfaltung erster und zweiter Ordnung zu steilerer Aufrichtung der Schichten, verschiedentlich auch zur Überkippung. Ausmaß und Form der Spezialfalten wurden im einzelnen von der Lithologie der betroffenen Schichtenfolgen bestimmt.

Der Remscheid-Altenaer Großsattel und der Velberter Großsattel sind durch eine Reihe von **Spezialfalten erster Ordnung** gekennzeichnet, die Spannweiten von einigen Dekametern bis mehreren Kilometern besitzen. So treten beispielsweise im Velberter Großsattel von Süden nach Norden der Wülfrather Sattel, die Adelscheid-Mulde, der Rohdenhauser Sattel, die Schmachtenberg-Mulde und der Mergelsberger Sattel auf (s. Abb. 31 b). Während somit der mächtige Massenkalk im zentralen Bereich des Großsattels nur drei größere Sättel aufweist, ist der vergleichsweise geringmächtige Kohlenkalk am Ostende des Synklinoriums in elf Sättel und Mulden gelegt worden. Daß der Faltenbau des Massenkalkes von dem des Kohlenkalkes so stark abweicht, beweist die weitgehende Abhängigkeit der Biegegleitfaltung von der Lithologie und der Mächtigkeit der betroffenen Schichtenfolgen.

Die Herzkamper Hauptmulde ist von Süden nach Norden in die Haßlinghäuser bzw. die Kaisberg-Mulde, den Sattel von Trappe und die Hiddinghäuser Mulde gegliedert.

Auch die anderen Hauptsättel und -mulden des Ruhrgebietes lassen sich wieder in eine Anzahl von Spezialfalten erster Ordnung unterteilen. Im Gebiet von Essen folgen von Süden nach Norden in der Bochumer Hauptmulde die Dilldorfer (Baaker) Mulde, der Eulenbaumer Sattel, die Nördliche Mulde vom Friedlichen Nachbar, der Weitmarer Sattel, die Heisinger (Generaler) Mulde, der Heinricher (Eppendorfer) Sattel, die Heinricher Mulde usw. (s. Abb. 31 c). Diese Strukturelemente ziehen teilweise nicht in längerer Erstreckung durch, sondern werden durch andere, sich im Streichen neu entwickelnde Falten ersetzt.

Neben den Spezialfalten erster Ordnung sind die weniger bedeutenden **Kleinfalten (Spezialfalten zweiter Ordnung)** mit Spannweiten bis zu etwa einem Dekameter weit verbreitet. Solche Kleinfalten treten

98   Die Tektonik

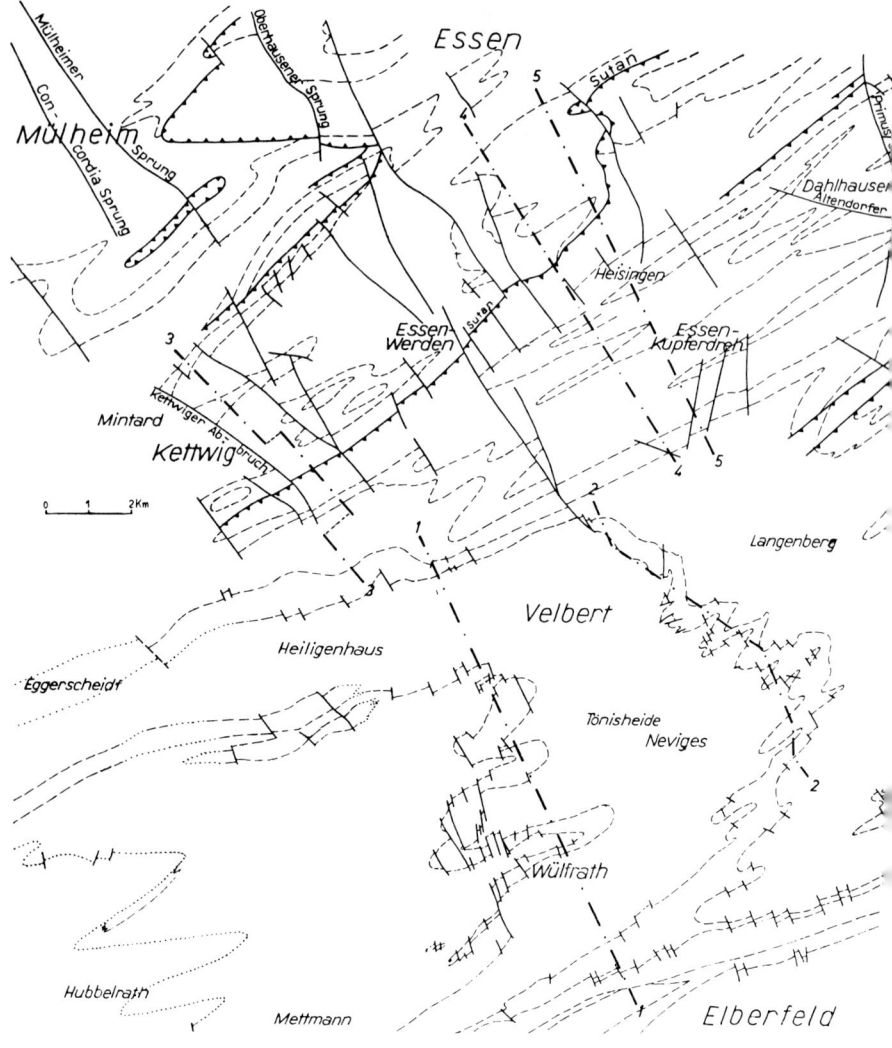

Abb. 31 a. Lageskizze für die in den Abb. 31 b und 31 c dargestellten geologischen Profile. Die Legende befindet sich auf der geologischen Übersichtskarte.

einmal in besonders faltungsfreudigem Material auf, wie zum Beispiel in den Alaun- und Kieselschiefern des Unter-Karbon (s. S. 59 f.). Sie reiten ferner als meist asymmetrische Falten geringerer Dimension auf den Flanken der Spezialfalten erster Ordnung. Zwischen den Falten erster und zweiter (Größen-)Ordnung gibt es vielerorts fließende Übergänge; kleinere Falten erster Ordnung leiten zu Kleinfalten über, aus denen sich wiederum Fältelungen entwickeln können. Die Vergenz aller Falten ist überwiegend nach Nordwesten gerichtet. Nur selten stehen über größere Entfernungen hinweg die Achsenflächen steil, noch seltener ist eine schwache Südost-Vergenz erkennbar (s. Abb. 31 b).

Im Ruhr-Karbon entstanden mit der Faltung zeitgleich flache, nordwest-vergente **Überschiebungen**, welche Schichten bis in das tiefere Westfal B hinein betrafen (HOYER & PILGER 1971, KUNZ 1980, WREDE 1982). Beim Fortgang der Einengung entstanden über den Stirnen der Schubbahnen die Hauptsättel (s. S. 95 f.). Sie wurden ebenso wie die Muldenbereiche bei fortschreitender Einengung in die oben erwähnten Spezialfalten erster Ordnung gelegt. Dieser Prozeß betraf auch die Überschiebungsbahnen, so daß sie heute in gefalteter Form vorliegen (s. Abb. 31 c) wie beispielsweise die Esborner Überschiebung am Esborner Hauptsattel, die Satanella-Überschiebung am Stockumer Hauptsattel, die Sutan-Überschiebung am Wattenscheider Hauptsattel und die Gelsenkirchener oder Hermann-Überschiebung am Gelsenkirchener Hauptsattel. Dadurch treten fließende Übergänge zwischen verschiedenen Störungstypen (Überschiebung, Aufschiebung, streichende Abschiebung) auf, die besonders beim Durchgang der Störung durch einen Faltenkern auffallen (WREDE 1982: 196). Übergänge bestehen auch zu den zahlreichen, weniger bedeutenden, nach Nordwesten und Südosten gerichteten, teilweise nicht mitgefalteten Überschiebungen auf den Sattelflanken, so zum Beispiel die Hannibal-Überschiebung. Sie entstanden gegen Ende der Spezialfaltung erster Ordnung, als mit beginnender Konsolidierung der Sattelkerne die Muldenflanken von Nordwesten und Südosten auf die Sättel überschoben wurden. Den nordwest-vergenten Überschiebungen auf den Südflanken der Hauptsättel stehen teilweise bedeutsame südost-vergente Überschiebungen auf den Nordflanken gegenüber. Überschiebungen treten vor allem in den Sattel-Südflanken als relativ flach nach Nordwesten (antithetisch zur Schichtung) einfallende Störungen hervor, welche die steil einfallenden Schichtflächen fast rechtwinklig durchschneiden. Derartige Störungen werden von den Bergleuten als „Deckel" bezeichnet. Dort, wo sie einen Faltenkern durchschneiden, passen sie sich auf dem Gegenflügel der Falte dem Einfallen der Schichten an und durchsetzen sie – gleichsinnig mit der Schichtung einfallend – unter einem sehr spitzen Winkel. Die Überschiebungen laufen sowohl lateral als auch vertikal nach oben und unten in unterschiedlichen Niveaus aus.

Neben diesen größeren Überschiebungen treten in steilen Faltenflanken auch Kombinationen entgegengesetzt einfallender Störungen auf, die „fischschwanz"-artige Konfigurationen bilden (DROZDZEWSKI 1979). Bezogen auf die Schichtung wirken diese Störungssysteme dehnend, im Hinblick auf die Gesamtstruktur sind sie jedoch einengend und bewirken eine zusätzliche Verkürzung. Da solche Störungen ungefähr symmetrisch auftreten (nordwest- und südost-vergent), erfolgt die Verkürzung ohne einen Massentransport in horizontaler Richtung. Statt dessen ergibt sich durch die Längung der steilen Faltenflanken eine Krustenverdickung. Derartige Störungen sind offenbar erst im Endstadium der Tektogenese entstanden, als eine weitere Einengung des Gebirges durch Faltung nicht mehr möglich war.

Mit den größeren Überschiebungen sind oft Spezialfalten zweiter Ordnung verknüpft, die im Liegenden der Überschiebungsflächen auftreten, wie z. B. am Pastoratsberg in Essen-Werden (s. S. 167 f.) oder bei der ehemaligen Zeche „Karl Funke", wo diese Kleinfalten unter der Sutan-Überschiebung entstanden sind. Im Velberter und im Remscheid-Altenaer Großsattel fehlen – abgesehen von der Ennepe-Störung (s. S. 102) – größere Auf- und Überschiebungen. Schuppen treten dagegen häufig auf.

Querstörungen (Abschiebungen) und **horizontale Seitenverschiebungen (Blattverschiebungen)** entstanden relativ spät, d. h. nach dem Faltungsprozeß, da sie den Faltenbau versetzen (WREDE 1992). Sie kommen häufig vor, doch nicht so oft, wie auf einigen Blättern der Geologischen Karte 1 : 25 000 dargestellt.

Auf die Asturische Tektogenese geht auch die **Schieferung** zurück. Ihre Stärke ist weitgehend von der Lithologie der betroffenen Schichtenfolgen abhängig. So ist die Schieferung in den devonischen (und älteren) Schichten des nördlichen Bergischen Landes intensiv ausgebildet, während sie in den karbonischen Gesteinen nicht mehr oder nur noch latent erscheint. Die Alaunschiefer des Kulms (s. S. 58 f.) trennen in sehr auffälliger Weise die kaum oder überhaupt nicht mehr geschieferten Tonsteine des Karbon von den stark geschieferten Tonsteinen der älteren Schichtenfolgen (s. Abb. 31 b). Wenn die Schiefertone des Karbon sich überwiegend schieferungsfeindlich verhalten haben, so dürfte das auf den ihnen häufig eingelagerten, mächtigen Sandstein- und Konglomerat-Bankfolgen beruhen. Die Devon/Karbon-Grenze s.l. trennt somit zwei sich voneinander wesentlich unterscheidende tektonische Stockwerke[22] (RICHTER 1960: 121).

Der Schieferungsprozeß als „innere Deformation" (RICHTER 1959, 1960: 121) folgte während der Tektogenese auf die Herausbildung der Spezialfalten. Er hat die Groß- und Spezialfalten überprägt, ihre Aufrichtungswinkel weiter versteilt und ihnen dadurch ihre heutige Form gegeben. Die während der Tektogenese zeitlich relativ späte Entwicklung der Schieferung zeigt sich auch darin, daß ihr Streichen von demjenigen der Großfalten-Achsenflächen nahezu unabhängig ist. So weicht die Schieferung im Velberter Großsattel durchschnittlich um 10° (im Uhrzeigersinn) vom Generalstreichen ab (RICHTER 1960: 123).

Eine häufige Begleiterscheinung der „inneren Deformation" sind **selektive Klein- und Mikrofalten sowie Wellungen** (RICHTER 1961: 20) von kompetenten, nicht schieferbaren dünnen Lagen innerhalb geschieferter Gesteinspakete. Sie treten im nördlichen Bergischen Land in großer Mannigfaltigkeit auf. Kennzeichen solcher Kleinfalten ist, daß ihre Achsenflächen immer in der Schieferungsebene liegen.

Wenn Schichtung und Schieferung parallel verlaufen, beobachtet man oft boudinageähnliche Längungen dünner Sandstein-Lagen.

Auf die „innere Deformation" geht auch die Verformung von Fossilien zurück (RICHTER 1959).

a) Die Strukturen des Remscheid-Altenaer Großsattels

Infolge der Mächtigkeitsabnahme der Remscheider Schichten von Nordwesten nach Südosten (s. S. 7) ist der Remscheid-Altenaer Großsattel

---

[22] Unter „Stockwerk-Bau" versteht man die unterschiedliche tektonische Reaktionsform verschiedener, übereinander liegender Gesteinskomplexe bei gleichzeitiger tektonischer Beanspruchung (s. S. 108 ff.).

asymmetrisch aufgebaut, d. h. einer mächtig entwickelten Nordflanke steht eine primär verkümmerte Südflanke gegenüber (VOIGT 1968). Die Achsen der Spezialfalten streichen etwa Südwest–Nordost und schieben flach nach Südwesten ein.

Der Kernbereich des Großsattels wird vom **Solinger Sattel-Halbhorst** gebildet, der sich aus zwei Spezialsätteln erster Ordnung, nämlich dem Fürkelt-Unnesberger und dem Untenrüden-Odentaler Sattel aufbaut, in deren Aufbrüchen die prä-devonischen Herscheider Schichten (s. S. 2f.) zutage treten. Diese Schichten sind nach VOIGT (1968) durch den Schieferungsprozeß stärker in Richtung c, d. h. nach oben, gelängt worden als in b, d. h. in Richtung der Faltenachse. Die starke Hochlängung hat zum Aufreißen von „Diapir"-Längsstörungen geführt, zwischen denen die alten Gesteine im Kern des Großsattels emporgedrungen sind.

Im Nordosten erscheint dann der **Remscheider Sattelhorst**, ein von Längs- und Querstörungen umschlossenes Gebiet von Verse-, Bunten Ebbe-, Rimmert- und auch noch Remscheider Schichten zwischen Remscheid-Vieringhausen und -Lennep.

Die Schichten im Kern des Remscheid-Altenaer Großsattels sind weitaus stärker geschiefert als auf den Flanken. Die Schieferung zeigt darüber hinaus einen Vergenz-Wechsel in Gestalt einer **Fächerstellung**. Auf der Nordflanke des Großsattels fallen die Schieferungsflächen mittelsteil und in der Kernzone steil nach Südosten ein, während sie auf der Südflanke senkrecht stehen oder steil nach Nordwesten geneigt sind. Bemerkenswerteweise biegt die Schieferung im äußersten Südwesten des Exkursionsgebietes in eine steilere Streichrichtung um. Für diesen bogenförmigen Verlauf der Kernzone des Großsattels, dem auch der Großfalten-Zug folgt, macht VOIGT (1968: 184) die mit der „inneren Deformation" verbundene Seitenlängung der Gesteinsmassen in Richtung b verantwortlich. Da sich aber die in b gelängten Gesteinsmassen nicht in Richtung des Faltenstranges ausdehnen konnten, reagierten sie mit Aufrichtung im Streichen (kenntlich am Eintauchen der Spezialfalten-Achsen) unter Entstehung von Querschuppen. Da der Querschuppen-Spiegel – entgegengesetzt zum Einschieben der Faltenachsen nach Südwesten – nach Nordosten einfällt, treten auch die ältesten Kernschichten im Südwesten des Großsattels zutage.

Während die Nordflanke des Remscheid-Altenaer Sattels recht einfach

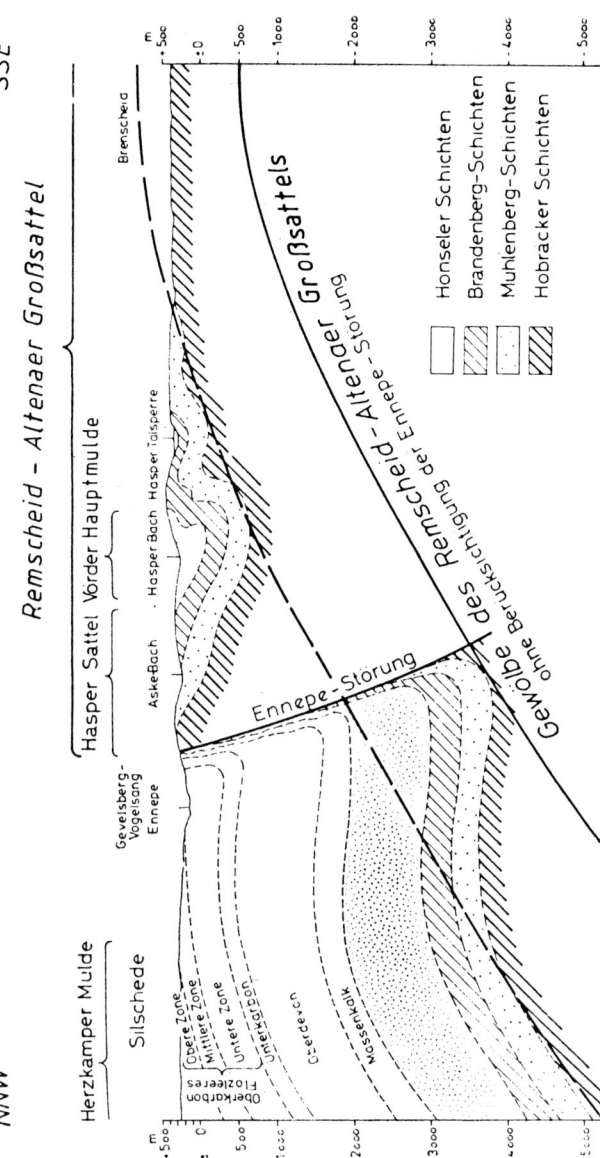

Abb. 32. Geologisches Profil durch die Ennepe-Störung n. THOME (1970).

gebaut ist, wiederholen sich auf der Südflanke ganze Schichtenfolgen. Dies geht auf streichende Schuppenzonen zurück.

Zwischen Gevelsberg und Hagen wurde der Remscheid-Altenaer Großsattel an der **Ennepe-Störung** auf die Herzkamper Hauptmulde aufgeschoben An dieser Störung grenzen verschiedentlich – unter Ausfall einer Schichtenfolge von ca. 3000 bis 5000 m Mächtigkeit – Gesteine des unteren Mittel-Devon an solche des tieferen Ober-Karbon. Die Störungszone ist etwa 50–300 m breit; in ihr streichen stark ausgedünnte Reste des Massenkalkes sowie ober-devonischer und unter-karbonischer Schichten aus. Westlich von Gevelsberg und östlich von Hagen löst sich die enge Hauptstörungszone in einen breit auffächernden Schwarm zahlreicher kleiner Störungen auf, die mit zunehmender Entfernung von der Hauptstörung rasch verklingen, so daß sich im Grundriß die Form eines zweiseitigen Pinsels (THOME 1970: 714) ergibt. Das Einfallen der meisten Störungsflächen ist steil nach Süden gerichtet; die Schichten sind überkippt (s. Abb. 32). Gelegentlich kommen auch senkrechte oder sogar steil nordfallende Störungsflächen vor.

Südlich der Ennepe-Störung liegt der in Westsüdwest–Ostnordost-Richtung gestreckte nordvergente **Hasper Sattel**, nördlich von ihr die in gleicher Richtung verlaufende nordvergente **Hasper Mulde**.

An der Störung ist der steile, teilweise überkippte Nordflügel des Hasper Sattels aufgeschoben, der steile, zum Teil überkippte Südflügel der Hasper Mulde eingesunken (s. Abb. 32). In der Mitte des Hasper Sattels liegt eine Achsendepression, die nach THOME (1970: 776) einen Scheitelgraben darstellt, so daß der Hasper Sattel wichtige Merkmale einer tektonischen Beule aufweist. Damit weicht dieser Sattel deutlich vom Faltenstil der Umgebung ab. THOME (1970) deutet deshalb Hasper Sattel, Hasper Mulde und Ennepe-Störung als Teile einer tektonischen Gesamtstruktur, die als „Einzelantiklinale" noch während der Sedimentation in der variszischen Senkungszone, also lange vor der Asturischen Tektogenese, in Art einer Schwelle aufstieg. Darauf deuten Abnahmen der Schichtmächtigkeiten und Faziesveränderungen in Richtung auf dieses Strukturelement.

b) Die Strukturen des Velberter Großsattels

Im Velberter Großsattel ist der Stil der tektonischen Formung der einzelnen Gesteinskomplexe noch deutlicher als im Remscheid-Altenaer

Großsattel von ihrer Lithologie abhängig. Das beruht darauf, daß dieser Sattel eigentlich nur aus wenigen, gesteinsmäßig jedoch sehr verschiedenartigen Abfolgen, 1. den Flinzschiefern, 2. dem Massenkalk, 3. den Velberter Schichten, 4. dem Kohlenkalk und 5. dem flözleeren Ober-Karbon, besteht. So setzt sich der Faltenbau der mächtigen Riffkalk-Platte im Gebiet bei Wülfrath nicht in die sich östlich davon befindlichen Falten des Kohlenkalkes fort (s. S. 97). Deren Spannweite nimmt von Velbert-Hefel aus nach Süden fortlaufend ab (s. Exkursionskarte D). Das Vor- und Zurückspringen des Unter-Karbon im Kartenbild läßt die Konturen der Sättel und Mulden gut hervortreten und zeigt, daß mit der Mächtigkeitsabnahme des Kohlenkalkes nach Süden seine Faltbarkeit in dieser Richtung zunimmt. Insgesamt bilden also Massenkalk und Kohlenkalk zwei völlig voneinander verschiedene eigene **Falten-Stockwerke** (s. Abb. 31 a u. b).

Die Velberter Schichten und Flinzschiefer wurden relativ stark geschiefert, wobei jedoch eine deutliche Intensitätszunahme der Schieferung in den Flinzschiefern festzustellen ist (RICHTER 1960: Taf. 6), die mit ihrem geringeren Sand-Schluff-Gehalt zusammenhängen dürfte. Die Schieferung fällt im Velberter Großsattel allgemein mittelsteil bis steil nach Südosten ein; auf seiner äußersten Südflanke zeigt sie verschiedentlich steiles Nordwest-Fallen. Somit ergibt sich auch im Velberter Großsattel ein **Großfächer der Schieferungsflächen**, der im einzelnen durch weniger ausgeprägte Fächer- und Meilerstellungen in den Spezialfalten erster Ordnung noch eine Untergliederung erfährt (s. Abb. 31 b).

Das Streichen der Schieferung biegt bemerkenswerterweise bei Annäherung an den Massenkalk im Wülfrather Gebiet aus ihrer normalen Richtung ab und schmiegt sich der Schichtgrenze Kalkstein/Tonstein an. Es ergibt sich also im Großen das auch im Kleinbereich zu beobachtende Ausweichen und Herumbiegen der Schieferung um nicht schieferbare Einlagerungen. Dieser Befund läßt sich nur so deuten, daß die Riffkalke bereits zu Beginn des Schieferungsprozesses schon weitgehend gefaltet gewesen sein müssen (s. S. 101 f.). In der Nachbarschaft und Nähe der Kalkstein-Züge ist die Schieferung sehr intensiv ausgebildet. Hier scheinen stärkere Ausweichbewegungen des Materials auf den Schieferflächen in die druckarmen, durch den Faltenbau der Kalksteine geschützten Zonen stattgefunden zu haben.

Wegen der Unabhängigkeit der Schieferung von den Großfalten-Achsenflächen (s. S. 101) zeigen die δ-Lineare (Schnittlinien zwischen Schicht- und Schieferungsflächen) nicht selten ein von den Raumlagen der Großfalten-Achsen stark abweichendes Streichen und Einschieben. Da die Achsen der „selektiven Klein- und Mikrofalten sowie Wellungen" den δ-Linearen parallel sind (RICHTER 1961), lassen sie ebenfalls das gleich starke Abweichen ihrer Achsenorientierung von demjenigen der Großfalten erkennen (RICHTER 1960: 128 ff.).

Während die Achsen der Spezialfalten im Velberter Großsattel in den Flinzschiefern und im Massenkalk ganz flach nach Nordosten einfallen, zeigen sie ein relativ steiles, rampenartiges Abtauchen von etwa $35° - 38°$ in gleicher Richtung im Bereich der obersten Velberter Schichten und des Unter-Karbon etwa zwischen Velbert-Hefel und -Neviges. Im flözleeren Ober-Karbon nehmen die Achsen dann wieder das allgemein flache Einfallen nach Nordosten an. Die Ursache für die Bildung dieser Achsenrampe ist darin zu suchen, daß die kräftig geschieferten Flinzschiefer und Velberter Schichten während des Schieferungsprozesses weit stärker in Richtung b gelängt wurden, als die weniger schieferbaren Gesteine des Karbon (s. S. 100 f.). Diese **Seitenlängung** konnte sich aber wegen des Eingespanntseins der stark deformierbaren Gesteinsmassen in den Rahmen der weniger dehnbaren Karbon-Folgen nicht in b, sondern nur als **Achsen-Queraufwölbung**, d. h. nach oben („Weg ins Freie"), auswirken, so daß sich im Fortgang der Tektogenese die Achsenrampe bilden mußte (RICHTER 1960: 122 ff.).

Im Zusammenhang mit der Dehnung der Gesteinsfolgen in Richtung b entstanden wahrscheinlich auch die **diagonalen Seitenverschiebungen** in diesem Bereich. Sie sind am Nordrand des Velberter Großsattels teilweise vererzt (s. S. 112).

c) Die Strukturen des Steinkohlen-Gebirges

Auch das Steinkohlen-Gebirge des südlichen Ruhrgebietes ist eine Faltungszone alpinotypen Ausmaßes (s. Abb. 31 c). Dies äußert sich nicht nur in den kräftig ausgeprägten Sätteln und Mulden mit oft steilen Flanken und großem Faltungstiefgang, sondern auch in den bedeutenden nordwest-vergenten (gefalteten) **Überschiebungen (Wechsel)**. Die Zone am Südrand des Steinkohlen-Gebirges ist durch engsten Faltenbau gekennzeichnet und weist etwa gleich breite, stark spezialgefaltete Sattel-

Der tektonische Formenschatz 107

und Muldenbereiche auf, wobei die orogene Einengung 40—50% beträgt. Eine Schieferung fehlt (s. S. 100). Die Faltenachsen streichen Südwest—Nordost bis Westsüdwest—Ostnordost und zeigen ein wechselndes Einschieben bis zu etwa 15°.

Weiter nördlich herrschen im Faltenbau meist breite, trogförmige **Hauptmulden** und relativ schmale, spezialgefaltete **Hauptsättel** vor; daneben existieren jedoch auch enge Hauptmulden und breite Hauptsättel, denen eine bedeutende Überschiebungstektonik fehlt. Breite Hauptmulden und schmale Hauptsättel treten an Achsendepressionen, enge Hauptmulden und breite Hauptsättel an Achsenkulminationen auf. Die Verbreitung dieser Hauptfalten-Typen ist an West—Ost- und Nord—Süd-Richtungen gebunden. Damit erweisen sich die Achsenstrukturen eher als Diagonal- denn als Querstrukturen, deren Richtungen den Scher-Richtungen des Faltengebirges folgen (DROZDZEWSKI 1979). Mit dem Wechsel in der Ausbildung der Hauptfalten sind charakteristische Streichrichtungsänderungen der Spezialfalten verbunden. Sie können daher positionsgebunden aus der allgemeinen Südwest—Nordost-Richtung in die Südsüdwest—Nordnordost- oder in die West—Ost-Richtung umschwenken.

Die Hauptfalten-Züge erstrecken sich durch das gesamte Ruhrkarbon, wobei sich verschiedentlich die stärkere Einmuldung bzw. Herauswölbung von einer Spezialfalte erster Ordnung (s. S. 95) durch ,,**Faltenverspringen**" auf eine andere verlagert.

Die Faltungsintensität klingt nach Nordwesten ab. Dies läßt sich vornehmlich an der Verbreiterung und abnehmenden Spezialfaltung der Hauptmulden ablesen, während die Hauptsättel verhältnismäßig schmal und spezialgefaltet bleiben (s. geol. Übersichtskarte). Seismische Untersuchungen und die Bohrung ,,Münsterland 1" haben gezeigt, daß noch weiter im Nordwesten der Faltenbau zur Tiefe hin im flözleeren Ober-Karbon verklingt; die Schichten des Unter-Karbon und Devon wurden in flacher Lagerung angetroffen. Wie nach Nordwesten ist auch in streichender Richtung nach Südwesten ein Faltungsverklingen bereits westlich des Rheins festzustellen.

Senkrecht bis diagonal zur Richtung der Faltenachsen verlaufende **Querstörungen** zerlegen das gefaltete und verschuppte Steinkohlen-Gebirge in Horste und Gräben. Die Störungen erreichen mehrere 100 m senkrechten Verwurf. Die bedeutendsten sind Kettwiger Abbruch, Primus, Secundus, Tertius, Quartus und Quintus, wobei der letzte mit örtlich fast 1000 m den größten Verwerfungsbetrag erreicht. Es handelt sich im allgemeinen um Abschiebungen (Sprünge) mit steilen Fallwinkeln und steiler Harnischstreifung (PILGER 1956a, 1956b). Auch Schrägabschiebungen kommen vor.

Zonenweise sind im Ruhr-Karbon **Seitenverschiebungen (Blattverschiebungen, Blätter)** verbreitet. Sie treten gewöhnlich in Schwärmen von mehreren großen und vielen kleinen Störungen auf. Die relativen Verschiebungsbeträge können bis zu 200 m erreichen. Im wesentlichen sind zwei Systeme zu unterscheiden, die beide etwa diagonal zu den Faltenachsen und Querstörungen streichen und ein etwa gleichaltes Störungspaar darstellen (PILGER 1956a: 4). Das am weitesten verbreitete System verläuft Westnordwest–Ostsüdost, während das andere um die Nord–Süd-Richtung pendelt. Die Seitenverschiebungen schneiden und versetzen verschiedentlich diagonal die Querstörungen und sind somit jünger als diese.

Da Falten und Überschiebungen von den querschlägigen und diagonalen Störungen versetzt werden, sind diese nach dem Faltungsprozeß entstanden. Eingehende Untersuchungen haben indessen gezeigt, daß nicht nur die Störungsrichtungen mit der Faltung genetisch eng zusammenhängen, sondern daß auch der zeitliche Unterschied zwischen der Bildung der Falten und der Störungen gering ist. So konnten verschiedentlich beiderseits der Sprünge unterschiedliche Faltenformen festgestellt werden, die auf eine Anlage der Störungen noch während des Faltungsvorganges deuten (SEIDEL 1953). Da die großen Störungen des Ruhrgebietes aber erst nach der Faltung ausgestaltet wurden, muß bei dessen tektonischer Entwicklung somit der Faltungs- von dem Zerblokkungsprozeß unterschieden werden. Beide Prozesse folgten schnell aufeinander und überschnitten sich teilweise.

Die kleintektonischen Trennflächen des Ruhrgebietes wie Klüfte (Schlechten), Spalten und Kleinstörungen entstanden nicht überall gleichzeitig. So bildeten sich zuerst und teilweise noch vor der Faltung die bankrechten Klüfte und $h0l$-Flächen. Weitere Trennflächen rissen während der Faltung und im anschließenden Zerblockungsprozeß auf (HOYER & PILGER 1971).

Von besonderer Bedeutung ist der **tektonische Stockwerk-Bau** im Steinkohlen-Gebirge. So dürfte das stark geschieferte Stockwerk der devonischen Gesteine, das im Bergischen Land zutage tritt (s. S. 100) gleichfalls – wenn auch nur in sehr geringmächtiger Form (s. S. 76) – unter dem Ruhr-Karbon vorhanden sein. Über den tektonischen Formenschatz des Unter-Karbon ist wenig bekannt. Der Kohlenkalk bildet zweifelsohne ein eigenes Stockwerk, das allerdings durch seine Mächtigkeitsabnahme nach Südosten hin immer mehr an Bedeutung verliert (s. S. 54). Die Kiesel- und Alaunschiefer stellen zwar eine sehr faltungsfreudige Folge dar, diese steht jedoch als Ausgleichszone nur vermittelnd zwischen dem Stockwerk des Devon und demjenigen des Kohlenkalkes, dessen Faltenbau sich in der Umrahmung des Velberter Großsattels eng an denjenigen des flözleeren Ober-Karbon anschließt. Andererseits beweisen die Aufschlüsse der ehemaligen Erzgrube „Neu-Diepenbrook III" bei Barntrup-Selbeck, daß das Unter-Karbon unter dem Wattenscheider Sattel nur noch flach aufgewölbt ist, während das flözleere Ober-Karbon darüber steil gefaltet wurde.

Im Ober-Karbon selbst lassen sich nach ROSENFELD (1961 c) drei durch fließende Übergänge verbundene tektonische Stockwerke unterscheiden. Das **tiefste Stockwerk** wird vom flözleeren Ober-Karbon (Namur A und B) eingenommen und zeichnet sich durch das Vorherrschen von engen Falten mit geringer Amplitude aus, die in ihrer Gestalt vom lokal vorherrschenden Material abhängig sind. Dieses Stockwerk ist ferner durch eine Überschiebungstektonik im Zentimeter- bis Meter-Bereich gekennzeichnet. In jenem Tiefenniveau existiert praktisch keine Gliederung in Hauptsättel- und -mulden mehr. Der Dachschutz der sandsteinreichen Unteren Sprockhöveler Schichten reichte bis tief in das flözleere Ober-Karbon hinein und prägte den tektonischen Formenschatz besonders der Vorhaller Schichten (s. S. 66). Erst im mittleren und unteren flözleeren Ober-Karbon stellen sich eigene Faltenformen ein. Dementsprechend zeigen die Vorhaller Schichten nur in ihrem tieferen Teil Kleinfalten, während die grauwackenreichen Partien der liegenden Hagener Schichten (s. S. 64) starrere, stärker disharmonische Formen zeigen. In den Arnsberger Schichten sind isoklinale Kleinfalten nicht selten. Die Faltungserscheinungen häufen sich in Engfaltungsbereichen, die jeweils den Faltenkernen der Großfalten entsprechen.

Das tiefere flözführende Ober-Karbon (Namur C und Westfal A) mit den vorwiegend massigen Sandsteinen bildet das **mittlere Stockwerk**. In diesem Bereich hatten die Sandsteine einen überragenden Einfluß auf

Die Strukturen des Steinkohlen-Gebirges

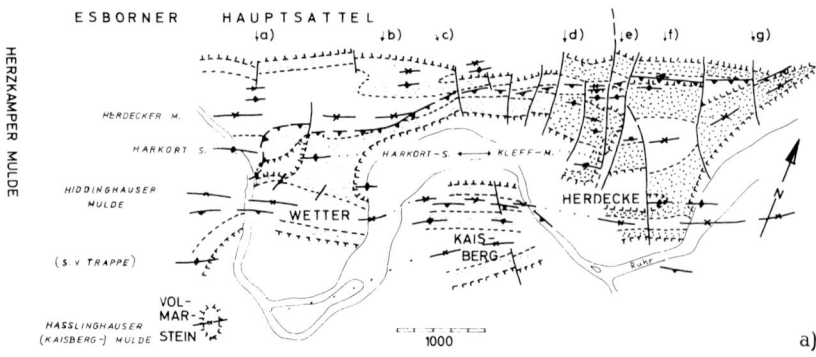

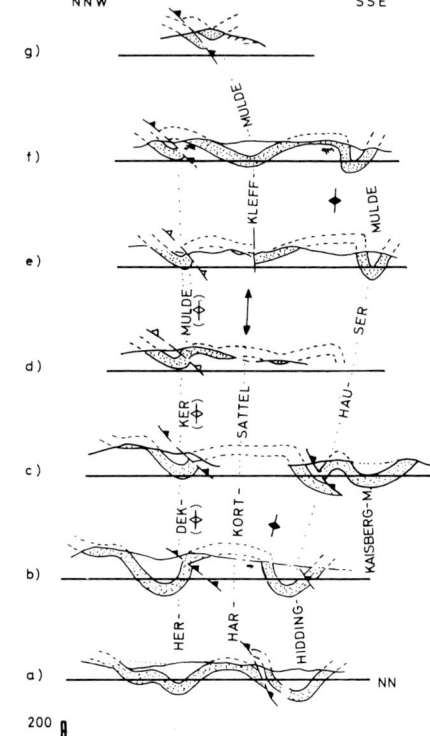

Abb. 33 b. Geologische Profile durch den Harkort-Sattel zwischen Wetter und Herdecke n. ROSENFELD (1961 b).

Abb. 33 a. Geologische Übersichtskarte des Harkort-Sattels zwischen Wetter und Herdecke n. ROSENFELD (1961 b).

die Ausbildung der Falten, die ruhige und sanfte Formen zeigen. Der Formenschatz dieses Stockwerkes zeichnet sich weiterhin durch das Auftreten einiger bestimmter Faltenarten aus. Zu diesen gehören Gleitfalten (KIENOW 1953), Schultersättel (R. & M. TEICHMÜLLER 1954, KIENOW 1956) und Kofferfalten. Die Gleitfalten entstanden durch Stau-Effekte auf den Muldenflügeln, wenn bei der Faltung ein schichtparalleles Ausweichen der Hangendschichten zum Sattelkern nicht möglich war. Ihre Vergenz ist jeweils gegen den Sattel gerichtet; sie werden zu Schultersätteln vorzugsweise dort, wo Schichten von flacherer zu steilerer Lagerung umbiegen. Schultersättel auf beiden Flügeln einer Mulde können das Bild eines Koffersattels unter der Mulde ergeben.

Sehr deutlich sind alle diese Formen im Bereich des Harkort-Sattels (s. S. 194f.) zwischen Wetter und Herdecke zu beobachten (ROSENFELD 1961b). Dieser Sattel beginnt bei Wetter als eine symmetrische Rundfalte, gewinnt nach Osten hin eine kofferförmige Gestalt und geht bei Herdecke in die Kleff-Mulde über (s. Abb. 33a u. b). Gleitfalten sind auf den Flügeln dieser Mulde entwickelt.

Die bedeutsame Überschiebungstektonik ist vorwiegend dem mittleren Stockwerk zugeordnet. Das hängt offensichtlich damit zusammen, daß ihre Funktion vor allem darin bestand, Raumprobleme zwischen den unterschiedlich deformierten Falten-Stockwerken, d. h. zwischen dem engräumig gefalteten Unterbau und dem weitgespannt verformten Oberbau, auszugleichen (DROZDZEWSKI & WREDE 1989). Als Elemente eines disharmonischen Faltenbaus lösten die Überschiebungen vor allem Raumprobleme der Biegegleitfaltung.

Das **höchste Stockwerk** ist nur noch in den Steinkohlen-Zechen erschlossen und zeichnet sich durch weitgespannten Faltenbau von Kilometerlängen (SEIDEL 1955) ohne wesentliche Kleintektonik aus.

Die angeführten Stockwerke liegen nicht einfach übereinander, sondern zeigen auch eine horizontale Gliederung, indem gleichartige Formen im Osten in tieferen, im Westen in höheren Teilen der Schichtenfolge auftreten.

E. Die Erz- und Mineral-Vorkommen

Das Exkursionsgebiet war früher wegen seiner zahlreichen Vorkommen von hydrothermalen Gang-Mineralen und Erzen berühmt.

Bekannt ist im Velberter Großsattel die Blei-Zink-Vererzung, der sich nach Norden hin der Erz-Bezirk des Ruhr-Karbon anschließt. Im Velberter Gebiet sind vorzugsweise die Kreuzungsstellen der diagonalen Seitenverschiebungen mit dem Kohlenkalk oder dem mittel-/ober-devonischen Massenkalk vererzt. Es handelt sich um eine ganze Schar von Störungen, deren westliche Begrenzung der „Hauptgang" darstellt, der bei Velbert-Hefel den Kohlenkalk quert, während im Osten der „Helenengang" den Abschluß bildet. Die Erze im Velberter Bergbau-Gebiet wurden bereits im 16. Jahrhundert abgebaut. In der zweiten Hälfte des 19. Jahrhunderts erlebte der Bergbau eine neue Blütezeit. Die Gruben „Vereinigte Glückauf", „Prinz Wilhelm-Grube", „Eisenberg", „Aspromonto" und „Wilhelm II" wurden zu Anfang dieses Jahrhunderts endgültig stillgelegt. Eine Reihe von Halden und bergmännischen Ortsbezeichnungen künden von diesem alten Bergbau.

Die südlichsten Vorkommen des **Velberter Erzgang-Bezirkes** liegen in der Gegend von Wülfrath. Bei Knürenhaus westlich von Wülfrath baute die Grube „Fortuna" von 1865–1901 eine Gang-Zone an der Grenze von Flinzschiefern und Massenkalk ab. Die Fortsetzung dieses Gang-Zuges über Bleiwäsche, Lüttgenheide, Schnuck und Loch im Südwesten von Wülfrath wurde durch Versuchsschächte nachgewiesen.

Die Vererzung umfaßt Zinkblende, Bleiglanz, Markasit, Schwefelkies, Kupferkies, Pyrit und gelegentlich etwas Rotnickelkies sowie die Gang-Arten Kalkspat, Quarz und selten Schwerspat. Bleiglanz und Zinkblende sind grobspätig ausgebildet, der Bleiglanz vielfach drusig mit großen Kristallen. Die Ausfüllung der Gänge erfolgte in mehreren Generationen, deren Altersbeziehungen vielfach unklar sind. Die Hauptmenge der Sulfide zusammen mit den Gangarten Quarz und Kalkspat wurden in einer ersten Mineralisationsgeneration ausgefällt. Einer zweiten Generation gehören Kupferkies, Pyrit, Markasit und Quarz an. Gelegentlich sind in einer nachfolgenden Untergeneration nochmals sulfidische Erze und Kalkspat abgesetzt worden. In den großen Steinbrüchen im Massenkalk des Wülfrather Sattels (s. S. 97) stehen die metasomatischen Erze oft mit Dolomitstein in Verbindung, und zwar meist als kleine Nester in diesem.

Oberhalb des Grundwasserspiegels ist Markasit in Brauneisenstein umgewandelt („Eiserner Hut"), beispielsweise über den Blei-Zink-Erzgängen der ehemaligen Zeche „Eisenberg". Bauwürdige Brauneisenstein-Mengen waren nur im Kohlenkalk, und zwar im Bereich des Eisenberger Gang-Zuges zwischen Krähwinkler Höfe und Hefel in Velbert, zu finden. Die dort von 1861 bis 1864 abgebauten Erz-Nester entstanden durch metasomatische Umwandlung von Kalkstein in Brauneisenstein durch eisenhaltige Verwitterungslösungen. Hier konnte man ferner die Verwitterungsprodukte Malachit, Kupferlasur sowie Grün- und Weißbleierz finden.

Im **Ruhrgebiet** lassen sich zwei Mineralisationsgenerationen unterscheiden, die eng mit den tektonischen Störungsphasen verbunden sind (HESEMANN & PILGER 1951, PILGER & STADLER 1971). Die erste Generation schied sich in den Querstörungen (Sprüngen) ab; die zweite Generation kam in den Seitenverschiebungen (s. S. 108) zum Absatz. Tektonik und Vererzung erfolgten gleichzeitig, die aufreißenden Störungen dienten als Aufstiegswege und Absatzräume. Die Erze sind daher oft eng mit dem zerbrochenen Gang-Gestein zu Brekzien-Erzen verbakken worden. Die beiden Hauptgenerationen lassen sich nach ihren Ausscheidungsstadien in drei Untergenerationen einteilen. In der ersten Phase der ersten Hauptgeneration wurden Quarz, Ankerit und Siderit ausgeschieden. In den folgenden zwei Phasen bildeten sich die bauwürdigen Sulfide, wobei die Ausscheidungsfolge von Quarz über Zinkblende, etwas Kupferkies, Bleiglanz zu Quarz verlief. In der zweiten Hauptgeneration wurde Quarz, Dickit, Ankerit, Zinkblende, Kupferkies, Bleiglanz, örtlich Fahlerz und Linneit, Schwefelkies, Schwerspat, Kalkspat sowie Kaolinit ausgeschieden. Beide Hauptmineralisationen wurden durch eine starke Verquarzung eingeleitet. Die Ausscheidungsfolge vom Quarz über Zinkblende, Kupferkies zum Bleiglanz entspricht der normalen Mineralisationsreihe von primär-hydrothermalen Gängen, wobei die Gesamtabfolge von heißerer zu kühlerer Abscheidung verlief.

Die größten Metallmengen treten an den Kreuzungsstellen von Querstörungen und Seitenverschiebungen auf, d.h. dort, wo sich die erste und zweite Erz-Generation überlagern. So ist das Erz-Vorkommen der ehemaligen Zeche „Auguste Victoria" an den großen Blumenthaler Sprung gebunden, in dem zwei ca. 500 m lange, bis 16 m mächtige Erz-

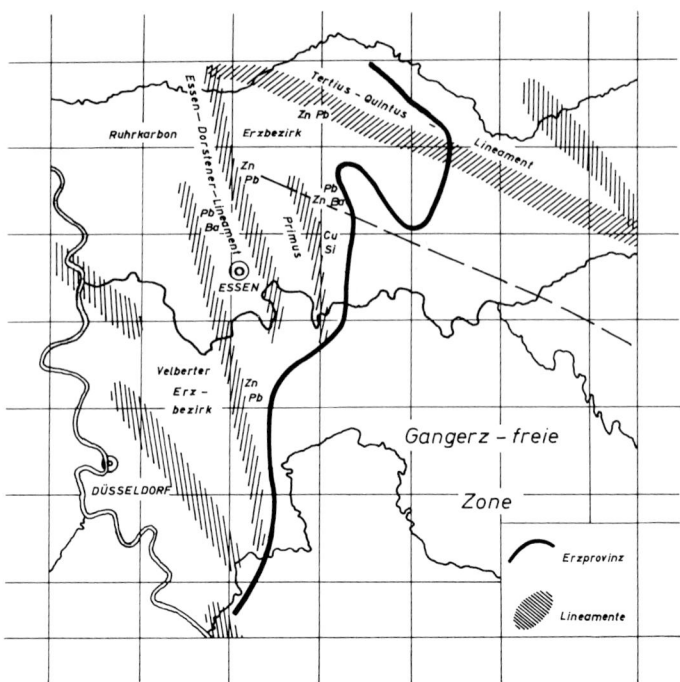

Abb. 34. Lineamente und Erz-Provinz des Ruhrgebietes (und Bergischen Landes) in Anlehnung an PILGER (1957).

körper ausgebildet sind. Sie werden von zahlreichen Seitenverschiebungen durchzogen, die mit den Mineralen der zweiten Generation erfüllt sind und 20 % der Gesamtmenge führen. Im Blei-Erzgang der ehemaligen Zeche „Christian Levin" stellt die zweite Generation die Haupterzmenge, während die erste Mineralisationsphase nur untergeordnet beteiligt ist. Gleiches gilt für den Blei-Zink-Erzgang „Klara" auf der ehemaligen Zeche „Graf Moltke", wo die Vererzung der zweiten Generation mit den zahlreichen Seitenverschiebungen verknüpft ist, welche den Graf Moltke-Wilhelmine-Sprung durchsetzen.

In den Erz-Vorkommen lassen sich deutlich Teufen-Unterschiede feststellen. Von oben nach unten wird Schwerspat durch Bleiglanz abgelöst, der mit zunehmender Tiefe von Zinkblende vertreten wird. Die Gänge zeigen ein starkes Telekoping, so daß die einzelnen Generationen meist eng miteinander verschachtelt sind (PILGER & STADLER 1971).

Insgesamt stellt die Erz-Provinz des Ruhrgebietes ein Zinkblende-Bleiglanz-Schwerspat-Stockwerk dar. Anzeichen für ein tieferes Stockwerk liegen in der Vererzung des Primus-Sprunges im Bereich des Gelsenkirchener Sattels vor. Die Mineralisation auf den ehemaligen Zechen „Pluto" und „Hannover" besteht aus Quarz, Siderit-Ankerit, Kupferkies, Schwefelkies, gelegentlich Magnetkies und Cubanit sowie wenig Bleiglanz und Zinkblende. Diese Paragenese weist auf ein tieferes Erz-Stockwerk hin, das unter höherthermalen Bildungsbedingungen entstanden ist (KNEUPER & PILGER 1957).

Die Zone der Vererzung im Ruhrgebiet zieht rheinisch streichend nach Süden zum Velberter Erz-Bezirk (und in den Bensberger Bereich). Dieser Streifen wird von PILGER (1957) als Lineament, d. h. als alte Schwächezone im tieferen (kaledonischen) Sockel gedeutet (s. Abb. 34). Syntektonisch aufgedrungene, saure bis intermediäre Plutone in 2000 bis 5000 m Tiefe könnten die Erzbringer gewesen sein (s. S. 94).

F. Die Morphologie

Das nördliche Bergische Land ist Teil einer Hochflächentreppen-Landschaft, die das gesamte Rheinische Schiefergebirge überzieht. Die höchsten Verebnungen bildeten sich auf dem vom Meer unbedeckten Gebirgsrumpf und lassen sich bis in die Kreide-Zeit zurückdatieren (RICHTER 1962).

Aus dieser alten Fastebene wurden im älteren Tertiär vor dem Oligozän das **Altflächen-System** und im Miozän das **Jungflächen-System** herausgekerbt. Diese Rumpftreppen erlangen größere Ausdehnung und bildeten sich in Zeiten geringer Hebung und feuchtwarmen Klimas mit intensiver chemischer Gesteinszersetzung, in denen flächenhafte Abtragung vorherrschte. An den dadurch entstandenen breiten Verebnungsflächen kam es zu einer tiefgründigen Verwitterung und Auflockerung der Ton- und Sandsteine. Am Ende des Oligozän und im Pliozän traten jeweils stärkere Hebungsbewegungen ein, die zu Herausbildung steilerer Gehängeknicke am Rande der beiden Systeme führten. Die tiefen Eintalungen sind das Ergebnis der quartären Hebung des Gebirges (s. S. 83 ff.). Diese setzte an der Wende Pliozän/Pleistozän langsam ein, steigerte sich im Alt-Pleistozän und erreichte ihr Maximum während der Elster(Mindel-)Eiszeit und des Elster/Saale-Interglazials (QUITZOW 1959). Sie klang dann ab, hat aber ihr Ende bis heute nicht gefunden. Die Verebnungsflächen liegen im Gebiet des Velberter Großsattels in Höhenlagen von 200–260 m ü. NN und steigen wegen der Aufwölbung des Rheinischen Schiefergebirges nach Süden im Bereich des Remscheid-Altenaer Großsattels bis über 300 m ü. NN an.

Die Landschaftsformen, die durch die Abtragungskräfte modelliert wurden, spiegeln die wechselvolle lithologische Zusammensetzung des Untergrundes wider. Die aus widerstandsfähigen Grauwacken, Sandsteinen und Quarziten zusammengesetzten Schichtenfolgen bilden Höhenzüge, die weicheren Gesteine die Senken. Während die Tonsteine kaum wasserdurchlässig sind, so daß sich auf ihnen echte Täler mit offenen Gewässern bilden konnten, führen die Kalksteine meist unterirdisch fließende Wässer. Wegen der ständigen Kalklösung durch kohlensäureführende Sickerwässer zeigen die Kalkgebiete verschiedentlich Verkarstungserscheinungen in Form von **Dolinen-Landschaften** (Lüntenbeck bei Wuppertal-Elberfeld, Möddinghöfe in Wuppertal-Barmen). Die Kalkstein-Züge bilden daher meist Depressionen.

Überall dort, wo mächtige Tonstein-Folgen vorherrschen, in denen härtere Einlagerungen zurücktreten, wie im Gebiet der Remscheider Schichten oder der Velberter Schichten in der Gegend von Velbert, findet man ausgedehnte, eintönige Hochflächen. Das Ruhr-Karbon ist dagegen durch den Wechsel von härteren und weicheren Schichten gekennzeichnet. Dieser Unterschied in der Gesteinsbeschaffenheit tritt auch im Landschaftsbild in ausgezeichneter Weise hervor (s. S. 124 f., 191 f. u. 194), indem das Karbon-Gebiet in eine Folge von langgestreckten, meist verhältnismäßig schmalen und scharfen Westsüdwest–Ostnordost verlaufenden Bergrücken mit etwas breiteren Tälern gegliedert ist. Die größeren Täler entsprechen im allgemeinen ausgeräumten geologischen Sätteln, während sich die Mulden oft als Erhebungen – jedoch nicht mit gleicher Deutlichkeit – zu erkennen geben. Die Härtlingsrücken des

Ober-Karbon tragen meist Misch- oder Nadelwald, während in den dazwischenliegenden Senken Ackerbau betrieben wird.

Im Westen des Exkursionsgebietes wird die Landschaft immer eintöniger und fällt allmählich zur Niederrheinischen Bucht ab. Dieser Bereich stellt eine stark verlehmte, niedrige Hochfläche dar, in die einzelne Täler tief eingeschnitten sind (Düssel- und Schwarzbachtal).

Die Flüsse folgen im allgemeinen der Abdachung des nördlichen Bergischen Landes nach Nordwesten (Wupper bis zum Schwebebahnhof „Oberbarmen" in Wuppertal-Barmen, Hesperbach, Deilbach), im Bereich des Abfalls zur Niederrheinischen Bucht auch nach Westen (Itter, Düssel, Schwarzbach, Angerbach). Vielfach verursachten besondere geologische Verhältnisse eine Ablenkung der Gewässer; so wirkten die Massenkalk-Züge und auch einige größere Störungen bestimmend auf die Talbildung. Beispielsweise biegt die Wupper in Wuppertal-Barmen beim Eintritt in den Massenkalk scharf nach Westen um; aus dem Quertal der oberen Wupper wird hier ein Längstal. In Wuppertal-Sonnborn lenkt die Wupper dann nach Süden ein und fließt entgegen der allgemeinen Abdachung bis Burg in südlicher Richtung. Diese Tatsache läßt sich vielleicht durch eine schiefe, pultförmige Hebung dieses Bereiches des nördlichen Bergischen Landes erklären.

Weitere typische Längstäler stellen die Fortsetzungen des Wuppertales im Vohwinkeler Tal einerseits, im Schwelmer und Ennepe-Tal andererseits dar, welche an die Massenkalk-Senken bzw. an die Ennepe-Störung gebunden sind. Das Düsseltal folgt auf weite Erstreckung den weichen ober-karbonischen Schiefertonen im Kern der Herzkamper Hauptmulde, das Angerbachtal den nördlichen Massenkalk-Zügen im Velberter Großsattel und das Vogelsangbachtal dem Kohlenkalk-Ausstrich auf dessen Nordflanke.

G. Exkursionen

I. Raum Solingen-Remscheid

Prä-devonischer Kern des Remscheid-Altenaer Großsattels: Herscheider und Köbbinghäuser Schichten; unter-devonische Schichten: Verse-Schichten, Bunte Ebbe-Schichten, Rimmert-Schichten und Remscheider Schichten.

Geologische Karten: Blätter 1 : 25 000 Solingen 2781, Remscheid 2782 und Wuppertal-Barmen 4709.

Topographische Karten: Blätter 1 : 25 000 Solingen 4808, Remscheid 4809 und Wuppertal-Barmen 4709.

Fahrtstrecke: Solingen – Remscheid – Remscheid-Lennep – Remscheid-Preyersmühle – Burg an der Wupper – Sengbach-Talsperre (ca. 66 km, Dauer: 1 Tag).

1. Fahrt in Solingen über die Bühler Straße bis Bünkenberg, dort nach links (Odentaler Weg) nach Witzhelden abbiegen. Ca. 30 m hinter dem Ortsschild „Solingen" sind an der linken Böschung (r 76150, h 68 680) auf längere Erstreckung bis zur scharfen Rechtskurve schwarze, teilweise stärker verwitterte Tonschiefer des Oberen Tonschiefer-Horizontes der Herscheider Schichten mit einzelnen Quarzit-Bänkchen erschlossen.

Weiterfahrt nach Wupperhof. Südlich des Ortsausganges (r 75 840, h 67 260) erscheinen an der linken Böschung schwarze Tonschiefer der Herscheider Schichten mit 1–2 cm dicken Sandstein-Linsen.

2. Nach Bünkenberg zurück und über Vockert, Widdert und Friedrichstal bis zur Linkskurve an der Wupper. An der nördlichen Böschung der Straße nach Untenrüden kommen Einschaltungen von roten Tonschiefern in den Bredeneck-Schichten sowie dickbankige bis klotzige, zum Teil geschieferte Grauwacken und Geröllsandsteine vor, die Quarz-, Quarzit- und Kieselschiefer-Gerölle führen. Die Schichten fallen mit ca. 50° nach SE ein.

3. Weiter nach Untenrüden. Zwischen den Häusern Nr. 18 und Nr. 14 sind an der nordwestlichen Talseite (r 74 585, h 66 570) mittelsteil SW-fallende fossilreiche Mergelsteine und tonige Kalksteine der Hüinghäuser Schichten mit mehreren Okerkalk-Bänken auf etwa 20 m Länge erschlossen. Sie führen eine reiche Fauna

I. Raum Solingen – Remscheid

von *Camerotoechia percostata* FUCHS und *Spirifer mercurii* GOSS. Nach N schließen sich – durch eine streichende Störung abgegrenzt – Köbbinghäuser Schichten auf kurze Erstreckung (50–70 cm) an. Am Hang darüber erscheinen Rippen von Grauwacken der Bredeneck-Schichten.

4. Bei der Weiterfahrt zurück nach Widdert sind in den Spitzkehren der Straße (r 74460, h 66930) die grünlich verwitterten, gebänderten sandigen Tonsteine der mittleren Abteilung der Herscheider Schichten mehrfach erschlossen.

5. Von Widdert über die Hochfläche (Lacher Straße), Vormeiswinkel, Wipperaue bis zur Leichlinger Straße. Dort nach links abbiegen und nach 30 m der Wipperauer Straße folgen. Entlang des nördlichen Wuppertales bis Horn erscheinen in einer Aufschlußreihe von verwachsenen Steinbrüchen Konglomerate der Bunten Ebbe-Schichten mit violettfarbenem sandigen Bindemittel. Zwischen die nur wenige Meter dicken Bänke schalten sich rote und chloritgrüne, aber auch graue Schluffsteine ein.

6. Zurück nach Solingen und über die Müngstener Straße (B 229) in Richtung Remscheid. Im Tal der Wupper nach rechts in den Müngstener Brückenweg einbiegen, an dessen rechter Böschung bis zur Müngstener Eisenbahn-Brücke die Remscheider Schichten mehrfach aufgeschlossen sind. Zurück und weiter auf der B 229 mit guten Aufschlüssen der Remscheider Schichten an der rechten Böschung.

7. Fahrt über die B 229 durch Remscheid und dann die B 51 über Remscheid-Lennep in Richtung Remscheid-Lüttringhausen. In Lüttringhausen nach links in die zweite Straße nach der Autobahn-Überquerung einbiegen und bis zum Buscher Hof fahren. Von dort zu Fuß um den Weiher und dann dem landwirtschaftlichen Weg 200 m sowie bei der Weggabelung den Forstweg links hinaus auf die Anhöhe bis zum nach SW gerichteten Forstweg folgen. Diesen bis zum aufgelassenen Steinbruch (r 86596, h 74480) an der Grenze der Blätter Wuppertal-Barmen und Remscheid gehen. In diesem östlichsten Vorkommen von Verse-Schichten im Remscheider Sattelhorst sind schluffige gebankte Gerölltonschiefer aufgeschlossen, die, unregelmäßig im Gestein verteilt, zahlreiche bis zu zwei Millimeter große Quarz-Gerölle führen.

8. Zurück und über die B 51 und B 229 nach Remscheid. Dort in Hohenhagen nach links über Lenneper Straße und Intzestraße sowie Bliedinghausen in Richtung Wermelskirchen fahren. Der Straße nach Burg an der Wupper folgen. Etwa 100 m vor dem westlichen Ortsausgang von Remscheid-Preyersmühle (r 84180, h 69600) sind an der nördlichen Straßenböschung sandgebänderte Schluffsteine der Remscheider Schichten erschlossen, in denen mehrfach 1–2 cm dicke Lagen mit zahlreichen kleinwüchsigen Brachiopoden (*Spirifer* sp. und *Trigeria* sp.) auftreten.

120 Exkursionen

9. Im Eschbach-Tal nach W. Man durchfährt gute Aufschlüsse in NW-fallenden Remscheider Schichten, die aus mehr oder weniger feinsandgebänderten Tonschiefern und Schluffsteinen bestehen, denen einige Feinsandstein-Bänke eingelagert sind.

Bei Kellershammer nach S in Richtung Burg an der Wupper. Am Ortseingang von Burg der leicht ansteigenden Straße nach rechts in Richtung Westhausen ca. 800 m folgen. Die Remscheider Schichten fallen jetzt auf der Südflanke des Kerngebietes des Remscheid-Altenaer Großsattels, von Schichtenlagerungen in Spezialfalten zweiter Ordnung abgesehen, nach S.

10. Nach Burg und dort den Schleusenwärter der Sengbach-Talsperre telefonisch verständigen und um Schlüssel bitten (Tel. 0212-3198). Über Unterwinkelhausen nach Höhrath, dort Fahrt über (gesperrte) Straße ca. 1 km, dann nach links zur Staumauer abbiegen. Von hier bis zum Knick der Talsperre sind am nördlichen Ufer teilweise stark geschieferte Wechselfolgen von sehr sandflaserigen, gebankten Schluffsteinen, Feinsandsteinen und schluffgebänderten Sandsteinen der Remscheider Schichten erschlossen.

Rückfahrt nach Solingen und Übernachtung dort.

II. Raum Solingen–Wuppertal

Stratigraphie und Tektonik des höheren Unter-Devon und des Mittel-Devon auf der Nordflanke des Remscheid-Altenaer Großsattels.

Geologische Karten: Blätter 1 : 25000 Solingen 2781, Remscheid 2782, Wuppertal-Elberfeld 4708 und Wuppertal-Barmen 4709.

Topographische Karten: Blätter 1 : 25000 Solingen 4808, Remscheid 4809, Wuppertal-Elberfeld 4708 und Wuppertal-Barmen 4709.

Fahrtstrecke: Solingen – Wuppertal-Kohlfurtherbrücke – Wuppertal-Cronenberg – Wuppertal-Kohlfurtherbrücke – Wuppertal-Elberfeld – Blombachtal-Brücke – Wuppertal-Beyenburg – Remscheid-Lennep – Radevormwald-Krebsöge – Remscheid-Lennep – Schwelm (ca. 65 km, Dauer: 1 langer Tag).

1. Fahrt von Solingen über Stöcken nach Wuppertal-Kohlfurtherbrücke. Dort die Schnellstraße ca. 2,5 km nach S in Richtung Müngsten fahren. Den Wagen auf dem Parkplatz abstellen und zu Fuß 900 m dem Weg parallel der Straße nach N folgen. Zwischen den beiden Seitentälchen östlich der Papiermühle ist an dem von der Straße angeschnittenen, teilweise abgezäunten östlichen Talhang („Wüstholz") ein vollständiges, jedoch teilweise stärker überwachsenes Profil durch die NW-fallenden Hobräcker Schichten erschlossen. Die mittel- bis dick-

II. Raum Solingen – Wuppertal

bankigen Feindsandsteine haben eine deutliche „Brechung" der SE-fallenden Schieferung bewirkt. Sedimentstrukturen wie Schräg- und Rippelschichtung sowie post-depositionale Wühlgefüge (Bioturbation) treten auf; Lagen roter Tonschiefer sind mehrfach eingeschaltet.

2. Etwa 100 m südlich des zweiten Seitentälchens, d. h. zum Liegenden hin, nehmen die roten Einschaltungen stark zu, und es schließt sich die gleichmäßig entwickelte Folge roter oder rotgrün gefleckter Schluffsteine bzw. schluffiger Tonschiefer der Hohenhöfer Schichten an. Gelegentlich sind asymmetrische Rippelmarken auf den Schicht-Oberflächen zu erkennen. Bei weiterem Verfolgen des Profils um ca. 700 m treten immer mehr graue sandige Schluffsteine und Feindsandsteine auf; damit vollzieht sich der Übergang zu den liegenden Remscheider Schichten.

3. Zurück zum Parkplatz und Weiterfahrt über die Schnellstraße nach N bis zur Ausfahrt nach Wuppertal-Cronenberg. Hinter der ersten Spitzkehre der Straße nach Cronenberg (r 77 900, h 73 720) erscheinen unmittelbar über den Hobräcker Schichten die geschieferten NW-fallenden Brandenberg-Schichten in Form bunter schluffiger Tonschiefer und feinsandiger Schluffsteine. Die Mühlenberg-Schichten fehlen hier bereits (s. S. 9).

4. Nach Cronenberg und bei der Straßengabelung rechts der Kemman-Straße bis zum aufgeschlossenen, stark überwachsenen Steinbruch (r 80 750, h 74 600) hinter den Häusern Nr. 184 und 186 in Kleinenhammer folgen. Hier erscheinen erstmals die Mühlenberg-Schichten in Form feinkörniger Sandsteine.

5. Bis Gerstau und an der Straßenkreuzung nach rechts in Richtung Müngsten zu Fuß. An der östlichen Talseite sind die mittelsteil NW-fallenden Hobräcker Schichten auf ca. 200 m gut erschlossen.

6. Über Cronenburg zur Schnellstraße zurück und Weiterfahrt nach N. Etwa 700 m nördlich von Kohlfurtherbrücke beginnt an der rechten Talseite der Wupper ein stark überwachsenes, abgezäuntes, fast ununterbrochenes Profil von ca. 3 km Länge durch die Brandenberg-Schichten. Dieser breite Ausstrich wird durch Spezialfaltung hervorgerufen. Während zunächst noch steiles NW-Fallen zu beobachten ist, verändert sich die Lagerung nach N rasch, und es herrscht über ca. 1,8 km ein flaches bis mittelsteiles S-Fallen vor. Anschließend fallen die Schichten wieder nach NW ein.

Die Brandenberg-Schichten bestehen hier aus bunten schluffigen Tonschiefern, in die mehrfach mächtige Sandstein-Folgen von meist grüngrauer Farbe eingeschaltet sind. Es handelt sich um Übergangsbildungen zwischen der westlichen Tonstein-Fazies und der Sandstein-Fazies im E (s. S. 10). Die Verwitterung hat in den Sandsteinen verschiedentlich zu kugeligen bis ellipsoidischen, schalenförmigen Absonderungen geführt, die von LIESEGANGschen Ausfällungsringen im Gestein ausgehen (RICHTER 1972).

7. An der Ausfahrt Wuppertal-Sonnborn rechts abbiegen und über Sonnborner Ufer und Rutenbecker Weg nach S bis zur Kläranlage bei Buchenhofen fahren. Die niedrige Bergnase, welche die Wupper in einem großen Bogen umfließt, wird von der unteren Stufe der Mittelterrasse gebildet. Die einzelnen Gerölle der Terrasse zeigen deutlich Dachziegel-Lagerung in Stromrichtung der heutigen Wupper, so daß auch schon die pleistozäne Wupper von Wuppertal-Sonnborn an in südlicher Richtung floß (s. S. 117). Im Tal tritt 1–2 m über dem Tal-Lehm die Niederterrasse hervor.

8. Zurück in Richtung Wuppertal. Unmittelbar nördlich der Schnellstraße-Überführung bei „In der Rutenbeck" (r 76 800, h 77 930) erscheint eine geschlossene Folge von dicken Grauwacken-Bänken, welche die Basis der Oberen Honseler Schichten bildet.

9. Weiter bis zur Straßengabelung vor der Wupper-Brücke. Dort sind hinter dem ersten Haus Nr. 1 (r 76 780, h 78 480) an der oberen Straße („Zur Waldesruh") nahezu flach lagernde, mächtige, karbonatische Sandstein-Bänke der Oberen Honseler Schichten mit fossilreichen Lagen (Spiriferen und Crinoiden) erschlossen.

10. Über die Wupper-Brücke nach Wuppertal-Elberfeld, dort über Friedrich-Ebert-Straße, Tannenberg-Straße und Südstraße nach S bis zur Ronsdorfer Straße. Unmittelbar vor dem „Barmenia-Haus" erscheint rechts die 70° NW-fallende ausgedehnte Schichtoberfläche einer Sandstein-Bank in den Oberen Honseler Schichten. Sie zeigt modellartig ausgebildete Kluftscharen (*ac-, ab-, hk0-* und *0kl*-Flächen).

11. Die Serpentinen der Ronsdorfer Straße hinauf bis zur Hochfläche und über die Blombachtal-Brücke die Autobahn queren. Hinter der Brücke die Bundesstraße 51 nach links einschlagen. Hier sind an der rechten Talseite (am „Werbsiepen") ab Gasthof „Em Kömpken" bis Kupferhammer auf ca. 1,2 km Länge sehr sandsteinreiche Brandenberg-Schichten der Ostfazies (s. S. 10) erschlossen. Man erkennt weitgespannte Falten und eine flach W-fallende Schieferung.

12. Weiterfahrt nach N bis zur Wupper-Brücke. Der linke Talhang am Deisemannskopf fällt deutlich in drei Terrassen (Hauptterrasse 100 m, obere Stufe der Mittelterrasse 35 m und untere Stufe der Mittelterrasse 15 m über dem heutigen Talboden) zur Wupper ab. Nach Überqueren der Wupper weiter in Richtung Wuppertal-Beyenburg. An der nördlichen Talseite bestimmen mächtige , mittel- bis grobkörnige Sandsteine der Brandenberg-Schichten das Bild. Früher wurden sie in mehreren größeren und kleineren Brüchen abgebaut[23]. Das Ein-

---

[23] Das Material wurde vorzugsweise zur Herstellung von Grundmauern, Rand- und Pflastersteinen benutzt.

II. Raum Solingen – Wuppertal

fallen beträgt 20–30° nach WNW, die Schieferung in den Schluffsteinen und schluffigen Tonschiefern fällt steil SE. Etwa 300 m vor der Papierfabrik „Erfurt & Söhne" stoßen an einer deutlichen Störung (s. S. 91) 65° NW-fallende Schichten gegen solche mit flacher Lagerung. Östlich dieser Seitenverschiebung sind die Gesteinsfolgen weit nach SE verschoben, so daß etwas weiter südöstlich die Mühlenberg-Schichten und auch ein Teil der Hobräcker Schichten gegen die Brandenberg-Schichten grenzen (s. geol. Übersichtskarte).

13. Weiterfahrt bis zum Ende der Papierfabrik. Die an der östlichen Straßenböschung erschlossenen Mühlenberg-Schichten, welche hier aus Feinsandsteinen von großer Härte bestehen, zeigen einen flachen Faltenwurf.

14. Weiterfahrt in Richtung Wuppertal-Beyenburg. In der Linkskurve vor dem Ort (r 89 700, h 80 290) erscheinen Grauwacken und blaugraue Tonschiefer der Hobräcker Schichten mit *Trigeria* sp. (Die Grenze zu den Mühlenberg-Schichten ist inzwischen nicht mehr aufgeschlossen.)

15. In Beyenburg, das teilweise auf der Wupper-Mittelterrasse (10–15 m über dem Talboden) liegt, nach links in Richtung Schwelm abbiegen. In den Serpentinen dicht nördlich des Ortes (r 90 020, h 80 270) tritt ein flacher Sattel mit etwa 20 m Spannweite in den (hier nach SE seitenverschobenen) Brandenberg-Schichten auf (s. Aufschluß 12).

16. Zurück und weiter in Richtung Remscheid-Lennep. Bei Wuppertal-Spiekerlinde nach rechts in Richtung Remscheid-Lüttringhausen abbiegen. Nach Passieren des Südzipfels der Oberen Herbringhauser Talsperre (Barmer Talsperre) trifft man an der linken Straßenböschung (r 88 350, h 76 610) auf rote Hohenhöfer Schichten.

17. Zurück und über die Straße Beyenburg–Lennep weiter nach S. In Wiedenhof nach links abbiegen und über die B 51 zur B 229 und diese in Richtung Radevormwald fahren. In Radevormwald-Krebsöge die Straße nach Wilhelmstal einschlagen. Nach Passieren des Staudammes der Wupper-Talsperre treten an der linken Böschung (r 90 800, h 74 700) schluff- und sandreiche Remscheider Schichten auf, die als dicke Sand-Schluffsteine und sandstreifige Tonschiefer vorliegen. Die Schichten sind gefaltet und stark geschiefert. Zwischen Krebsögersteg und Wilhelmstal ist die Wupper-Mittelterrasse gut erhalten.

Zurück und über Remscheid-Lennep und die Autobahn nach Schwelm. Übernachtung in Schwelm.

III. Raum Schwelm-Linderhausen – Wuppertal-Barmen

Stratigraphie und Tektonik des höheren Mittel-Devon, Ober-Devon, Kulms und flözleeren Ober-Karbon auf der Nordflanke des Remscheid-Altenaer Großsattels; Verkarstungserscheinungen im Massenkalk; Barmer Diabas; Ennepe-Störung.

Geologische Karten: Blätter 1 : 25 000 Wuppertal-Barmen 4709, Hattingen 2651 und Wuppertal-Elberfeld 4708.

Topographische Karten: Blätter 1 : 25 000 Wuppertal-Barmen 4709, Hattingen 4609 und Wuppertal-Elberfeld 4708.

Fahrtstrecke: Schwelm – Schwelm-Linderhausen – Wuppertal-Möddinghofe – Wuppertal-Riescheid – Wuppertal-Schmiedestraße – Voreinschnitte des Schee-Tunnels – Wuppertal-Barmen – Wuppertal-Elberfeld (ca. 28 km, Dauer: 1 langer Tag).

1. Fahrt zur Frankfurter Straße in Schwelm. Kurz hinter der Abzweigung der Möllenkötter Straße treten an der linken (östlichen) Böschung der Frankfurter Straße sowie auch an der rechten (südlichen) Böschung der Möllenkötter Straße schluffige Tonschiefer der Oberen Honseler Schichten mit sandigen Lagen auf.

2. Zurück und über Hauptstraße, Wilhelmstraße, Kaiserstraße und Markgrafenstraße zur Haßlinghauser Straße und dieser bis zur Kuppe des Lindenberges (r 90 350, h 86 500) folgen. An der linken Böschung erscheinen bei Haus Nr. 55, kurz vor der Kreuzung mit dem Höhenweg, gebleichte rote Tonschiefer eines Rotschiefer-Zuges im höchsten Teil der Unteren Honseler Schichten, die hier im Kern des Hasper Sattels auftreten.

Vom Lindenberg schöner Blick nach S auf das breite Tal der Schwelme. Auf der anderen Seite steigt das Gelände wieder bis Winterberg an. Die Höhen dort bestehen aus den Unteren Honseler Schichten und den sich südlich anschließenden Brandenberg-Schichten auf der Nordflanke des Remscheid-Altenaer Großsattels. Der untere sanftere Hang des südlichen Stadtgebietes von Schwelm wird von den Oberen Honseler Schichten eingenommen (s. Aufschluß 1). Alle Schichten fallen gleichmäßig mit $20°-30°$ nach NNW ein. Sie bilden den Südflügel der flachen Schwelm-Vörder Mulde mit Massenkalk als Kern in der breiten Talsenke. Die Schwelme verschwindet trotz des aus Kalkstein bestehenden Untergrundes an keiner Stelle im Boden (s. Aufschlüsse 5 u. 6), da der Massenkalk in der Mulde im allgemeinen nur sehr geringmächtig ist und die darunterliegenden Honseler Schichten verhältnismäßig wenig wasserdurchlässig sind. Nach

III. Raum Schwelm-Linderhausen – Wuppertal-Barmen

N steigen die Schichten im Hasper Sattel wieder an, der einen Spezialsattel auf der Nordflanke des Remscheid-Altenaer Großsattels darstellt (s. S. 104) und wegen seiner härteren Schichten als Linderhauser Höhenrücken deutlich hervortritt. Auf Blatt Hattingen bilden die Brandenberg-Schichten das Rückgrat dieses Höhenzuges, weiter in WSW nur noch die Honseler Schichten.

Der Hasper Sattel endet bei Vörfken westlich von Schwelm, wodurch sich die Schwelmer Mulde nach W sehr verbreitert. Nach E hebt sie aus; ungefähr zwischen Schwelmer Brunnen und Lanfert in Schwelm-Ost endet der Massenkalk.

3. Fahrt nach WSW auf dem Höhenweg. Nach N mehrfach guter Blick auf das Trockental des Massenkalk-Zuges von Schwelm-Linderhausen und das dahinterliegende Bergland, das sich aus den nach N folgenden Schichten des Ober-Devon, Unter-Karbon und flözführenden Ober-Karbon aufbaut und von ca. 320 m ü. NN allmählich bis zum Ruhrtal auf 70–65 m ü. NN absinkt. Der Grenzsandstein an der Basis der Unteren Sprockhöveler Schichten bildet einen auffallenden Höhenrücken, der sich von Gevelsberg-Silschede, Sprockhövel-Haßlinghausen nach Wuppertal-Horath hinzieht.

Der Massenkalk von Schwelm-Linderhausen und die sich nördlich anschließenden Schichten des Ober-Devon, Unter-Karbon und flözleeren Ober-Karbon bilden die Südflanke der Herzkamper Hauptmulde.

Westlich von Gevelsberg ist die Ennepe-Hauptstörungszone in mehrere auseinanderstrebende Äste aufgesplittert; eine Störung schneidet den Massenkalk von Schwelm-Linderhausen nach N ab und eine weitere begrenzt ihn im S; die anderen Äste sind steile Störungen, die innerhalb des Ober-Devon, Unter-Karbon und flözleeren Ober-Karbon verlaufen und im vorliegenden Bereich einen teilweise erheblichen Ausfall an Schichten verursacht haben (s. S. 104).

Die morphologische Ausgestaltung zwischen den Massenkalk-Senken von Schwelm und Schwelm-Linderhausen verdankt der Linderhauser Höhenrücken der größeren Widerstandsfähigkeit seines Gesteinsuntergrundes gegen die jung- und post-tertiäre Abtragung. Seine Höhenlage von 311–316 m ü. NN stimmt mit derjenigen bei Sprockhövel-Haßlinghausen–Wuppertal-Schmiedestraße weitgehend überein, so daß beide die Reste der ehemals einheitlichen prä-oligozänen Landoberfläche darstellen (s. S. 80).

4. Zurück bis zur Haßlinghauser Straße und diese in südlicher Richtung fahren. Nach ca. 500 m nach links abbiegen und bis zum Hof „Jäger" (Börkede Nr. 25) fahren. Von dort zu Fuß in den Bahneinschnitt und diesem in Richtung auf den Schwelmer Tunnel folgen.

Das Profil beginnt mit ca. 20° nach SE fallendem, gut gebanktem Massenkalk, der außerordentlich fossilreich ist und insbesondere Stromatoporen und Korallen führt, teilweise in Form von Biostromen. Den Kalkstein-Bänken sind dunkle

Mergelsteine zwischengelagert. Im Liegenden des Massenkalkes erscheinen zunächst schwarzgraue Kalkmergel mit Kalkstein-Lagen von ca. 3 cm Dicke, dann 2 m kalkige Tonschiefer und schließlich eine 1,5 m mächtige Grauwacken-Bank der Oberen Honseler Schichten. Bis zum Tunnelportal folgen Tonschiefer, Schluffsteine, karbonatische Sandsteine und unreine, dunkle, gebankte Kalksteine mit Korallen, Brachiopoden und Stromatoporen.

5. Zurück und hinauf zum Lindenberg sowie nach N hinunter über Lindenbergstraße zur Gevelsberger Straße und diese nach W fahren. Etwa 100 m nach Kreuzen der Hattinger Straße dem Fahrweg zum 250 m westlich gelegenen Gehöft „Gut Oberberge" folgen. Der von der Anhöhe nördlich des Gehöfts herabfließende kleine Bach verschwindet rechts neben dem Fahrweg in einer Einsenkung auf der Wiese in mehreren Schlucklöchern (r 89 200, h 486 560). Daneben erscheint der anstehende Massenkalk. Die große flache Senke auf der Wiese südwestlich des Fahrweges stellt eine Doline dar. Insgesamt bildet der Massenkalk hier ein Trockental.

6. Zurück und über Gevelsberger Straße bzw. hinter der Autobahn-Überführung Linderhauser Straße nach Wuppertal-Möddinghofe fahren. Die ständigen Senkungsschäden der Gevelsberger Straße künden von der unaufhörlichen Karst-Verwitterung und Kalk-Auflösung im Untergrund. Südlich unterhalb des Hauses Nr. 190 in Möddinghofe versickert der von N herabkommende Bach in dem Wäldchen an der Ostseite des Tales. Hier fließt das versickerte Wasser wie bei Oberberge in Höhlen-Gerinnen zur Schwelme ab, ohne nochmals zum Vorschein zu kommen.

7. Die Linderhauser Straße bis zur Nächstebrecker Straße (B 51) und diese nach links bis zur Straße mit dem bezeichnenden Namen „Zu den Dolinen" fahren. Dort links abbiegen. Unmittelbar zu Beginn von „Zu den Dolinen" erscheinen nördlich der Straße in der Wiese mehrere Dolinen.

Die Straße hinauf bis zur Kreuzung der Wege „Jesinghausen" und „Im Hölken" fahren. Zu Fuß dem Weg „Im Hölken" folgen. Nach ca. 35 m erscheint der etwa 150 m lange, tiefe Einbruch einer großen Doline (r 87 260, h 84 420). Diese ist wahrscheinlich schon prä-pliozän entstanden (s. S. 80 ff.) und blieb in dem isolierten Flächenstück zwischen den beiden angrenzenden Tälern, dem wasserlosen Tal und dem Tal von „Im Hölken" im E, die im Pliozän und Quartär eingetieft wurden, bestehen.

Anschließend den Weg „Jesinghausen" bis hinter die Bahn-Unterführung gehen. Guter Blick nach E auf das auf der anderen Talseite gelegene südwestliche Ende des Hasper Sattels, der sich durch den Abfall des Linderhauser Höhenrückens (mit der Autobahn am Hang) gut zu erkennen gibt (s. Aufschluß 2). Der Sattel besteht hier nur noch aus dem Rotschiefer-Zug der höchsten Unteren Honseler

III. Raum Schwelm-Linderhausen — Wuppertal-Barmen

Schichten und den Oberen Honseler Schichten, die durch streichende Störungen gegen den Massenkalk auf seinem Nordflügel begrenzt werden.

8. Zur Nächstebrecker Straße zurück und diese bis zu ihrem Ende, dem Beginn der Wittener Straße, fahren. In letztere nach links abbiegen und ihr ca. 625 m bis zur „Silberkuhle" links folgen. Der kleine Steinbruch (r 86450, h 85180), der als Naturdenkmal geschützt ist, erschließt die Zone der Nehden-Plattensandsteine. Verschiedene 5–30 cm dicke Bänke zeigen schichtinterne Verfältelung (convolute bedding), welche die ganze Bank ergriffen hat (Wulstbänke). Auf den Schichtunterseiten vieler Sandsteine treten Strömungsmarken (RICHTER 1971 b) wie kleine Kolkmarken (flute casts), Riefenmarken (striation casts) und Strömungsstreifung (parting lineation) sowie post-depositionale Wühlgefüge (Bioturbation) auf. Die Strömungsrichtung war gegen E gerichtet. Den Sandstein-Bänken sind rote Tonschiefer zwischengeschaltet. Zum Liegenden geht die Folge in den oberen Teil der Unteren Cypridinenschiefer über.

9. Zur B 51 zurück und weiter nach N bis Wuppertal-Schmiedestraße. Dort nach links abbiegen und Straße „Mettenkötten" in Richtung Wuppertal-Hatzfeld folgen. Nach ca. 875 m links in den Fahrweg „Holtkamp" einbiegen und bis zur Brücke über die stillgelegte Bahnstrecke fahren. Von dort im Bahn-Einschnitt nach N zum Schee-Tunnel gehen. 120 m nördlich der Überführung ist auf der östlichen Seite ein Profil erschlossen, welches den unteren Teil der Oberen Arnsberger Schichten (s. Tab. 4) umfaßt (s. Abb. 35), deren tiefere Partien hier noch in der Fazies der Hangenden Alaunschiefer ausgebildet sind (s. S. 63).

Man beobachtet zunächst geringmächtige dunkelgraue quarzitische Feinsandstein-Bänke, deren Dicke zwischen mehreren Millimetern und einigen Zentimetern schwankt, in Wechsellagerung mit pyritführenden Schiefertonen. Nur der Erlenrode-Quarzit bildet eine über 10 m mächtige quarzitische Psammit-Folge. Die Schichten sind lebhaft gefaltet und zeigen sehr enge, teilweise nahezu isoklinale Kleinfalten. Die Faltenachsen schieben flach nach NE ein. Gelegentlich treten dünne Grauwacken-Bänke auf, in deren Bereich die Intensität des Faltenbaus nachläßt.

Nach N schließen sich dann die Schiefertone und quarzitischen Grauwacken der „Quarzit-Zone" (s. S. 63), an, die mit 60–70° nach NW einfallen. Der Hoppenbruch-Quarzit bildet eine auffallend mächtige Folge quarzitischer Psammite. Die Schiefertone zeigen eine schwache Schieferung.

10. Zurück zur B 51 in Wuppertal-Schmiedestraße und ca. 1,5 km weiter bis zum Kuxloher Weg links fahren. Diesem bis zur Bahn-Überführung folgen. Dort in den nördlichen Voreinschnitt des Schee-Tunnels (s. Abb. 35) hinunter steigen. Nahe des Tunnelportals sind Grauwacken der Hagener Schichten (s. Tab. 4) erschlossen, die mit 60–70° nach NW einfallen. Zum Hangenden hin, d. h. nach N, folgen die Schiefertone der Vorhaller Schichten mit einigen Sandstein-Bänken.

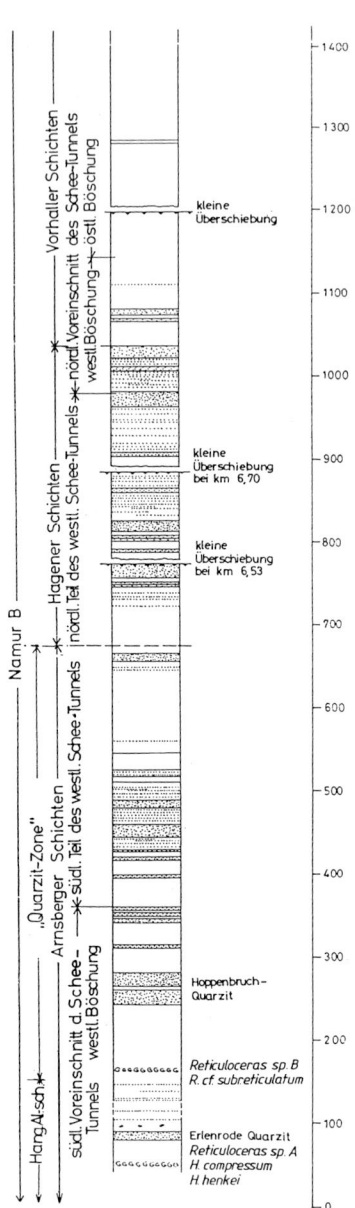

Abb. 35. Profilsäule des höheren flözleeren Ober-Karbon (Namur B) im Bereich des Schee-Tunnels n. PATTEISKY & SCHÖNWÄLDER (1960), geändert.

III. Raum Schwelm-Linderhausen – Wuppertal-Barmen

11. Fahrt zurück nach Schmiedestraße und von dort weiter in Richtung Wuppertal-Hatzfeld. An der Straßengabelung in Schaumlöffel linke Straße (Märkische Straße) bis Westkotten zur Brauerei „Waldschloß" fahren. Dort ist an der hinteren Böschung des Brauereihofes (r 84400, h 84080) der Barmer Diabas in den Oberen Matagne-Schichten erschlossen. Der Diabas ist teils dicht mit verschiedentlich durch Eisenoxide rot verfärbten Partien, teils als Mandelstein entwickelt. Die 1–5 mm großen Mandeln sind meist ausgewittert und haben entsprechende Hohlräume hinterlassen. Hinter der Getränke-Stapelhalle ist der nördliche Kontakt zu den Oberen Matagne-Schichten aufgeschlossen, an dem die randlichen Bereiche des Diabases über mehrere Meter stark zersetzt sind.

12. Zurück zur Straßengabelung und weiter in Richtung Wuppertal-Hatzfeld. Nach ca. 1,3 km nach links (Grunerstraße) abbiegen und über Althausstraße, Holzrichterstraße, Windhornstraße, Wilkhausstraße und „Auf dem Brahm" bis zur Garten-Siedlung in Wuppertal-Riescheid. Von dort 300 m zu Fuß über asphaltierten Weg in den alten Bahn-Einschnitt (r 86630, h 84520). Hier sind beim Aufstieg an beiden Böschungen nacheinander (nicht ganz lückenlos) steil N-fallende Obere Cypridinenschiefer mit Kalkstein-Bänken, 24 m Hangenberg-Schichten, 7 m schluffige Liegende Alaunschiefer, 1 m schwarze Tonschiefer, 6 m biomikritischer Kohlenkalk mit Pyrit, Crinoiden-Stielgliedern und Trilobiten-Resten, 2,50 m schwarze Tonschiefer, 4 m schwarze Kieselschiefer und Lydite, 3,50 m biomikritische knollige Kalksteine, 2 m schwarze Lydite, 8 m Kieselkalke, dann wieder Kieselschiefer mit Lagen von schwarzen Lyditen, Alaunschiefern, Kieselkalken und Tuffiten (ZIMMERLE et al. 1980) aufgeschlossen (s. Abb. 36). Sie gehören der *crenistria*-Zone (cu III α, s. Tab. 3) an. Ihr tieferer Teil schließt mit der nur wenige Zentimeter dicken *grimmeri*-Bank ab (s. Abb. 37), die hier *Entogonites grimmeri* (KITTL.), *Nomismoceras vittigerum* (PHILL.) und Crinoiden-Reste enthält (BRAUCKMANN 1982). Es folgen die Posidonienschiefer, die gelegentlich Trilobiten [*Archegonus (Phillibole) microphtalmus* R. HAHN] und *Posidonia becheri* BRONN sowie einige Tuffit-Lagen führen. Die bei der Zersetzung des Schwefelkieses der Kulm-Schichten entstehenden Eisenhydroxide färben die Quellen dieses Gebietes rotgelb.

13. Zurück und weiter nach Wuppertal-Hatzfeld. Dort an der Straßengabelung die Hatzfelder Straße nach Wuppertal-Barmen einschlagen. Nach ca. 450 m nach rechts in die Straße „Am Raukamp" einbiegen. Hier stehen an der rechten Böschung stark überwachsene rötliche und grünlichgraue Mergelsteine mit rötlichen Mergelkalksteinen der Oberen Cypridinenschiefer an.

Weiter nach Wuppertal-Elberfeld. Wenn Zeit vorhanden, in das FUHLROTT-Museum, Auer Schulstraße 20. Hier können die ältesten Landpflanzen (Devon-Pflanzen) des Rheinlandes, devonische Riffbildner und der Aufbau eines devonischen Riffes, Kalke und ihre wirtschaftliche Bedeutung, Erze des Bergischen Landes

Abb. 36. Die Schichtenfolge des Unter-Karbon im alten Bahn-Einschnitt in Wuppertal-Riescheid n. ZIMMERLE et al. (1980), geändert.

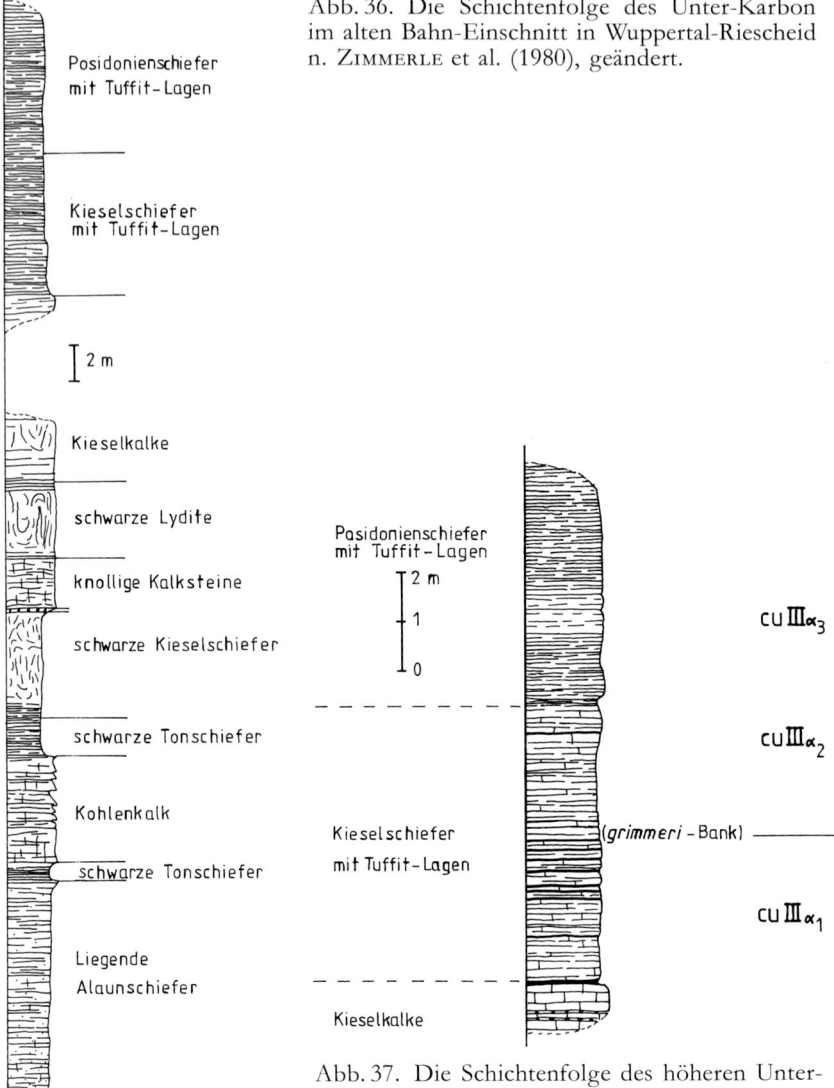

Abb. 37. Die Schichtenfolge des höheren Unter-Karbon im alten Bahn-Einschnitt in Wuppertal-Riescheid n. BRAUCKMANN (1982), geändert.

sowie ausgewählte Fossilgruppen (Cephalopoden, Trilobiten und Säugetiere) besichtigt werden.
Übernachtung in Wuppertal-Elberfeld.

IV. Raum Wuppertal-Elberfeld – Mettmann

Stratigraphie und Tektonik des höheren Mittel-Devon und des Ober-Devon auf der Nordflanke des westlichen Remscheid-Altenaer Großsattels und auf der Südflanke des Velberter Großsattels sowie des Kulms am westlichen Ende der Herzkamper Hauptmulde.

Geologische Karten: Blätter 1 : 25 000 Wuppertal-Elberfeld 4708, Mettmann 2719 und Exkursionskarte A.

Topographische Karten: Blätter 1 : 25 000 Wuppertal-Elberfeld 4708 und Mettmann 4707.

Fahrtstrecke Wuppertal-Elberfeld – Wuppertal-Vohwinkel – Birschels – Wuppertal-Vohwinkel – Wuppertal-Hahnenfurth – Wülfrath-Düssel – Gut Steinberg bei Wülfrath-Aprath – Wuppertal-Dornap – Mettmann – Neandertal – Erkrath (ca. 45 km, Dauer: 1 langer Tag).

1. Fahrt von Wuppertal-Elberfeld über Wuppertal-Vohwinkel in Richtung Gruiten. In Birschels dem Fahrweg nach N ca. 375 m bis zu dem aufgelassenen, stark überwachsenen kleinen Kalksteinbruch (r 71 940, h 76 750) rechts folgen. Dort ist der steil einfallende Elberfelder Massenkalk und die Grenze zu den hangenden Osterholz-Schiefern aufgeschlossen (s. Abb. 13). Diese sind deutlich geschiefert (*sf*: 75/65 SE). Eine Abschiebung durchsetzt die Schieferung mit Schleppung und ist offensichtlich jünger als diese. Der Massenkalk besteht hier nicht mehr aus Kalk- sondern aus Dolomitstein. Das molare Verhältnis MgO : CaO liegt nur wenig unter 1, es ist also kaum freies $CaCO_3$ vorhanden. Somit ist der Dolomit von Birschels zwar äußerst hochwertig, jedoch so feinkörnig, daß er nur mit einem erheblichen Verfahrens- und Kostenaufwand gesintert werden könnte.

Der Dolomitstein wird einerseits von einem Netzwerk von weißlichem Dolomitspat durchzogen, zeigt andererseits schichtige dolomitische Mergelstein-Zwischenlagen; auch der Übergang zu den liegenden Oberen Honseler Schichten erfolgt über dolomitische Mergelsteine. Daher scheint die Dolomitisierung schon früh, vielleicht frühdiagenetisch erfolgt zu sein. In einem späteren Stadium wurden die Klüfte mit Dolomitspat ausgefüllt (s. Aufschluß 3).

2. Zurück über Wuppertal-Vohwinkel, dort der alten B 224 nach N bis Wuppertal-Wieden folgen und hier nach Wuppertal-Dornap abbiegen. Mit Erlaubnis der Werksleitung der Rheinisch-Westfälischen Kalkwerke in den Kalksteinbruch „Hanielsfeld" (s. Abb. 13 und 38). An der SE-Wand schalten sich in die meist mergeligen, plattigen Osterholz-Schiefer knollige Korallenkalke ein, die zum Hangenden dickbankiger werden, während die mergeligen Tonschiefer-Zwischenlagen allmählich verschwinden. Die Kalksteine bestehen aus Biostromen von knollenförmigen *Actinostroma*-Arten mit verästelten *Amphipora ramosa* SCHULTZ und Hexagonarien.

An der Ostwand des Bruches erkennt man Schlotten, die mit pliozänen Quarzkiesen (s. S. 83) gefüllt sind. Andere Dolinen zeigen eine Füllung von weißen Tertiär-Sanden und -Tonen.

3. Von Hanielsfeld durch einen Tunnel (mit Erlaubnis der Werksleitung) in den nördlich der B 7 gelegenen Kalksteinbruch „Voßbeck". Von oben (Nordwand) nach unten (Südwand) läßt sich folgendes Profil beobachten:

Schwarze und graue, flinzartige, gebänderte Tonschiefer
von do 1α – do $1(\beta)\gamma$-Alter (BRINCKMANN 1963).
Massenkalk in Iberg-Fazies (Typ Hahnenfurt, s. S. 135).
Massenkalk in Dorp-Fazies (Riffkern-Subfazies).
Massenkalk in Dorp-Fazies (back reef-Subfazies).

Diese Faziesabfolge innerhalb des hoch-mitteldevonischen bis tief-oberdevonischen Massenkalkes spricht für einen „transgressiven" Riff-Typ, bei dem die Absenkung über das Riff-Wachstum dominierte.

Im Ostteil der Grube, in der Umgebung des Tunnels, ist die back reef-Subfazies der Dorp-Fazies gut zu beobachten. Es handelt sich um gebankte spatreiche Kalksteine mit kugeligen und dendroiden Stromatoporen sowie Amphiporen und Kalzit-Einschlüssen („bird's eyes").

An alten Klippen oberhalb der Südwand des Bruches sind innerhalb der Dorp-Fazies angewitterte biostromartige Bänke aufgeschlossen, die sich von denjenigen des zentralen Riffbereiches unterscheiden: sie führen zwar Stromatoporen in Lebensstellung, es fehlen aber die im eigentlichen zentralen Riff üblichen Einschaltungen und Wechsellagerungen von spatreichem Schuttkalk, spaterfüllte Hohlräume, zerbrochene Riffbildner sowie Brachiopoden und Echinodermen (BRINCKMANN et al. 1970: 217).

Neben den kugeligen Stromatoporen von Zentimeter- bis Dezimeter-Durchmesser in Lebensstellung (angezeigt durch die konvexe Wölbung nach oben) kommen seltener auch lagige, schild- bis glockenförmige Stromatoporen-Kolonien vor. Zwischen den kugeligen Stromatoporen sind dendroide Arten (Typ *Stachyodes*), ästige tabulate Korallen (Typ *Thamnopora*), rugose Korallen (Typ *Dis-*

IV. Raum Wuppertal-Elberfeld – Mettmann 133

phyllum), seltener auch Ästchen von *Amphipora* eingelagert. Die tabulaten Korallen und dendroiden Stromatoporen werden häufig von kugeligen Stromatoporen umwachsen.

An der W-Auffahrt kann die Dolomitisierung und Silifizierung studiert werden. Letztere hat zur Bildung von idiomorphen schwarzen Quarzkriställchen[24] bzw. Hornstein-Knollen geführt. Die Kieselsäure war ursprünglich im Kalkstein enthalten und dürfte bei der Diagenese gewandert sein. Die Dolomitisierung ist hier jüngeren Alters, da dolomitisierte Partien Kalkstein mit solchen Quarzen umschließen. Die Dolomitisierung ging von Gangspalten aus, die vermutlich metasomatischer Art waren. Mit dem Dolomit eng verbunden ist Braunspat, der an der Grenze Dolomit-/Kalkstein auftritt und als Vorprodukt der Dolomitisierung zu gelten hat (GOTTHARDT 1962). Man erkennt ferner Drusen von Kalkspat im Dolomitstein. Hier befanden sich ursprünglich $CaCO_3$-Knollen, die später auswitterten; die so entstandenen Hohlräume sind (wahrscheinlich im Tertiär) erneut mit Kalziumkarbonat gefüllt worden. An der Nordwand des Bruches ist der Übergang zu den Oberen Flinzschiefern (s. S. 36 f.) erschlossen.

4. Fahrt über Wuppertal-Dornap und die B 7 nach Wuppertal-Hahnenfurth. Vor der Bahn-Unterführung nach rechts abbiegen und zu Fuß zum Güterbahnhof. An der linken Seite ist ein lückenloses, allerdings stark überwachsenes Profil vom Massenkalk bis zum höchsten Ober-Devon (s. Abb. 39) erschlossen. Die hier vorliegende Schichtenfolge stellt eine auf geringe Mächtigkeit zusammengedrängte Mischfazies zwischen Velberter und Sauerländischer Fazies dar. Über dem Massenkalk folgen ca. 40 m Obere Flinzschiefer mit eingeschalteten Plattenkalken, 6 m schwarze blättrige Tonschiefer mit Linsen von schwarzen Kalksteinen (Untere Matagne-Schichten), 5 m hellgraue knollige Nierenkalke mit geringen Tonstein-Zwischenlagen (Obere Matagne-Schichten), 30 m graugrüne, dunkel gestreifte Tonschiefer (Gebänderte Schiefer = Untere Cypridinenschiefer), 15 m plattige glimmerreiche Sandsteine (Plattensandsteine), 20 m grüne und graue, plattige, glimmerreiche Schichten mit Kalklinsen und -knollen (Graue und Grüne Kalkknotenschiefer) sowie 15 m Rote und Grüne Kalkknotenschiefer als Abschluß des Profils.

Wenn Zeit vorhanden (mit Erlaubnis der Werksleitung), in den ca. 500 m östlich liegenden Kalksteinbruch „Hahnenfurth" (s. Abb. 38). Hier ist an der Nordwand der Übergang der über 100 m mächtigen Kalksteine in back reef-Subfazies der Dorp-Fazies in die ca. 25 m mächtigen Kalksteine der Iberg-Fazies (Typ Hahnenfurth aufgeschlossen. Am Übergang zwischen den gut gebankten Kalksteinen der Dorp-Fazies in die hellen, massig-bankigen Kalksteine der Iberg-Fazies ist

---

[24] Diese Quarzkristalle zeigen durchweg einen Zonarbau, indem in bestimmten Ebenen orientiert Kalkspat miteingebaut ist (GOTTHARDT 1962).

134 Exkursionen

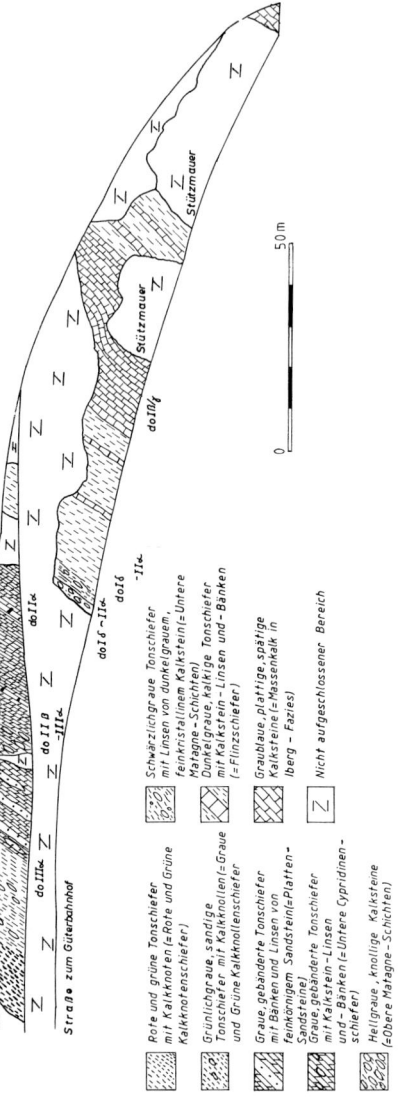

Abb. 39. Geologisches Profil am Güterbahnhof Wuppertal-Hahnenfurth n. BRINCKMANN et al. (1970), geändert.

IV. Raum Wuppertal-Elberfeld – Mettmann 135

eine wenige Meter mächtige Folge von schwarzen, dünnbankigen Kalzilutiten (Feinschlamm-Kalken) mit wulstig-unregelmäßigen Schichtflächen ausgebildet. Sie enthalten Thamnoporen-Äste, die häufig von Alveolites- und Stromatoporen-Lagen umkrustet sind, ferner Amphiporen, rugose Einzelkorallen und Schnecken. In den Mergelstein-Lagen, die diesen Kalksteinen zwischengeschaltet sind, wurden Goniatiten gefunden, daher werden die dunklen bituminösen Kalksteine als Äquivalente der ober-devonischen *Pharciceras*-Schichten (in den Oberen Flinzschiefern) angesehen.

Über etwa 1,5 m mächtigen, grauen crinoidenführenden, feindetritischen Kalksteinen setzen mit scharfer Grenze die Kalksteine der fossilreichen Iberg-Fazies ein. Der Typ Hahnenfurth besteht aus: a) Brachiopoden-Crinoiden-Kalken, b) fossilreichen Schuttkalken in teils spätiger, teils grauer kalzilutitischer Grundmasse, c) Lagen und Linsen mit lagigen, konvex gewölbten Stromatoporen im Wechsel mit Echinodermen-Schutt sowie d) Partien mit stark angereicherten lagigen *Alveolites*-Kolonien.

Die Kalksteine der Iberg-Fazies werden von schwarzen ober-devonischen Flinzschiefern mit *Buchiola* sp. überlagert.

5. Von Hahnenfurth über Dornap in Richtung Wülfrath. In Wülfrath-Düssel Halt gegenüber Haus Nr. 1 an der Tillmannsdorfer Straße. Hier ist ein schwach N-vergenter Sattel aus ca. 3 m mächtigem Kohlenkalk (s. S. 54) mit etwa 5 m Spannweite als Rundfalte gut aufgeschlossen (Naturdenkmal). Es handelt sich um eine Spezialfalte zweiter Ordnung auf der Südflanke der Herzkamper Hauptmulde. Der Kohlenkalk ist knollig entwickelt und wird von einer Schieferung mit leichter Fächerstellung durchsetzt. Die Faltenachse streicht 55° und liegt fast horizontal.

6. Von der Tillmannsdorfer Straße in die Dorfstraße nach rechts abbiegen und weiter über den Kirchenfelder Weg bis zur Straße Wuppertal-Wieden–Wülfrath (Wiedener Straße). Diese ca. 560 m nach N fahren und dem Fahrweg rechts bis Gut „Steinberg" (südöstlich von Wülfrath-Aprath) folgen. Von dort Weg 250 m nach SE bis zum aufgelassenen 100 m langen und 25 m breiten Steinbruch (r 75 500, h 81 720) rechts gehen. Seine südwestliche Kopfwand erschließt das Dinant auf der Südflanke der Herzkamper Hauptmulde in Kulm-Fazies. Die steil nach NW einfallende Schichtenfolge besteht aus etwa 1,20 m knolligem Kalkstein, der als stark reduzierter Vertreter des Kohlenkalkes anzusehen ist (s. Abb. 25). Nach Conodonten-Funden ist er an die Basis des Visé zu stellen. Darüber treten grünlichgraue Tonschiefer mit schlecht erhaltenen Crinoiden-Resten, Brachiopoden, Trilobiten und Ostracoden auf. Nach N folgen stark kleingefaltete Lydite (ca. 3,20 m) und ca. 6 m Kieselkalke sowie als Abschluß des Profils geringmächtige (ca. 1 m) kieselig-kalkige Tonschiefer. Diese schließen mit der nur wenige Zentimeter dicken, härteren *grimmeri*-Bank ab, die Goniatiten

[*Entogonites grimmeri* (KITTL.)] führt. Es folgen fossilreiche Posidonienschiefer mit *Goniatites globostriatus* (H. SCHMIDT) und Trilobiten (BRAUCKMANN 1974, 1992; THOMAS 1981), die in das cu III α (s. Tab. 3) zu stellen sind.

7. Zurück zur Wiedener Straße und nach S bis Wuppertal-Wieden; dort nach rechts über die B 7 in Richtung Mettmann. In Schöllersheide in Richtung Mettmann-Ost bis Röttgen fahren, die erste Straße nach rechts einbiegen und ca. 750 m bis zum Gehöft „Gau". Im linken Teil des Grundstückes (links unter den Stallgebäuden) ist eine etwa 8 m hohe und 30 m breite Felswand (r 70 640, h 80 520) von Kalkknollenschiefern der Unteren Matagne-Schichten in Velberter Fazies aufgeschlossen. Die Kalkknollen sind ausgewittert und haben Löcher hinterlassen. Diese zeigen, daß Kleinfaltung (Spezialfaltung zweiter Ordnung) vorliegt.

Auf dem weiter nördlich gelegenen Grundstück der Familie Jacobs schließen sich 60° NW-fallende Obere Flinzschiefer an, in denen reichlich Fossiltrümmer vorkommen.

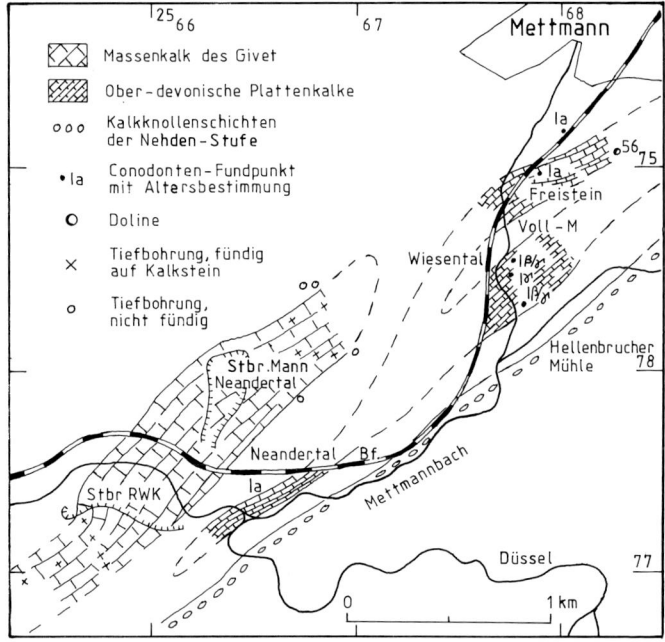

Exkursionskarte A. Verbreitung und Alter der oberdevonischen Kalksteine zwischen Mettmann und Neandertal n. KARRENBERG (1965).

IV. Raum Wuppertal-Elberfeld – Mettmann 137

8. Zurück zur B 7 und über Mettmann in Richtung Erkrath. Etwa 1 km nach der Bahn-Unterführung erscheinen in der ersten stärkeren Rechtskurve an der rechten Böschung, kurz vor der Einfahrt eines Gebäudes, dunkelgraue Kalkknollenschiefer und plattige Gebänderte Schiefer, die fazielle Vertreter der Oberen Matagne-Schichten im Gebiet des Geologischen Blattes Wuppertal-Elberfeld darstellen (s. S. 40 f.). Etwas weiter nach SW gehen sie unmerklich in die Grauen Kalkknotenschiefer des Nehden über. Die Schichten fallen mit ca. 65° nach SE ein und werden von ca. 65° steil NW-fallenden Schieferungsflächen durchsetzt. Die Schieferung fließt um die Kalkknollen herum und zeigt in härteren Lagen eine deutliche „Brechung". Die δ-Lineare fallen mit ca. 15° nach NE ein.

9. Weiter in Richtung Erkrath. Nach etwa 1 km ist kurz vor dem „Schwarzwaldhaus" dieselbe Schichtenfolge erneut aufgeschlossen und zeigt schwache tektonische Wellungen auf den Schichtflächen, die den δ-Linearen (60°/5° SW) folgen. Deutliche ac-Klüfte treten auf.

10. In Neandertal der zum Bahnhof ansteigenden Straße folgen. In der zweiten Haarnadelkurve (r 66540, h 77300) treten graue und schwarze Plattenkalke in den Flinzschiefern auf (s. Exkursionskarte A), die eine Felsklippe von ca. 12 m Länge an der Straße bilden. Sie weisen eine intensive Kleinfaltung zweiter Ordnung auf, die bis zu Isoklinalfalten geführt hat. Die Faltenachsen fallen zwischen 20° und 40° nach SW ein. Im nördlichen Teil des Aufschlusses erkennt man geschieferte Mergelkalksteine, deren δ-Lineare 15°–20° nach NE, also zur entgegengesetzten Seite wie die Achsen der Kleinfalten einschieben. Dieses Phänomen ist der Ausdruck einer von der Raumlage der Kleinfalten-Achsenflächen abweichenden Schieferungsebene. Die nicht symmetriekonforme Überprägung des Faltengefüges durch den etwas jüngeren Schieferungsprozeß (s. S. 101 f.) führte auch zur Versteilung der ehemals flacher einschiebenden Kleinfalten-Achsen.

11. Zurück nach Neandertal und auf dem Parkplatz an der Gaststätte „Neanderhöhle" parken. Von hier zu Fuß ca. 350 m bis zum Neandertal-Museum. Am Wege 100 m vor dem Museum stehen rechts die Kalkknotenschiefer des Nehden an.

Im Museum findet man alles zusammengetragen, was über den Neandertaler, seine körperliche Beschaffenheit, seinen Lebensraum und seine Kultur bisher bekannt geworden ist.

12. Zurück zum Parkplatz und weiter in Richtung Erkrath. Nach ca. 500 m nach links in den schmalen Fahrweg einbiegen und diesen ca. 150 m nach W bis an den Rand des aufgelassenen Kalksteinbruches (r 66000, h 77200 fahren, s. Exkursionskarte A). Der Massenkalk besteht aus *Actinostroma*- und *Amphipora*-Rasen und ist gut gebankt. Das Einfallen beträgt hier auf der Südflanke des

Velberter Großsattels etwa 55° nach SE. Es treten zwei Kluftsysteme auf, die durch Kalkspat verheilt sind.

13. Zurück und Weiterfahrt in Richtung Erkrath. Halt am Gasthaus „Hubertus" kurz vor Gans (r 65 100, h 73 320). Nördlich der Straße sind stark geschieferte, steil SE-fallende Flinzschiefer mit dünnen Kalkstein-Bänken erschlossen. Die Schieferung steht saiger. Es treten *ac-* und Längsklüfte auf; letztere verlaufen senkrecht zur Schichtung.
Weiter nach Erkrath und Übernachtung dort.

V. Raum Erkrath–Ratingen–Wülfrath

Stratigraphie und Tektonik des Mittel- und Ober-Devon im Velberter Großsattel; höchstes Ober-Devon und tiefstes Unter-Karbon bei Ratingen; Tertiär bei Erkrath.

Geologische Karten: Blätter 1 : 25 000 Mettmann 2719, Kettwig 2549 und Wuppertal-Elberfeld 4708 sowie Exkursionskarten B und C.

Topographische Karten: Blätter 1 : 25 000 Mettmann 4707, Heiligenhaus 4607 und Wuppertal-Elberfeld 4708.

Fahrtstrecke: Erkrath – Wirtshaus „Höltgen" – Erkrath – Düsseldorf-Hubbelrath – Schwarzbachtal – Ratingen – Gehöft „Götzenberg" – Ratingen-Homberg – Wülfrath (ca. 45 km, Dauer: 1 langer Tag).

1. In Erkrath die Neanderstraße in westlicher Richtung fahren, nach rechts in die Straße „Gink" einbiegen und am Sportplatz in Buschenhoven vorbei bis hinter die Bahn-Überführung. Von dort nach rechts bis vor die Autobahn fahren, dann rechts abbiegen und den Feldweg den Berg hinauf folgen bis zur aufgelassenen Kernsand-Grube (r 63 500, h 77 680). Hier sind ober-oligozäne dunkel- bis mittelbraune Sande von ca. 10 m Mächtigkeit erschlossen. Sie zeigen schichtig eingelagerte limonitische Ausfällungen.

2. Zurück bis zur Bahn-Überführung und privaten Fahrweg nach rechts zum Wirtshaus „Höltgen" einschlagen. Nach ca. 700 m zu Fuß nach rechts in die aufgelassene Formsand-Grube (r 63 500, h 77 680). Hier sind die obersten Meter des ober-oligozänen Sandes wie im Aufschluß 1 entwickelt (Kernsand). Darunter liegen dunkelgelbe schluffige Formsande.

3. Bei der Weiterfahrt nach N treten rechts des Fahrweges nordöstlich des Düstertales stark geschieferte Flinzschiefer mit *Buchiola* cf. *sagittaria* HZL., *B. retrostriata* v. BUCH und *Chonetes crenulatus* F. ROEM. auf. Darüber liegen tertiäre Sande.

V. Raum Erkrath – Ratingen – Wülfrath   139

4. Weg bis zum Ende (Wirtshaus „Höltgen") fahren. Ein kleiner Steinbruch (r 62 940, h 78 980) ca. 100 m nördlich der Gebäude erschließt 25° N-fallende glimmerreiche Grauwacken der Oberen Honseler Schichten im Kern des Wülfrather Sattels. Zu Fuß ca. 280 m nach N. Die an der rechten Böschung auf-

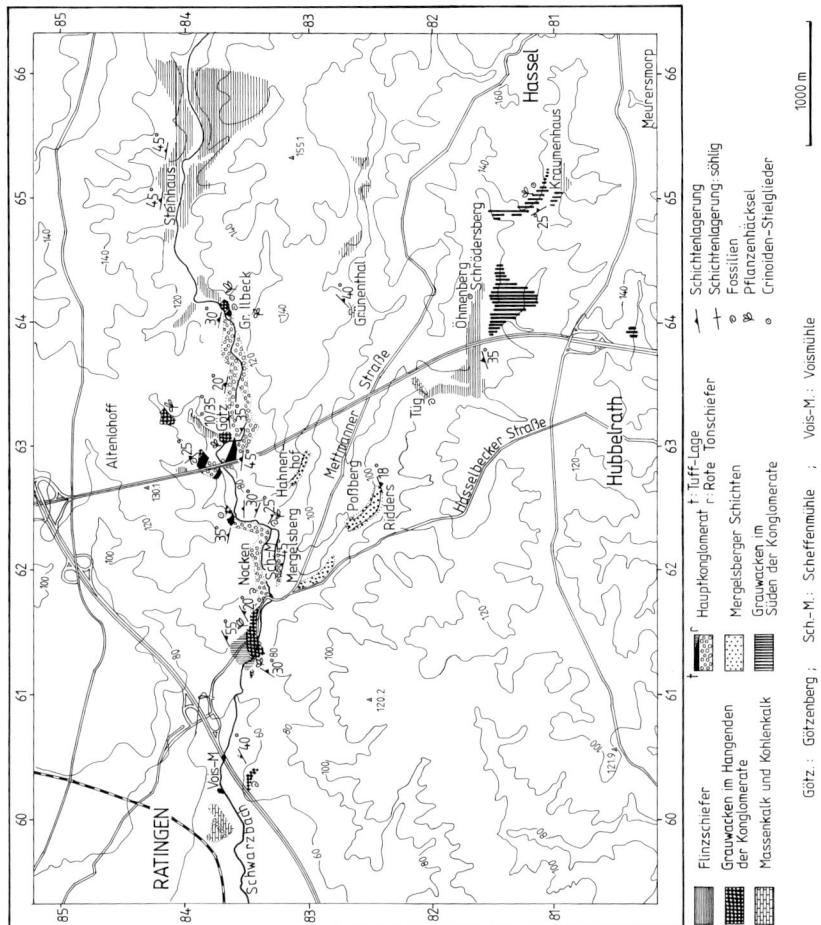

Exkursionskarte B. Geologische Karte des Devon im Gebiet östlich von Ratingen n. ROTHAUSEN (1958), stark geändert.

geschlossenen Grauwacken führen Crinoiden-Stielglieder und *Fenestella polyplorata* PHILL.

5. Zurück nach Erkrath und über die Erkrather Landstraße nach Düsseldorf-Hubbelrath. Dort über Bergische Landstraße (B 7) nach links bis zum Gollenbergweg rechts und diesen sowie Hasselbecker Straße und Mettmanner Straße bis zum Hackenberg-Weg rechts fahren (s. Exkursionskarte B). Letzterem nach E etwa 500 m folgen. In der Wegkurve (r 63 320, h 83 350) tritt das Hauptkonglomerat auf, das Komponenten bis 50 cm Durchmesser führt. Im oberen Teil des Konglomerats kommen Kelch-Abdrücke von Einzelpterokorallen sowie Crinoiden-Stielglieder vor.

6. Weiterfahrt und an der Weggabelung dem Grütersweg bis zum Hahnenhof folgen. Zu Fuß ca. 250 m nach S bis zum Einschnitt des Krummbaches. Dort stehen die stark verwitterten Mergelsberger Schichten an.

7. Zurück zur Mettmanner Straße und weiter in Richtung Ratingen. Nach ca. 270 m sind rechts in einem aufgelassenen Steinbruch (r 61 450, h 83 450) die flachlagernden Grauwacken der Oberen Honseler Schichten aufgeschlossen.

8. Weiter über die Mettmanner Straße nach Ratingen zum Ostbahnhof. Dort Schildern „Zum Blauen See" (ehemaliger Steinbruch „Cromford", r 60 000, h 86 86 340) folgen. Vom großen Parkplatz über die Bahngleise und zum Weg entlang der Bahnlinie südlich des Freizeitparks. Das Profil beginnt etwa 50 m hinter der Abzweigung des Weges zum Märchenzoo in der steil NW-fallenden Schichtenfolge mit einer ca. 40 m mächtigen Wechselfolge von kalkig-sandigen Tonsteinen, die nach Sporen in das tiefste „Etroeungt" (Fa 2 d, s. Tab. 3) gehört (s. Abb. 40). Sie führt Stromatoporen, Bryozen, Brachiopoden, Muscheln, Schnecken, Trilobiten und Echinodermen. Die nächsten knapp 90 m des Profils bestehen überwiegend aus Kalkstein-Bänken, in die mehrere Meter mächtige kalkige, mergelige und sandige Tonschiefer eingelagert sind. Nach Foraminiferen und Sporen gehört dieser Abschnitt zum höheren „Etroeungt". Sein oberer Teil lieferte *Cymaclymenia euryomphala (C. evoluta)* PAUL und führt Korallen, Bryozoen, Brachiopoden, Muscheln und Schnecken.

Zurück und am Märchenzoo vorbei hinauf zum oberen Rundweg am Steinbruchsrand und diesem in Richtung Bootssteg folgen. Von hier bietet sich ein schöner Ausblick auf den unter Wasser stehenden ehemaligen Steinbruch „Cromford", ein Name, der Geologie- und Industriegeschichte ist.

Die Grenze Devon/Karbon ist derzeit nur dürftig aufgeschlossen; sie liegt dicht südlich vom Beginn des oberen Rundweges um den Blauen See, nur wenige Meter südlich des Spielplatzes an der Gaststätte. Dem unteren Fußweg an der Steinbruchswand nach E folgen. Bereits zum Unter-Karbon gehört der ca. 15 m mächtige, schlecht erschlossene Ostracoden-Kalk (Tn 1 b), der außer Ostracoden

V. Raum Erkrath – Ratingen – Wülfrath

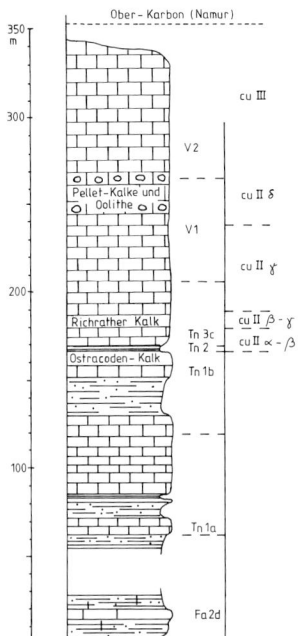

Abb. 40. Die Schichtenfolge des höheren Ober-Devon und tieferen Unter-Karbon im Bereich des „Blauen Sees" bei Ratingen n. BRAUCKMANN (1990), stark geändert.

insbesondere Foraminiferen, Bryozoen und Brachiopoden führt. Es folgen 2,5 m mächtige sandige Tonschiefer (Zwischenschiefer = Tn 2), die in der Wegumbiegung noch von der schlecht erschlossenen, ca. 13 m mächtigen Folge des Richrather Kalkes überlagert werden (s. Abb. 22). Dieser gehört nach Conodonten ins Tn 3 c (s. Tab. 3). Die weitere Exkursion erfolgt am besten mit einem gemieteten Boot, da sich die Aufschlüsse unmittelbar über dem Wasserspiegel befinden. Es folgt der Visé-Kohlenkalk mit zunächst ca. 45 m gutgebankten, dann 28 m massigen bioklastischen Kalksteinen. Letzteren sind verschiedentlich grobbrekziöse Partien (s. S. 54) eingeschaltet. Die Fortsetzung des Profils ist an der N- und SW-Wand des ehemaligen Steinbruches zu finden. Dort erscheinen ca. 40 m Pellet-Kalke und Oolithe (s. S. 54). Letztere wurden als das jüngste Vorkommen (V1–V2, s. Tab. 3) von Oolithen im Velberter Großsattel datiert (PAPROTH et al. 1973). Der Oolith wird von massigem, epigenetisch dolomitisiertem Kalkstein überlagert.

142 Exkursionen

An der Freilichtbühne steigt der Weg zum Ausgang steil auf die Kalkstein-Oberfläche. Diese war im Mesozoikum und Alt-Tertiär Festland und konnte verkarsten, wobei sich Dolinen von einigen Metern Tiefe und einer Füllung mit Verwitterungsschutt bildeten. In solchen Einsturztrichtern haben sich die Sedimente des Oligozän-Meeres erhalten, das in dieser Gegend seine Südküste hatte. Die hier aufgeschlossene Doline ist mit Ratinger Ton gefüllt.
Auf dem Kohlenkalk liegen pliozäne Rhein-Schotter.

Der Steinbruch „Cromford" war wegen seiner Artenfülle für viele Fossil-Arten Typlokalität wie beispielsweise für die Brachiopoden *Derbyia steinhagei* (PAUL 1939a), *Hamlingela goergesi* (PAECKELMANN 1931), *Plicochonetes cromfordensis* (GALLWITZ 1932) und *Rugosochonetes ratingensis* (GALLWITZ 1932) aus dem Ober-Devon sowie „*Avonia*" *ratingensis* (PAECKELMANN 1931), *Plicatifera thomasi* (PAECKELMANN 1931) und *Whidbornella radiata* (PAECKELMANN 1931) aus dem Unter-Karbon.

9. Zurück und am Ostbahnhof Ratingen vorbei der Straße in Richtung Wülfrath folgen. Ca. 1 km nach Kreuzen der zweiten Autobahn (A 3) in den „Alten Brachtweg" nach rechts abbiegen und bis zum Gehöft „Götzenberg" (r 63250, hz 83770) fahren. Am Weg vom Gehöft hinunter zum Tal ist das Hauptkonglomerat als 8 m hohe Wand gut erschlossen (s. Abb. 41). Die Schichten fallen flach nach N; die roten Pelite zwischen den Konglomerat-Bänken sind deutlich geschiefert (*sf*: 75°/60° SE). Erosionsrinnen treten auf.

10. Zurück zur Hauptstraße und weiter nach Ratingen-Homberg. Dort über Dorfstraße, Ringstraße, Willenhausweg bis zum Wiedenhof und an diesem rechts vorbei bis kurz vor die Autobahn (A 3) fahren. Wiedenhof liegt im Bereich des höheren Massenkalkes. Aus diesem Karst-Grundwasserleiter fördert der Brunnen des Wasserwerkes Homberg etwas östlich von Wiedenhof.

Zu Fuß unter der Autobahn hindurch und unmittelbar hinter dieser hangabwärts zum unteren Teil des rechten (nördlichen) Talhanges des Homberger Baches. Die dortigen Aufschlüsse und Schürfe zeigen ein Profil, das mit einer Folge von Schluffsteinen und Feinsandsteinen beginnt, die zahlreiche Bänke und Bänkchen eines unreinen blaugrauen Kalksteins sowie von Riffschuttkalk enthält. Nach wenigen Metern besteht das Profil nur noch aus meist undeutlich gebanktem Riffschuttkalk. Einzelne Stromatoporen erreichen einen Durchmesser von mehr als 50 cm. Die Korngröße des übrigen, wenig gerundeten Riffschutts wird kaum gröber als 10 cm und „schwimmt" teilweise in einer Grundmasse aus Schluffstein. Mehrere Bänke des Riffschuttkalkes zeigen eine ausgeprägte Dachziegel-Lagerung. Dieser Riffschutt keilt schon nach wenigen Metern im Streichen nach W hin Bank für Bank aus und geht in eine Schichtenfolge über, die nur noch aus Schluffsteinen und Feinsandsteinen sowie unreinen Kalk- und Mer-

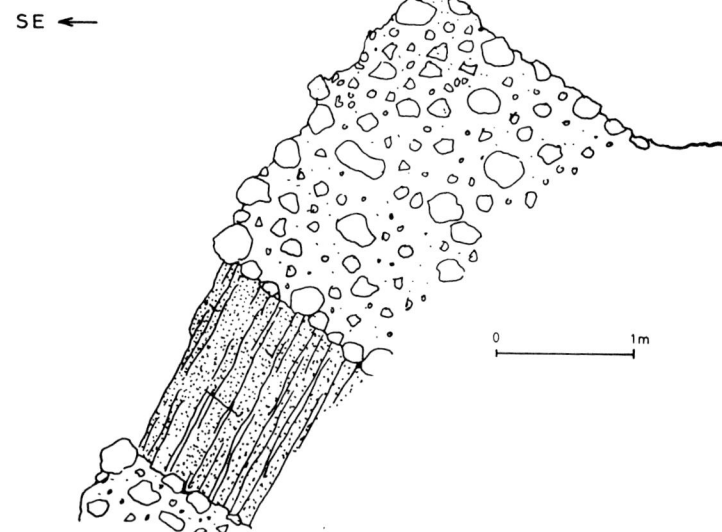

Abb. 41. Der Aufschluß am Nordhang des Schwarzbachtales südlich Götzenberg.

gelsteinen besteht. Dieser Übergang von dem mehrere Meter mächtigen obersten Riffschutt-Strom zu der geringmächtigen Schluffstein-Sandstein-Folge bildete offensichtlich einen Hang auf dem damaligen Meeresboden. Die zunächst darauf sedimentierten Sandlagen sind wie Lamellen eines Schrägschichtungskörpers an diesen Hang angelagert und zeigen teilweise auch Rutschungsphänomene. Darüber folgt Schluffstein mit bis kopfgroßen Blöcken von Kiesel- und Karbonatgesteinen sowie Gerölle aus Milchquarz.

Über dem obersten Riffschutt-Strom und sedimentär diskordant über den Schichten vor seiner Stirn folgt ein stärker dolomitisierter dunkelbrauner massiger Kalkstein. Er wird von Schluffstein überlagert. Dieser enthält nach oben zunehmend Kalkknollen und geht schließlich in einen Knollenkalk mit Bänken von Crinoidenkalk über.

Einige Meter höher am Hang ist der Übergang zu einer Feinsandstein-Schluffstein-Folge freigeschürft. Eine darin vorkommende Bank von Crinoidenkalk lieferte Conodonten des höheren Nehden. Damit erfolgt hier der Übergang zur Fazies der Velberter Schichten deutlich später als in einigen Bereichen weiter im E.

144 Exkursionen

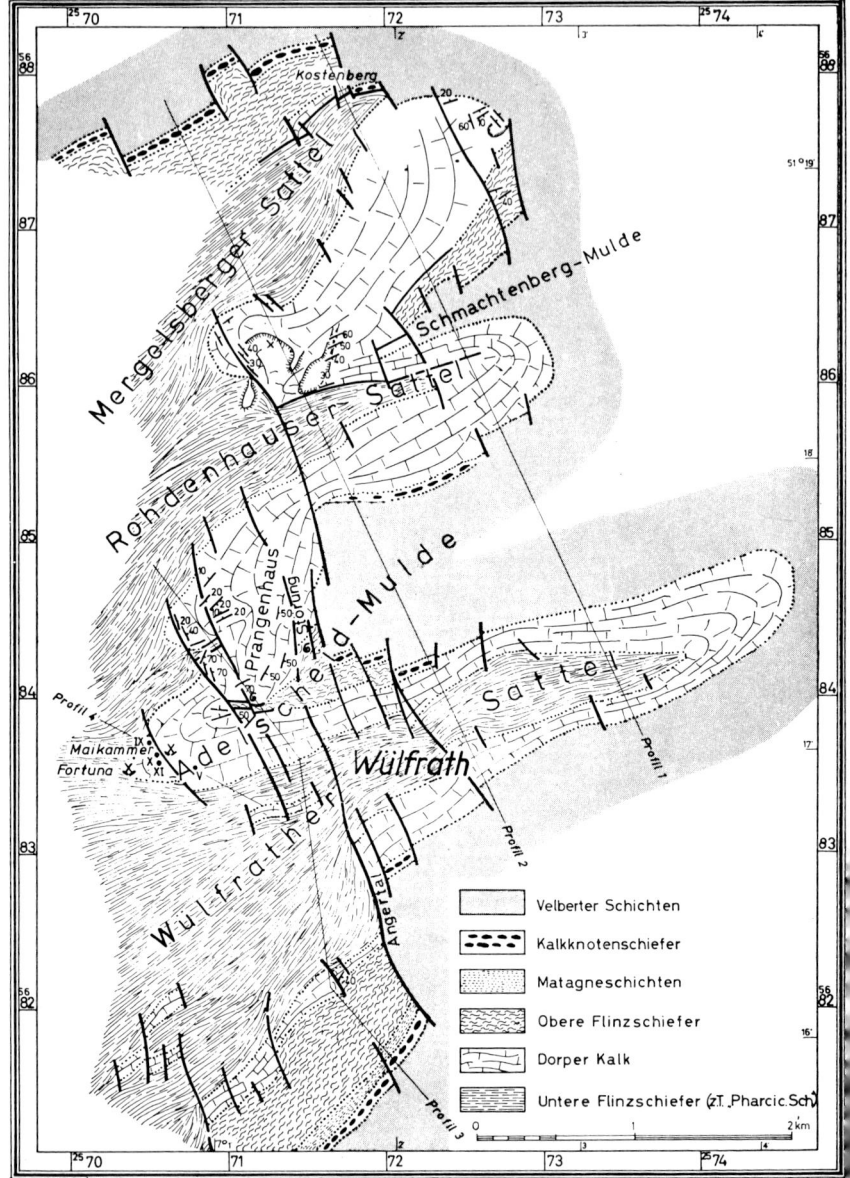

11. Zurück zur Hauptstraße und über Wülfrath nach Wülfrath-Schlupkothen. Etwa 375 m hinter der Straßenabzweigung nach Velbert links in den aufgelassenen, im unteren Teil mit Grundwasser erfüllten Kalksteinbruch „Schlupkothen" (Naturschutz-Gebiet). Der ehemaligen oberen Abbausohle ca. 750 m nach NE folgen, dort durch das Tor (Schlüssel und Erlaubnis bei der Werksleitung in Wülfrath) in den Steinbruch. Hier im abtauchenden Ostteil des Wülfrather Sattels (s. Abb. 13) erkennt man deutlich ein umlaufendes Streichen der Kalkstein-Folge (s. Exkursionskarte C u. Abb. 42). Weiterhin beobachtet man eine schwächere Spezialfaltung.

Hinunter zur ehemaligen mittleren Abbausohle, die etwa 35 m über dem Wasserspiegel verläuft.

Im NE-Teil des Steinbruches besteht der Massenkalk in Dorp-Fazies aus grauen gebankten bis massigen Kalksteinen mit algenumkrusteten Biogenen, Anhäufungen von lagigen und knollig-wulstigen tabulaten Korallen sowie Stromatoporen. Es handelt sich um Bildungen der back reef-Subfazies (s. S. 132) mit Übergängen in das Zentrale Riff.

Darüber folgt Massenkalk in Iberg-Fazies (Typ Hahnenfurth, s. Exkursion IV, Aufschluß 4), der aus grauen fossilreichen Kalksteinen besteht. Sie sind aus Lagen von *Alveolites*, Kolonien von *Phillipsastrea, Hexagonaria,* Thamnoporen, Brachiopoden und Echinodermen aufgebaut. Der Massenkalk wird unmittelbar von Velberter Schichten überlagert.

Zurück über die obere Abbausohle und zum SE-Teil des Steinbruches. Hier ist der Massenkalk in Dorp-Fazies erschlossen und besteht aus grauen, gebankten, fein- bis grobdetritischen, teilweise gradiert geschichteten Kalksteinen aus Echinodermen, rugosen Korallen, Stromatoporen und tabulaten Korallen. Sie gehen zum Hangenden hin in feindetritische, dunkle, flinzartige Kalksteine über. Es handelt sich um Bildungen der Riff-Außenseite (fore reef-Subfazies). Im tieferen Teil des Steinbruches treten die Liegenden Flaserkalke (s. S. 27) auf.

Über dem Massenkalk in Dorp-Fazies folgen die Hangenden Flaserkalke (s. S. 36) als graue, teilweise brekziös aufgelöste Knollenkalke bis Kalkknollen-Schiefer von hohem doI(β)γ-Alter (KARRENBERG 1965).

Darüber liegt Massenkalk in Iberg-Fazies (Typ Schlupkothen), der aus grauen dichten Kalksteinen besteht, die längliche, von Faserkalzit ausgefüllte Hohlräume aufweisen. Es handelt sich um Stillwasser-Bioherme.

←

Exkursionskarte C. Geologische Karte des Massenkalkes im Gebiet von Wülfrath n. KARRENBERG (1954).

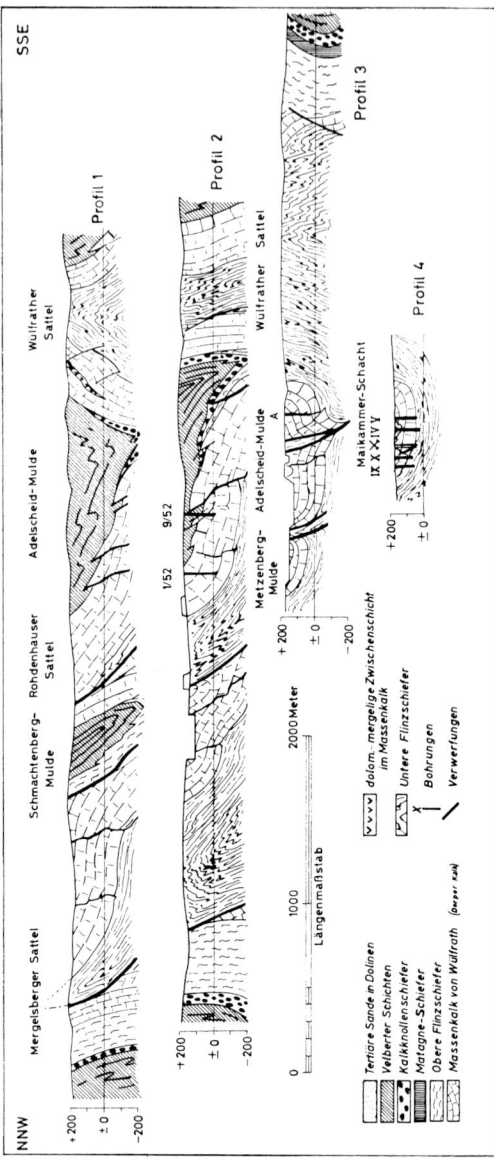

Abb. 42. Geologische Profile durch den Faltenbau des Massenkalkes bei Wülfrath n. KARRENBERG (1954). Die Profil-Linien befinden sich auf der Exkursionskarte C.

V. Raum Erkrath – Ratingen – Wülfrath

Zum Hangenden hin folgen die Oberen Flinzschiefer als schwarze Tonschiefer vom Typ der Unteren Matagne-Schichten mit feindetritischen, dunkelgrauen Flinzkalk-Bänken. Sie sind gut am ehemaligen Kettenbahn-Bremsberg erschlossen und zeigen teilweise stärkeren Kleinfaltenbau sowie eine starke Schieferung, die in den Kalklagen eine deutliche Brechung erfährt. Weiterhin haben die weitständigen Schieferungsflächen in diesen Kalklagen als Lösungsbahnen gewirkt, auf denen $CaCO_3$ in Lösung gegangen und unlösliche Ton-Substanz zurückgeblieben ist. Die intensive Schieferung in der unmittelbaren Nachbarschaft der mächtigen Kalkstein-Massen ist ein Phänomen, das sich immer wieder beobachten läßt (s. S. 105).

Die beiden nahe beieinanderliegenden Profile im NE und NW des Steinbruches zeigen, wie das unterschiedliche Paläorelief des Wülfrather Riffkomplexes Fazies und Mächtigkeit der nachfolgenden ober-devonischen Sedimente bestimmte. Die riffkernnahen Bereiche des Riffkomplexes werden – ohne Einschaltung der Hangenden Flaserkalke – unmittelbar von Kalksteinen der Iberg-Fazies (Typ Hahnenfurth) überlagert. Die biohermartige Kuppe in Iberg-Fazies im SE-Teil des Bruches ragte so hoch auf, daß sie erst von den Velberter Schichten eingedeckt werden konnte (s. S. 44). Auf die stärker zum Becken hin abfallenden Außenflanken des Wülfrather Riffkomplexes (s. S. 36) greifen bereits die Hangenden Flaserkalke über. Sie werden von Kalksteinen mit einer abweichenden Entwicklung der Iberg-Fazies (Typ Schlupkothen) abgelöst, die ein Stillwasser-Bioherm darstellen. In der Folgezeit greift die ober-devonische Becken-Fazies mit Adorf-Flinzschiefern und Nehden-Knollenschiefern über den Massenkalk in Iberg-Fazies (Typ Schlupkothen) hinweg (BRINCKMANN et al. 1970: 218).

Auf der Südostflanke des Wülfrather Sattels ist auf der oberen Abbausohle im höchsten Teil des Massenkalk-Profils eine tertiäre Schlotte zu beobachten, die mit Travertin-Sandstein gefüllt ist.

Wenn Zeit vorhanden, Besuch des aufgelassenen Kalksteinbruches „Nord-Erbach". Dazu Rückfahrt auf der Hauptstraße in Richtung Wülfrath, nach ca. 750 m in den Fahrweg nach rechts einbiegen und bis vor die Bahngleise fahren. Diesen zu Fuß nach rechts ca. 250 m bis zum Steinbruch-Eingang folgen. Hier ist die Grenze des Massenkalkes zu den Unteren Flinzschiefern im Kern des Wülfrather Sattels aufgeschlossen. Diese Grenze wird durch einige deutlich erkennbare diagonale Seitenverschiebungen, die 150° streichen und mit 50° nach SE einfallen, jeweils nach NW versetzt. Die Störungen ermöglichten es dem kaum verformbaren Kalkkomplex, die durch den Schieferungsprozeß hervorgerufene seitliche Längung der ihn umgebenden Tonstein-Massen mitzumachen. Die Flinzschiefer sind intensiv geschiefert. Die Schieferung setzt sich in die tiefsten tonigen Partien des Kalksteins (Liegende Flaserkalke) fort und hat zur Bildung von tektonisch geflaserten Kalken geführt.

12. Zurück zur Hauptstraße und Weiterfahrt am Steinbruch „Schlupkothen", vorbei um 375 m nach SE in Richtung Wuppertal-Dornap. Zu Fuß nach links hinauf zur Bahnlinie und dieser nach N in den Einschnitt folgen. Hier stehen sehr sandige Velberter Schichten an, die Spezialfalten zweiter Ordnung in Form stehender Sättel und Mulden mit Spannweiten von 10 m und darüber aufweisen. Die Faltenachsen tauchen durchschnittlich mit $25-30°$ nach NE ab und verlaufen der Achse des Wülfrather Sattels nahezu parallel. Die Schichten sind stark geschiefert, die Schieferung streicht etwa $65°$ und fällt steil nach NW ein. Sie bildet mit den Schichtflächen deutliche δ-Lineare, deren Streichen nur wenig von demjenigen der Achsen der beschriebenen Kleinfalten abweicht. Das nach E gerichtete Einfallen von δ ist örtlich jedoch ganz verschieden. Generell findet man auf den Nordwestflanken der Sättel bzw. Südostflügeln der Mulden flach, auf den Südostflanken der Sättel bzw. Nordwestflügeln der Mulden steil nach NE einschiebende δ-Lineare. Dieses Phänomen beruht darauf, daß das Streichen der Schieferung um fast $12°$ im Uhrzeigersinn vom Verlauf der Falten-Achsenflächen abweicht (s. S. 105 f.). Dadurch, daß die Schieferung zum einen die südöstliche, zum anderen die nordwestliche Maximumfläche der Schichtflächen schneidet, ergeben sich zwei unterschiedlich einfallende δ-Lineare (RICHTER 1960: Abb. 8).

Zurück nach Wülfrath. Wenn Zeit vorhanden, in das Niederbergische Museum Wülfrath, Bergstraße 22. Hier findet man Darstellungen zur Allgemeinen Geologie des Niederbergischen Landes, Erläuterungen der Kalkgewinnung und -verarbeitung anhand von Modellen sowie Minerale und Fossilien der Umgebung.

Übernachtung in Wülfrath.

VI. Raum Velbert

Stratigraphie und Tektonik des Mittel- und Ober-Devon sowie Unter-Karbon auf der Nordflanke und am Ostende des Velberter Großsattels.

Geologische Karten: Blätter 1 : 25 000 Wuppertal-Elberfeld 4708, Velbert 2650 und Kettwig 2649 sowie Exkursionskarten C und D.

Topographische Karten: Blätter 1 : 25 000 Wuppertal-Elberfeld 4708, Velbert 4608 und Heiligenhaus 4607.

Fahrtstrecke: Wülfrath – Wülfrath-Rohdenhaus – Heiligenhaus – Hofermühle – Ratingen-Hösel – Isenbügel – Heiligenhaus – Velbert – Velbert-Hefel – Zippenhaus – Velbert-Neviges – „Kopfstation" Neviges (ca. 65 km, Dauer: 1 langer Tag).

VI. Raum Velbert 149

1. Von Wülfrath in Richtung Wülfrath-Rohdenhaus. Kurz vor Rohdenhaus in Richtung Velbert abbiegen und 250 m weiter nach links in den Kalksteinbruch „Rohdenhaus" der Rheinischen Kalksteinwerke Wülfrath (r 71400, h 85900). Der Massenkalk in Dorp-Fazies bildet hier den Nordflügel der Schmachtenberg-Mulde (s. Exkursionskarte C), daher fallen die Kalksteine im mittleren Teil des Steinbruches mittelsteil nach SE ein. Die Lagerung wird nach S immer flacher und zeigt schließlich im Südteil des Bruches N-Fallen. Die Liegenden Flaserkalke und darunter die Unteren Flinzschiefer werden durch das Herausheben der Schmachtenberg-Mulde nach WSW an ihrer Südflanke im Südteil des Bruches sichtbar. Sie weisen eine steil SE-fallende Schieferung auf.

Der Massenkalk wird von vielen Mineralgängen durchsetzt, deren Dicke zwischen 1 mm und 1,5 cm schwankt. Sie stellen überwiegend ac-Rupturen dar, die wahrscheinlich auf bruchhafte Dehnung der Kalkstein-Masse in SW−NE-Richtung durch die Seitenlängung der Flinzschiefer (s. S. 106) während der Tektogenese mit anschließender Füllung durch aufsteigende Lösungen (s. S. 111 f.) zurückgehen. Weiterhin tritt ein streichendes Gangsystem auf, dessen Flächen steil nach NW einfallen. Die meisten Mineralgänge bestehen aus Braunspat (s. Exkursion IV, Aufschluß 3), ein kleiner Teil führt Kalkspat. Neben diesen älteren Rupturen durchsetzen jüngere Klüfte den Kalkstein. Man erkennt überall ein sehr gut ausgebildetes ac-System sowie Längsklüfte, die mittelsteil nach NW bzw. SE einfallen.

2. Zurück zur Straße und Weiterfahrt in Richtung Heiligenhaus. Am Ortsausgang von Rohdenhaus sind nach dem letzten Haus hinter dem Angerweg an der rechten Böschung der Flandersbacher Straße die gefalteten und stark geschieferten Unteren Flinzschiefer auf längere Erstreckung aufgeschlossen.

3. Weiter über Heiligenhaus in Richtung Mettmann. In Hofermühle unmittelbar vor der Bahn-Überführung dem Fahrweg (Ratinger Straße) zum Tor des aufgelassenen Kalksteinbruches („Hofermühle-Nord" (r 66120, h 86400) folgen. Der überwiegende Teil des Massenkalkes wird hier von dickgebankten bis massigen Kalksteinen mit einem unterschiedlichen Gehalt an Riffbildnern in Form von kugeligen, fladenförmigen und ästigen Stromatoporen sowie von rugosen und tabulaten Korallen aufgebaut. Etwa 100 m unter seinem Top tritt am Westende der Nordwand eine bis 8,5 m mächtige klastisch-konglomeratische Einlagerung (s. S. 32) auf (s. Abb. 43 u. 44). Der Kalkstein wird von einer etwa 40 m mächtigen Unteren Schluffstein-Folge mit konglomeratischem Sandstein am Top überlagert. Darüber liegen 10 m Massenkalk in Iberg-Fazies (s. S. 33 f.) und eine Obere Schluffstein-Folge (Velberter Schichten s. l.).

4. Zurück und Straße nach S in Richtung Mettmann weiter folgen. Nach Überqueren des Bahn-Einschnittes, der Flinzschiefer erschließt, weitere 250 m, dann

150 Exkursionen

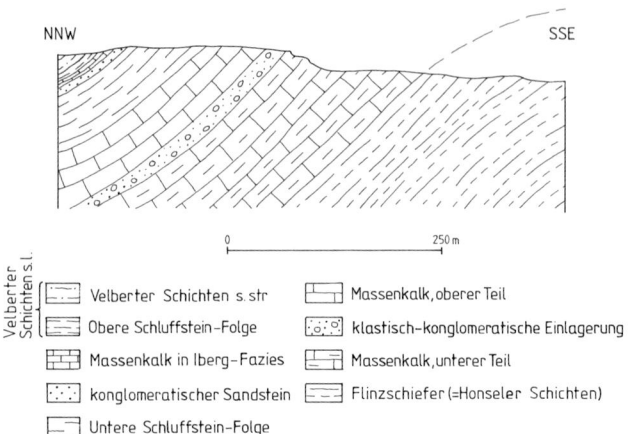

Abb. 43. Geologisches Profil durch den Nordteil des ehemaligen Kalksteinbruches „Hofermühle-Nord".

das Sträßchen nach links („Zehnthofweg") fahren. Nach ca. 320 m an der Weggabelung nach links abbiegen und bis zum aufgelassenen Kalksteinbruch „Hofermühle-Süd" (r 66350, h 85900), der heute Naturschutz-Gebiet ist. Ein Blick in den Bruch offenbart interessante Spezialfalten. Während die Schichten im Südteil des Bruches steil nach N einfallen, werden sie in nördlicher Richtung nach 100 m flacher und fallen dann flach nach S ein. Ein Sattel von ca. 20 m Spannweite schließt sich an. 200 m weiter nach N zeigt sich ein ähnlicher Faltenbau.

5. Zurück nach Heiligenhaus und dort der B 227 in Richtung Ratingen folgen. In Ratingen-Hösel die Eggerscheidter Straße in Richtung Ratingen-Eggerscheidt bis kurz vor die Autobahn und dort die Ernst-Stinsthoff-Straße bis zum Club-Hotel „Die Eule" fahren. Zu Fuß die Bruchhausener Straße 40 m nach NE, dann nach links den alten Fahrweg etwa 100 m, anschließend rechts östlich des Tälchens weitere 100 m bis zum aufgelassenen, stark überwachsenen Kalksteinbruch (r 63100, h 87800) im Wäldchen gehen.

Das Profil beginnt im S mit den „Etroeungt-Schichten", und zwar mit einer mehreren Meter mächtigen Bankfolge wulstflächiger bis knolliger, dunkelgraublauer kristalliner bis mergeliger Kalksteine, die Crinoiden, Korallen und Stromatoporen enthalten. Darauf folgt eine ca. 9 m mächtige Wechsellagerung von kalkigen oder sandigen Tonschiefern mit Sand- und Mergelsteinen. Daran

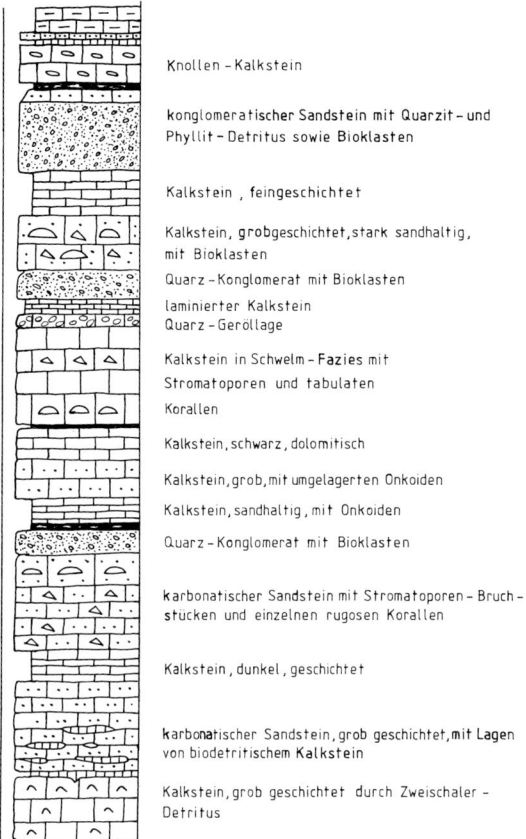

Abb. 44. Der Aufbau der klastisch-konglomeratischen Einlagerung im oberen Teil des Massenkalkes an der Nordwand des ehemaligen Kalksteinbruches „Hofermühle-Nord" n. RIBBERT & LANGE (1993), geändert.

schließt sich eine Bank graublauen grobspätigen Kalksteins mit Crinoiden-Stielgliedern an, der wieder sandige Tonschiefer folgen. Das Hangende bildet ein 3 m mächtiges Paket bankig-knolliger Kalksteine, die noch dem „Etroeungt" angehören und viele kleine Crinoiden-Stielglieder führen. Nach einer Aufschlußlücke von ca. 10 m folgen splittrige, harte, blaugraue Kalksteine, die stellenweise

152　Exkursionen

von dunklen sandigen Tonschiefer-Lagen unterbrochen werden. Die obersten, bereits in das Tournai gehörenden 2 m der Kalkstein-Folge sind unten sparitisch und bituminös, sie werden nach oben zu hellgrau und schwachsandig. Nach einer weiteren Profillücke von 2 m, in der die Zwischenschiefer vermutet werden, folgt eine 1,50 m mächtige Bank von spätigem bioklastischen Kalkstein, der dem höheren Richrather Kalk entspricht.
An der Nordwand des Bruches ist eine Abschiebung zu beobachten.

6. Zum Fahrzeug zurück und Ernst-Stinsthoff-Straße weiter nach SE fahren. Kurz hinter der Bahn-Unterführung erscheinen kalkige Ton- und Schluffsteine sowie Sandsteine der höchsten Velberter Schichten.

7. Zurück und über Ratingen-Hösel in Richtung Heiligenhaus. Vor Heiligenhaus links der Straße nach Essen-Kettwig bis ca. 50 m vor der ehemaligen Bahn-Überführung folgen, dort an der Haltestelle „Stinsthoff-Straße" nach links abbiegen und zum ehemaligen Bahnhof Isenbügel (r 65750, h 89260). Im ansteigenden Hohlweg erscheinen stark gestört Mergel-, Sand- und Kalksteine der „Etroeungt-Schichten". Etwas höher am Hang südwestlich der ehemaligen Gleisanlage sind die Schichten intensiv kleingefaltet und geschiefert.

8. Zur Straße zurück und weiter in Richtung Kettwig. Etwa 30 m hinter der Haltestelle ist rechts in einem aufgelassenen Steinbruch (r 66030, h 89320) der steil N-fallende Visé-Kohlenkalk erschlossen; er ist stark geklüftet.

9. Zurück über Heiligenhaus nach Velbert und dort die Straße in Richtung Essen-Kupferdreh (B 227) einschlagen. Etwa 200 m vor Velbert-Hefel dem Fahrweg nach links (zu Haus Nr. 20) ca. 100 m folgen und dann nach rechts zu dem stark überwachsenen, aufgelassenen Steinbruch (r 73340, h 91780), der ca. 100 m nördlich der Bundesstraße liegt (s. Exkursionskarte D und Abb. 45). An der Ostwand des Bruches ist ein fast lückenloses Profil durch die steil NW-fallende Schichtenfolge von den „Etroeungt-Schichten" über Ostracoden-Kalk, Zwischenschiefer, Richrather Kalk bis zum Visé-Kohlenkalk erschlossen. Letzterer besteht aus bioklastischen, z. T. grobbrekziösen Kalksteinen, die wiederholt gradierte Schichtung zeigen. Ca. 37 m über dem Richrather Kalk erscheinen die ersten Hornstein-Lagen. In den obersten 8 m der Abfolge treten tuffitische Einschaltungen (s. S. 55) auf.

10. Zurück zur B 227 und dann rechts dem „Zechenweg" folgen. Nach ca. 200 m an der Straßengabelung rechts einbiegen und ca. 500 m fahren. Die hier auf-

---

Abb. 45. Blockdiagramme zur Veranschaulichung von Faltenbau und Schieferung im Grenzbereich Devon/Karbon am Ostende des Velberter Großsattels. (Die Lage der etwas überhöhten Blockdiagramme ist aus Exkursionskarte D zu entnehmen).

VI. Raum Velbert 153

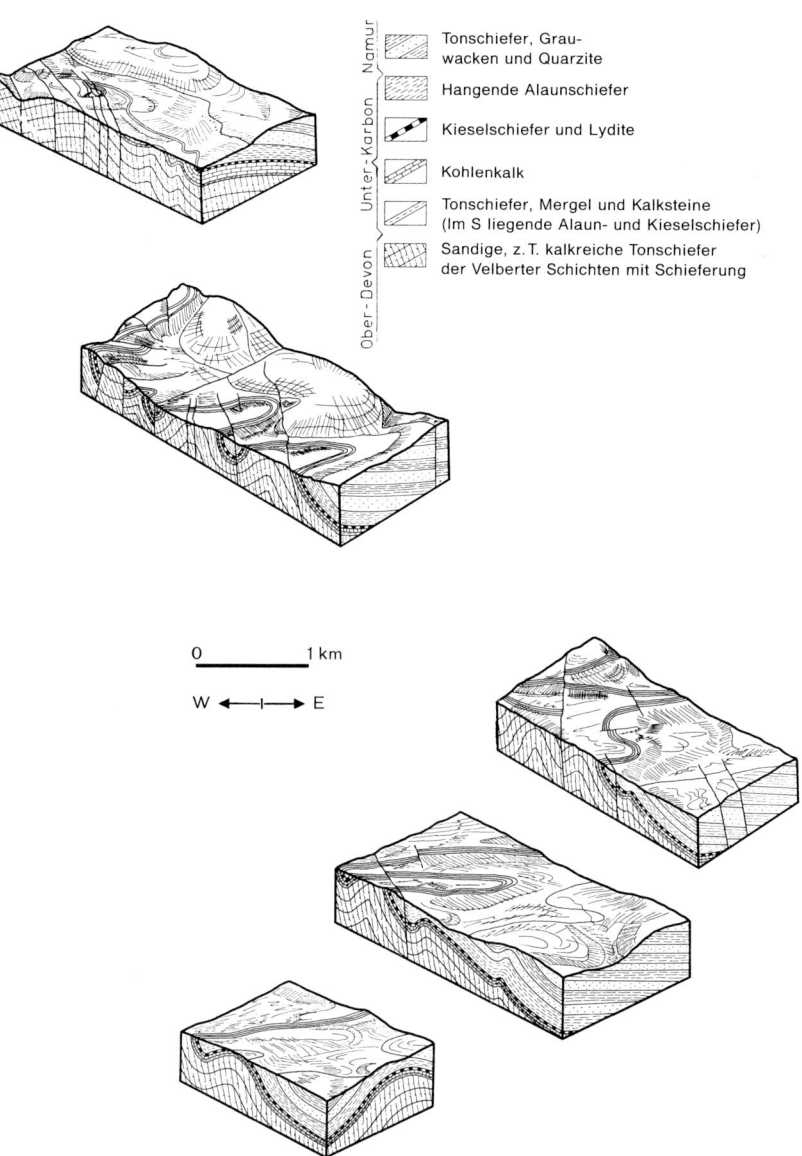

geschlossenen Velberter Schichten (r 73 750, h 91 150) führen einzelne Sandstein-Bänke. Während die tonreichen Schichten stärker geschiefert wurden, tritt in den Sandsteinen keine Schieferung auf. Im mittleren Teil des Profils erscheint eine Reihe von Spezialfalten. Einige streichende Abschiebungen sind zu beobachten.

11. Zurück nach Hefel, der B 227 nach N ca. 250 m folgen und nach rechts abbiegen. Straße über Böbbeck bis zum Ortsteil Velbert-Bleiberg folgen. Dort über Stahl-Straße und Bleiberg-Straße in Richtung Langenberg bzw. Neviges. Etwa 350 m nach der Diakonie „Bleibergquelle" dem Fahrweg nach links zum Gehöft „Backhaus" folgen. Zu Fuß vom Gehöft nach SW zur Kuppe. Im aufgelassenen Steinbruch (r 75 620, h 89 960) ist der hier ca. 30 m mächtige Kohlenkalk erschlossen. Das Profil beginnt mit dem Richrather Kalk. Im Visé-Kohlenkalk sind mehrfach dicke Brekzien-Bänke (Kalk-Turbidite) eingeschaltet, von denen eine der tieferen erosiv in den unterlagernden Kalkstein hinuntergreift. Tuffit- und Hornstein-Lagen beginnen etwa 8,5 m über der Basis der Kalkstein-Folge.

12. Zurück zur Straße und weiter, die Bahngleise kreuzend, hinunter ins Tal, dort nach rechts in Richtung Neviges und nach ca. 550 m bei der Blockstelle Kuhlendahl unmittelbar hinter der Kreuzung mit der Bahn den Fahrweg nach rechts einbiegen und am Hardenberger Bach entlang bis Gehöft Nr. 325 fahren (s. Exkursionskarte D und Abb. 45). Der aufgelassene Steinbruch „Zippenhaus" (Naturdenkmal) südwestlich des Gehöftes an der westlichen Talseite (r 76 070, h 84 430) erschließt einen Spezialsattel (s. Abb. 46), dessen Achse mit ca. 30° nach NE abtaucht (s. S. 106). Der Südostflügel des Sattels ist an einer schichtparallen Störung um einen geringen Betrag aufgeschoben.

Das Profil beginnt im Sattelkern mit 4,50 m mächtigen, weichen, bituminösen

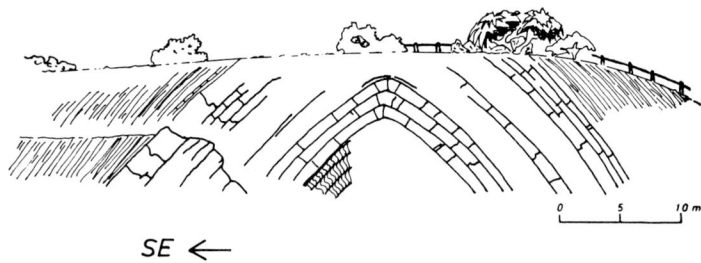

Abb. 46. Aufschlußskizze des ehemaligen Steinbruches südlich Zippenhaus. Im Kern des Kohlenkalk-Sattels erscheinen die geschieferten Zwischenschiefer, auf den Sattelflügeln die ungeschieferten Hangenden Alaunschiefer.

VI. Raum Velbert

Tonschiefern (Zwischenschiefer = Tn 2, s. Tab. 3), die stellenweise einen gewissen Alaun- und Pyrit-Gehalt zeigen. Darüber folgt der ca. 90 cm mächtige Richrather Kalk, über dem feinspätige Kalksteine (ca. 50 cm) mit Pyrit-Anreicherungen liegen. Die Gesamtmächtigkeit des Visé-Kohlenkalkes beträgt 22 m. Wiederholt sind grobbrekziöse Bänke (Riffschutt-Ströme) eingeschaltet (s. S. 54). Erosionsrinnen kommen gelegentlich vor. Drei Tuffit-Lagen treten auf, die unterste liegt etwa 12 m über der Basis der Kalkstein-Folge. Über der höchsten crinoidenreichen Bank des Kohlenkalkes beginnt das dem cu III angehörende, ca. 5 m mächtige Verzahnungsprofil zum Kulm („couches de passage"). In schwarze Alaun- und Tonschiefer sowie Lydite sind mehrfach Kalkstein-Bänke eingeschaltet, die im unteren Teil der Folge teilweise noch gradierte Schichtung (Kalk-Turbidite) aufweisen. Darüber folgen die Hangenden Alaunschiefer mit einzelnen Lydit-Bänken und dann Posidonienschiefer mit *Posidonia becheri* BRONN im unteren Teil sowie mit *Posidonia corrugata* ETHERIDGE und *P. membranacea* MACCOY, welche auf die Grenze Unter-/Ober-Karbon hinweist, im oberen Teil etwa 5 m über der höchsten Kalkstein-Bank der Übergangsschichten.

Die Tonschiefer unter dem Kohlenkalk sind noch intensiv geschiefert, dagegen blieben die hangenden Übergangsschichten und die Hangenden Alaunschiefer ungeschiefert (s. S. 100).

13. Zur Straße zurück und ca. 1 km nach S bis zur Kreuzung der Straßen Langenberg–Wuppertal/Velbert–Neviges, dort Straße nach rechts in Richtung Velbert ca. 200 m fahren. Dem nördlich der Straße nach E spitzwinklig abzweigenden Fußweg ca. 30 m folgen. Im östlichen Bereich des kleinen aufgelassenen, stark überwachsenen Steinbruches, nördlich des Weges, findet man in den NW-fallenden, karbonatischen, sandstreifigen Schluffsteinen der höheren Velberter Schichten neben Brachiopoden in kalkschaliger Erhaltung verschiedentlich die Trilobiten-Arten *Pseudowaribole* cf. *conifera* (R. & E. RICHTER) und *Phacops* sp. (HAHN & RICHTER 1975).

14. Zur Straße zurück und zum Ortsanfang von Velbert-Neviges. Gegenüber von Schloß Hardenberg (r 78 200, h 87 650) erschließt die linke Böschung auf längere Erstreckung blaugraue, stark sandige Velberter Schichten mit einer verschwommenen Bändertextur. Die Schichten fallen unter wechselndem Winkel steil nach NW ein. Es handelt sich um den Nordflügel eines Spezialsattels erster Ordnung, dessen Südflügel im Zentrum von Neviges liegt. Die Schieferung fällt im N des Aufschlusses mit 75° nach SE ein, wird dann saiger und hat im S ein steiles N-Fallen. Die δ-Lineare zeigen von N nach S verschiedene Raumlagen. Bei der Unteren Lohmühle schieben sie mit 30° nach NE ein, während sie im S des Aufschlusses fast horizontal liegen. Somit weicht auch hier das Streichen der Schieferung von demjenigen der Achsenfläche des Spezialsattels ab (s. S. 105).

In Neviges kurz hinter dem Bahnhof in die Straße „Auf der Beek" nach links einbiegen und bis hinter die Bahn-Unterführung beim ehemaligen Güterbahnhof fahren. Der Steinbruch (r 76000, h 87120) zeigt, wie eine härtere, nicht deformierbare Bank innerhalb der intensiv geschieferten Velberter Schichten verschuppt wurde. Der Verkürzungsbetrag durch die innere Deformation beim Schieferungsprozeß läßt sich mit etwa 18 % berechnen.

15. Von Neviges der Straße nach SE in Richtung Wuppertal-Barmen folgen. Ca. 370 m nach Überqueren der Bahn liegt gegenüber dem Parkplatz der Gast-

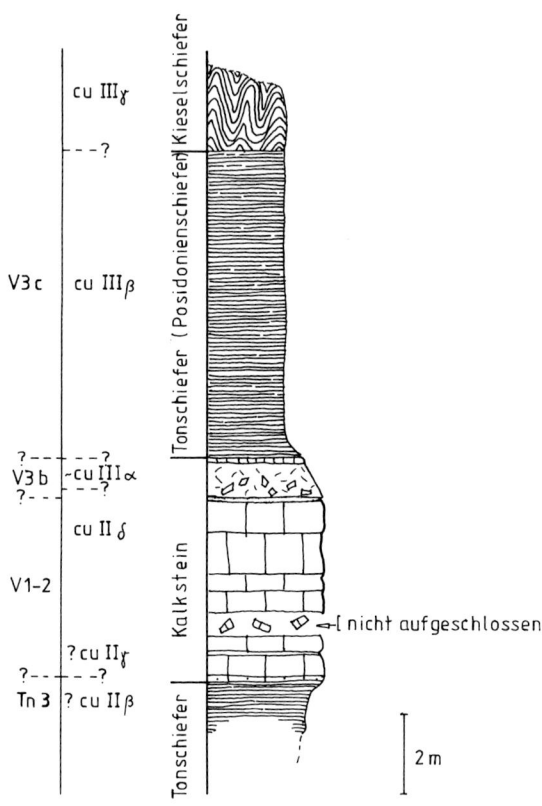

Abb. 47. Die Schichtenfolge im aufgelassenen Steinbruch an der ehemaligen „Kopfstation" Neviges n. BÖTH et al. (1979).

stätte „Haus Sondermann" im Wäldchen ein aufgelassener Steinbruch an der ehemaligen „Kopfstation" (r 78210, h 86130, s. Exkursionskarte D u. Abb. 45).

Etwas nördlich von diesem beginnt das Profil an der stark überwachsenen Straßenböschung mit dem höchsten Teil der Velberter Schichten („Etroeungt") in Form stark geschieferter, blaugrauer, stellenweise kalkiger und sandiger Tonschiefer, die mit 55° nach E einfallen. In ihnen ist (ca. 20 m unter der Basis des Kohlenkalkes) eine ca. 50 cm mächtige Kalkstein-Bank entwickelt. Nach rechts zum Hangenden folgen sandige Tonschiefer, die gut gebankt sind und (schon im Steinbruch) mit einer ca. 50 cm dicken Kalkstein-Bank abschließen, welche in die obere *Gattendorfia*-Stufe (cu I, s. Tab. 3) gehört. Nach schlecht erschlossenen Tonschiefern (cu II$\alpha-\beta$) erscheint eine ca. 5 m mächtige, nur unvollständig aufgeschlossene Folge knolliger Kalksteine, deren unterer Teil dem Richrather Kalk (cu IIβ/γ) entspricht (s. Abb. 47). Über dem Kohlenkalk, dessen oberste Bänke in das V 2 (= cu IIδ gehören (s. Tab. 3), folgen Ton- und Kieselschiefer der Kulm-Fazies, die hier demnach tiefer als bei Zippenhaus einsetzt. An ihrer Basis tritt eine ca. 90 cm mächtige, gradiert geschichtete brekziöse Kalkstein-Bank (Kalk-Turbidit) auf, die Foraminiferen des V 3 b führt (PAPROTH et al. 1973:77). Die Kulm-Folge ist zunächst sehr sandig und reich an *Posidonia becheri* BRONN und wird dann kieselschieferreicher. In diesem Teil findet man hin und wieder *Posidonia trapezoedra* (RUPPRECHT). Er geht nach mehreren Metern in Tonschiefer über (rechte Steinbruch-Wand), die Goniatiten des cu IIIβ führen. Es schließen sich Kieselschiefer (cu IIIγ) an, die einen intensiven disharmonischen Kleinfaltenbau zeigen.

Zurück nach Velbert-Neviges und Übernachtung dort.

VII. Raum Essen-Kupferdreh–Essen-Heisingen

Stratigraphie, Tektonik und Sedimentologie des flözleeren und flözführenden Ober-Karbon im Steinkohlen-Gebirge nördlich des östlichen Velberter Großsattels.

Geologische Karten: Blätter 1: 25000 Velbert 2650 und Essen 4508 sowie Exkursionskarten E und F.

Topographische Karten: Blätter 1: 25000 Velbert 4608 und Essen 4508.

Fahrtstrecke: Velbert-Neviges – Velbert-Langenberg – Essen-Kupferdreh – Essen-Heisingen – Essen-Kupferdreh – Essen-Werden (ca. 45 km, Dauer: 1 Tag).

1. Von Velbert-Neviges in Richtung Velbert-Langenberg. Nördlich der ehemaligen Brauerei „Zassenhaus" an der Kuhlendahler Straße Nr. 390 (r 76580, h

89 940) in Dresberg erkennt man an der östlichen Talseite überkippte Kleinfalten in den Arnsberger Schichten. Die Faltenart ist für diese Schichtenfolge typisch. Zu Fuß etwa 200 m nach N. An der rechten Böschung tritt eine ca. 1,5 m dicke Grauwacken-Bank auf, die eine kugelschalenförmige Verwitterung zeigt. Das Abplatzen der einzelnen „Schalen" wird durch LIESEGANGsche Fällungsringe vorgezeichnet. Der Kern der „Kugeln" ist oft noch unverwittert-frisch (RICHTER 1972: 232).

2. Weiter nach Velbert-Langenberg zur Heegerstraße. Kurz vor der Heegerbrücke über den Deilbach (r 78 750, h 92 950) ist an der linken Böschung in den Hagener Schichten die Abscherung einer Grauwacken-Bank und ihre Überschiebung über Schiefertone zu beobachten. Unter der Überschiebungsfläche zeigen sich verschiedentlich lebhafte Kleinfalten- und Spezialbewegungsbilder. Auch 200 m nördlich der Brücke gegenüber dem Ende der Fabrik kann man unter einer Grauwacken-Bank mit ruhiger Lagerung einen stärkeren Kleinfaltenbau beobachten.

Im südlichen Aufschluß sind in einer Grauwacken-Bank Ballen- und Kissenstrukturen (RICHTER 1971 a: 11) entwickelt.

3. Im Ortsteil Nierenhof von Velbert-Langenberg nach links in Richtung Velbert abbiegen und nach Kreuzen der Bahnstrecke nach rechts in den „Ziegeleiweg" einbiegen und bis zu dessen Ende fahren. Dort sind links des Weges in einem kleinen übriggebliebenen Teil (r 78 125, h 94 110) des ehemaligen Ziegeleisteinbruches „Klotz" die Vorhaller Schichten im Stockumer Hauptsattel erschlossen. Sie bestehen aus steil S-fallenden Schiefertonen und Grauwacken. Die Unterseiten einiger Grauwacken-Bänke zeigen Strömungskolkmarken (flute casts) und Belastungsmarken (load casts) sowie post-deposionale Grab- und Wühlgefüge (Bioturbation).

4. Zurück zur Hauptstraße nach Essen-Kupferdreh (Kohlenstraße) und dieser nach NW folgen. Der aufgelassene Steinbruch nordöstlich der ehemaligen Zeche „Victoria" (r 77 720, h 95 100) erschließt den Wasserbank-Sandstein. Die Sandstein-Bänke sind hier besonders reich an Driftholz von Sigillarien und *Lepidodendron*. Im Bergemittel des über der Sandstein-Folge liegenden Flözes Wasserbank 1 erkennt man einen kleinen Stubben, welcher dem überschwemmten Moorwald der Unterbank angehört. Die Schiefertone im Hangenden des Flözes führen *Mariopteris acuta* BRONGN., *Nemopteris schlehani* STUR. und *Mesocalamites cistiiformis* STUR.

5. Zurück zur Straße und weiter in Richtung Essen-Kupferdreh. In der großen Rechtskurve vor Essen-Kupferdreh (r 76 060, h 94 740) ist der Finefrau-Sandstein (Untere Wittener Schichten) an der rechten Böschung, teilweise stärker überwachsen, erschlossen (s. Abb. 48).

VII. Raum Essen-Kupferdreh – Essen-Heisingen

6. Weiter nach Essen-Kupferdreh. Dort der Hauptstraße in Richtung Stadtmitte folgen und nach Überqueren der Bahngleise die Prinz-Friedrich-Straße bis kurz vor die Zementfabrik fahren. Hier ist am Fuß des Phönix-Berges an der linken Böschung (r 75140, h 95480) ein Teil der Girondelle-Gruppe (Obere Wittener Schichten) mit einem Toneisenstein-Konglomerat aufgeschlossen. Die Toneisenstein-Gerölle waren zur Zeit ihrer Ablagerung diagenetisch noch nicht völlig verfestigt; mitunter schmiegt sich ein Geröll um ein anderes herum (TEICHMÜLLER 1955). Sie wurden von einem Fluß abgesetzt, der in seinem Unterlauf Sedimente erodierte, die kurz zuvor abgelagert worden waren.

7. Über die Prinz-Friedrich-Straße zurück und weiter über die Kampmann-Brücke, unmittelbar dahinter nach links zum Naturdenkmal „Geologische Wand" (r 74880, h 96480) in Essen-Heisingen abbiegen (s. Abb. 48). Trotz parkartiger Gestaltung der Umgebung führen der starke Bewuchs sowie die Folgen der Verwitterung zu einem starken Verfall der Felswand. Der interessanteste Abschnitt wurde 1980 auf 200 m Länge freigelegt. Ein neu angelegter Pfad führt unterhalb der Wand entlang. Dort sind drei große Erläuterungstafeln aufgestellt.

Die „Geologische Wand" erschließt die Bochumer Schichten vom Flöz Dünnebank im Kern des Nöckersberger Sattels bis zum Flöz Helene (s. Exkursions-

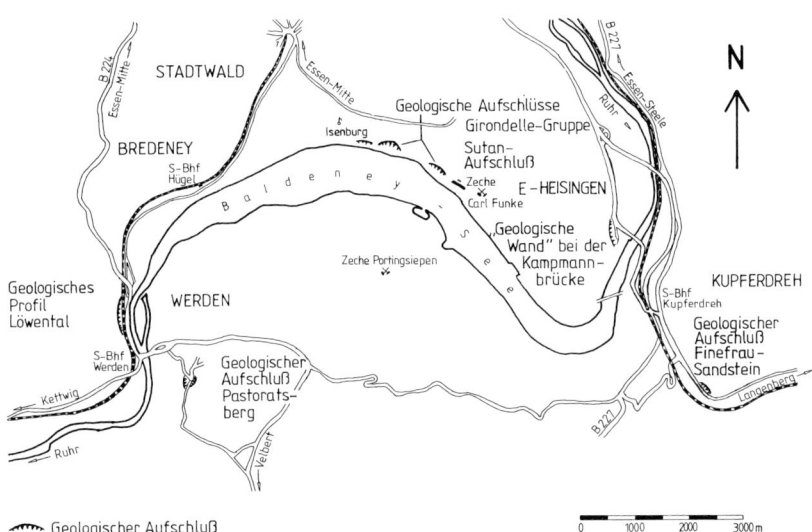

Abb. 48. Die geologischen Aufschlüsse im Bereich des Baldeney-Sees.

160 Exkursionen

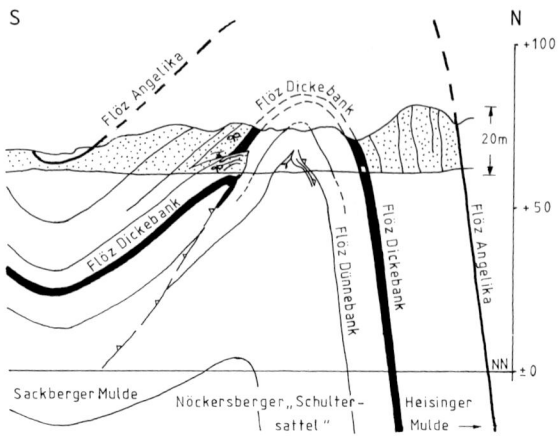

Abb. 49. Geologisches Profil durch den südvergenten Nöckersberger Sattel an der „Geologischen Wand" bei der Kampmann-Brücke in Essen-Heisingen n. BRAUCKMANN et al. (1993). Auf dem Südflügel des Schultersattels tritt eine südvergente abschiebende Überschiebung auf.

karte E sowie Abb. 49 u. 50). In dieser fast 100 m mächtigen Schichtenfolge liegen sechs Flöze: Dünnebank, Dickebank, Angelika, Karoline, Luise und Helene. Sie zeigt mehrfach den für das Ruhr-Karbon typischen Sedimentationsrhythmus (Zyklotheme, s. S. 68 f.). So wird das nicht bauwürdige Flöz Dünnebank (0,33 m) von einem knapp 1,45 m mächtigen Wurzelboden unterlagert. Über dem Flöz folgen dunkle Schiefertone, die zahlreiche Lagen mit Toneisensteinen führen, die überwiegend herausgewittert sind. Sie werden zum Hangenden zunehmend sandiger, und es entwickeln sich daraus feingeschichtete Schluff- bis Feinsandsteine, die schließlich in mittel- und gröberkörnige Sandsteine übergehen. Damit endet das rezessive Hemizyklothem (s. S. 68). Die Mächtigkeit dieser Sandstein-Folge schwillt von 60 cm auf dem Südflügel des Nöckersberger Sattels auf 4 m im Bereich seines Nordflügels an.

Über einem nur wenige Dezimeter mächtigen Wurzelboden folgt Flöz Dickebank. Es wird durch ein Bergemittel in die mächtigere Unterbank (1,70 m) und die dünnere Oberbank (0,30 m) geteilt. Das Flöz wurde hier früh durch Stollenbetrieb abgebaut; das Mundloch des Stollens „Voßhege" ist noch vorhanden. Über dem Flöz folgen schluffige Schiefertone (60 cm), deren unterer Teil reichlich Reste von Pflanzen (Calamiten, *Lepidodendron* und Sigillarien) führt. Darüber liegt eine weithin im Ruhrgebiet entwickelte Sandstein-Folge, der Dickebank-

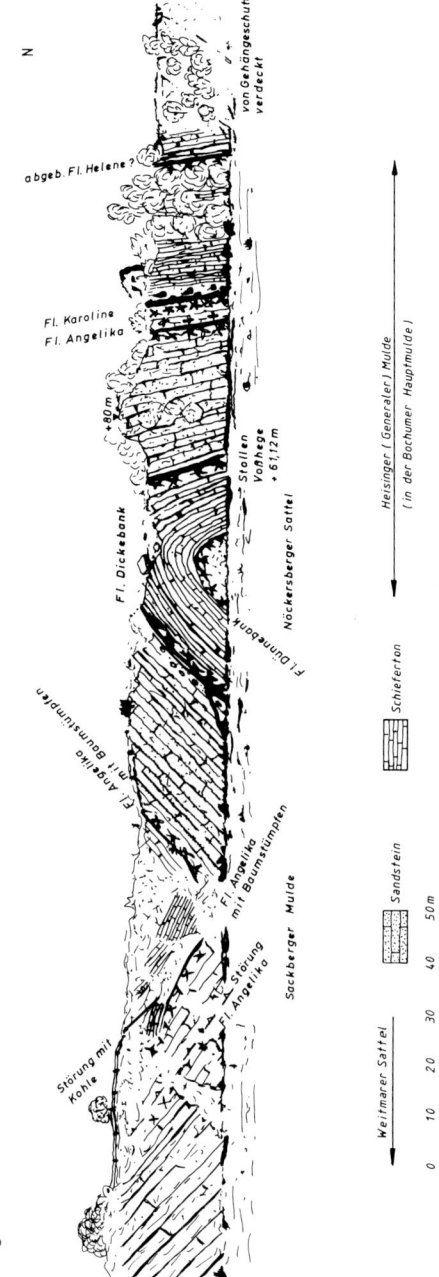

Abb. 50. Ansichtsprofil des Naturdenkmals „Geologische Wand" bei der Kampmann-Brücke in Essen-Heisingen.

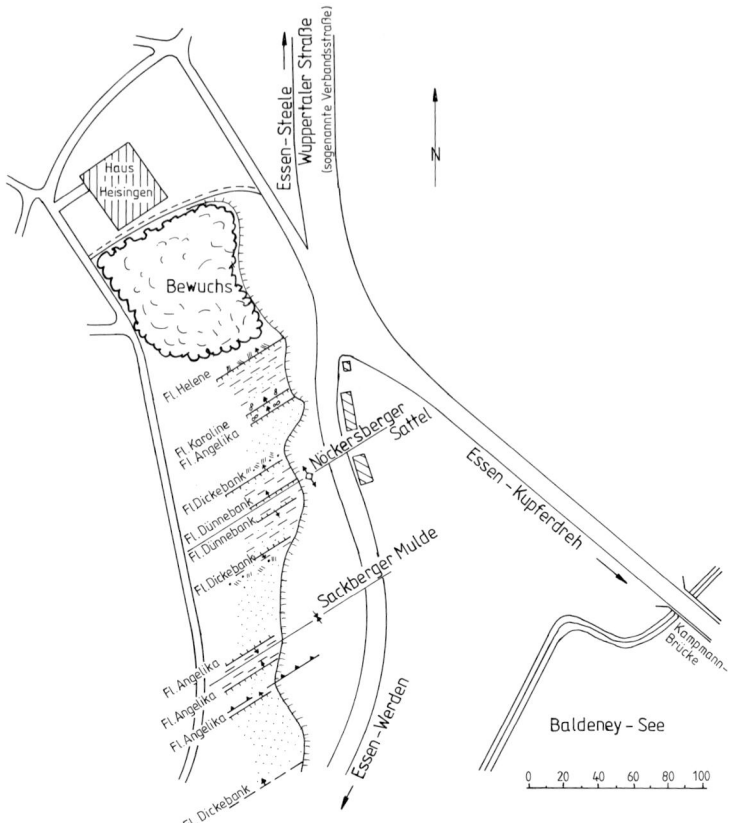

Exkursionskarte E. Grundrißliche Skizze der „Geologischen Wand" bei der Kampmann-Brücke in Essen-Heisingen.

Sandstein. Sie enthält im unteren Teil stellenweise Toneisenstein-Konglomerate. Die Mächtigkeit der aus meist schräggeschichteten, teilweise sehr dicken Sandstein-Bänken bestehenden Folge nimmt vom 30 m im S auf 22 m im N des Aufschlußbereiches ab. In verschiedenen Horizonten liegen bis mehrere Meter lange Drifthölzer, deren versteinerte Reste gelegentlich in Strömungsrichtung eingeregelt sind. Kreuzschichtung belegt zeitweise in der Richtung wechselnde Paläo-Wasserströmungen im fluviatilen Bereich. Ocker- bis rostbraune Ringe

VII. Raum Essen-Kupferdreh — Essen-Heisingen

verdanken ihre Bildung der jungen Verwitterung. Die Niederschlagswässer drangen in die porösen Sandstein-Bänke ein und lösten Eisen-Verbindungen auf, die sich in konzentrischen Ausfällungsringen wieder abschieden. Gelegentlich kam es auch zu kugelschalenförmigen Abplatzungen entlang dieser Ringe (s. S. 158).

Über dem Dickebank-Sandstein folgt ein 1,65 m mächtiger Wurzelboden; darüber liegt Flöz Angelika. Dieser Wurzelboden führt Toneisensteine mit Pflanzenresten (RÖSCHMANN 1962). Die über dem Flöz folgenden Schiefertone sind auf den beiden Sattelflanken faziell unterschiedlich entwickelt. Während sich im N nur schichtig eingeregelte Pflanzenreste (Reste von *Sphenopteris frankiana* GOTHAN und Calamiten) auftreten, führt der gleiche Horizont im Bereich der Sackberger Spezialmulde aufrechtstehende Baumstämme von Sigillarien (KLUSEMANN & TEICHMÜLLER 1954). Reste von Stubben sind noch heute vorhanden, jedoch bereitet ihre Freilegung und Konservierung wegen der starken Brüchigkeit des Gesteins große Schwierigkeiten.

Die jüngeren Schichten über dem Stubben-Horizont sind nur auf dem saiger stehenden Nordflügel des Nöckersberger Sattels aufgeschlossen. Zwischen Flöz Angelika und den hier wahrscheinlich gescharten unreinen Flözen Karoline und Luise ist eine ca. 4,08 m mächtige Schieferton-Folge mit zahlreichen Toneisenstein-Lagen entwickelt. Im oberen Teil erscheint ein 10 cm dicker Wurzelboden.

Über dem Flöz Karoline tritt ein Horizont mit Steinkernen nichtmariner Muscheln teilweise in doppelklappiger Erhaltung auf, die zu einer *Carbonicola communis-obliqua*-Gesellschaft gehören (PAPROTH 1955). Das Hangende besteht aus einer Wechselfolge von Schluffsteinen und Schiefertonen (ca. 1,40 m); es schließt sich ein 3 m mächtiges Sandstein-Paket an. Die Sandstein-Bänke sind teilweise deutlich schräg geschichtet. Etwa 4 m darüber folgen ein weiteres 3 m mächtiges Sandstein-Paket, dann eine 25 m mächtige Folge von Ton- und Schluffsteinen sowie Sandsteinen im höheren Teil. Das sich anschließende Flöz Helene wurde oberflächennah abgebaut. Der Sandstein darüber markiert das nördliche Ende des Profils. Er führt zahlreiche Drifthölzer.

Der Nöckersberger Sattel bildet einen Schultersattel (s. S. 111) auf dem Südflügel der tief eingefalteten Heisinger Mulde. Er zeigt NW-Vergenz, daher fallen die Schichten auf seinem Nordflügel wesentlich steiler ein (80—85°) als auf seinem Südflügel (35—55°). Im Kern des Sattels wird das Flöz Dünnebank in der Sattelfirste durch nordwestwärts gerichtete Aufschiebungen versetzt. Auf dem Nordflügel erscheint das Flöz Dünnebank dreimal, was durch südwärts zur Sattelfirste gerichtete Aufschiebungen bedingt wird (MEYER 1981). Auf dem Südflügel erkennt man eine Überschiebung mit abschiebendem Bewegungssinn. Sie setzt im Liegenden von Flöz Dickebank unvermittelt an und läuft nach einigen

Metern im Sandstein über Flöz Dickebank wieder aus. Auf der Störungsfläche belegen steile, eingerollte Schichten die abschiebende Bewegung, die zu einer Verdoppelung des Driftholz führenden Sandsteins im Hangenden von Flöz Dikkebank führte.

8. Durch Heisingen über die Bahnhof-Straße zur „Lanfermannfähre", dort rechts abbiegen und entlang des Baldeney-Sees bis zur Freiherr-von-Stein-Straße fahren. Zu Fuß den Gleisen nach rechts ca. 120 m bis zum Holz-Stapelplatz der stillgelegten Zeche „Carl Funke" (r 72860, h 97290) folgen (s. Abb. 48). Hier ist die Sutan-Überschiebung auf der Südflanke des Wattenscheider Hauptsattels erschlossen, an der Untere Wittener Schichten (Mausegatt-Gruppe) mit Sandsteinen und sandigen Schiefertonen über weniger sandige Gesteine der Oberen Wittener Schichten (Girondelle-Gruppe) um einen Betrag von 1300 m nach NW geschoben wurden (s. Abb. 31 c). Die Sutan-Überschiebungszone ist etwa 1,5 m bis 2 m breit und fällt mit ca. 50° nach SE ein (s. Abb. 51). Angesichts der relativ großen Schubweite von 1300 m ist die Breite der Störungszone also nur gering. Diese für die Überschiebungen im Ruhrkarbon typische Ausbildung einer schmalen Störungszone steht im deutlichen Gegensatz zu den breiteren Störungszonen von Abschiebungen.

Man erkennt eine Reihe von Bewegungsflächen mit verschiedenem Richtungssinn, die mehr oder weniger zerriebene Gesteinsfetzen einschließen. Die Hangendscholle zeigt ein ziemlich regelmäßiges Einfallen von 38–40°; sie stößt also winkelig gegen den Sutan ab. In der Liegendscholle tritt ein komplizierter Klein-

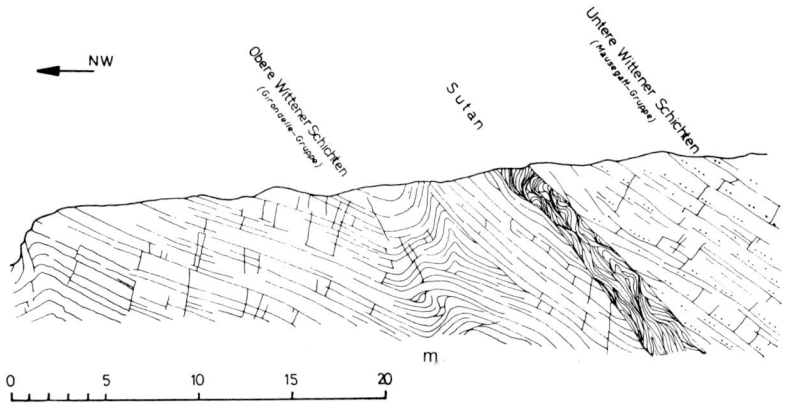

Abb. 51. Aufschluß der Sutan-Überschiebung auf dem Holz-Stapelplatz der stillgelegten Schachtanlage „Carl Funke".

VII. Raum Essen-Kupferdreh – Essen-Heisingen

faltenbau auf, mit teilweise disharmonischen Formen sowie vielen tektonischen Trennflächen und kleinen Störungen. Die Spezialfalten weisen in ihren Faltenkernen eine vielfältige Überschiebungstektonik auf, die zur Lösung der Raumprobleme bei der Biegegleitfaltung führte. Der Sattel unmittelbar unter der Überschiebungsfläche (s. Abb. 52a) zeigt das komplizierte Miteinander von Falten- und Überschiebungstektonik. Im unteren Teil des Aufschlusses entsteht aus einer flachen Verbiegung in etwa 2 m Höhe ein leicht kofferförmiger N-vergenter Sattel mit steilem Nordwestflügel. In der darunter folgenden Spezialmulde ist eine liegende Falte mit 10° flach nach NW einfallender Achsenfläche entwickelt. Derartige Strukturen sind sehr selten; in der Regel treten im Ruhr-Karbon nur aufrechte Falten mit leicht NW- oder SE-vergenten Achsenflächen auf.

Der leicht kofferförmige Sattel klingt zum Hangenden hin allmählich aus, und es entwickelt sich ca. 1 m südlich aus einer Fischschwanz-Struktur ein neues

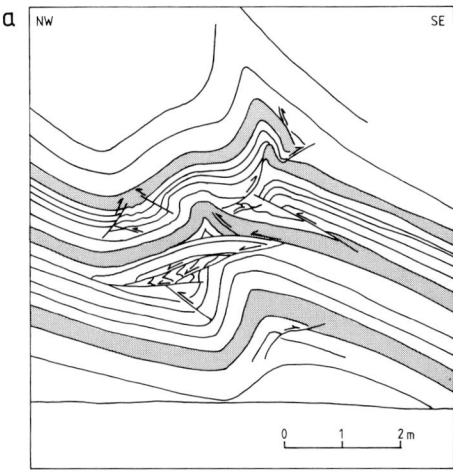

Abb. 52. Strukturschema der Spezialfaltung unter der Sutan-Überschiebung n. BRAUCKMANN et al. (1993).
a: Spezialsattel unmittelbar unter der Überschiebungsfläche.
b: Spezialsattel ca. 20 m nordwestlich des in Abb. 52a dargestellten Sattels.

Sattelelement. Das Störungsmuster wird von drei übereinander angeordneten Überschiebungen aufgebaut, die jeweils entgegengesetzt einfallen. Die mittlere, S-vergente Überschiebung ist mitgefaltet. Die nördlich des Sattels mit 20° einfallenden Schichten sind auffällig ruhig gelagert und frei von Überschiebungen. Etwa 20 m nordwestlich tritt ein weiterer Sattel auf (s. Abb. 52b), der von zahlreichen, meist in Form von Fischschwanz-Strukturen angeordnete Störungen geprägt ist. Die beiden im Sattelkern gelegenen „Fischschwänze" sind jeweils aus zwei parallelen Überschiebungen zusammengesetzt. Auf dem Südostflügel ist eine staffelartig-fiedrig ausgebildete Überschiebung entwickelt. Wiederholt läßt sich der Übergang der antithetischen Störung in eine Flexur und umgekehrt beobachten. Insgesamt gesehen haben S-vergente Überschiebungen die Vormacht. Das ist um so bemerkenswerter, als der Faltenbau deutlich N-vergent ist.

Die Schichten über der Überschiebung gehören einer Kofferfalte an. Ihre Achsenfläche zeigt die gleiche Raumlage wie die Achsenflächen der unter der Störungsfläche vorhandenen Spezialfalten. Dies beweist die Gleichzeitigkeit von Faltungs- und Überschiebungsvorgang (s. S. 99).

Verschiedene Sandstein-Bänke in den Unteren Wittener Schichten zeigen Belastungsmarken (load casts), Schrägschichtung und das Auskeilen einzelner Lagen.

9. Zurück zur Straße und dieser 650 m nach NW folgen (letztes gesperrtes Stück zu Fuß). Im aufgelassenen Steinbruch (r 72350, h 97550) rechts oberhalb der Straße ist im Kern des Morgenröther Sattels eine knapp 20 m mächtige Folge aus dem tieferen Teil der Girondelle-Gruppe in relativ flacher Lagerung erschlossen. Die unten dickbankigen grobkörnigen Sandsteine gehen zum Hangenden hin in feinerkörnige Sandsteine und in Schluffsteine über. Die höchsten Teile der fluviatilen Sandsteine zeigen braunverwitterte karbonatische Linsen. Die tonigen Schichten darüber, die wahrscheinlich Altwasser-Bildungen sind, führen verschiedentlich Kohlenschmitzen und -flözchen mit Wurzelböden. Diese deuten daraufhin, daß sich kleinere Moore bald hier, bald da auf den trockengefallenen fluviatilen bzw. ästuarinen Sandflächen bildeten.

10. Fahrt von Heisingen über die Heisinger Straße und Frankenstraße zur B 224 und auf dieser nach S in Richtung Essen-Werden. Kurz vor Werden hinter der Haltestelle „Löwental" in die Abzweigung rechts (nicht in die folgende, zum Baldeney-See führende) einbiegen und der alten Straße ca. 200 m folgen (s. Abb. 48). Zu Fuß zum stillgelegten Abschnitt der ehemaligen B 224 an der westlichen Talseite der Ruhr. Ein ca. 400 m langes Profil erstreckt sich bis zu einem kleinen Seitentälchen. Es beginnt im S in den Oberen Sprockhöveler Schichten (Namur C) mit dem Hauptflöz und endet im N mit den Unteren Wittener Schichten (Westfal A) im Flöz-Niveau von Kreftenscheer 2. Die älteren Schichten liegen im Kern des Heinricher Sattels im S, die jüngsten im Kern

VIII. Raum Essen-Werden — Kettwig — Mülheim

Heinricher Mulde im N. Da sich das Einfallen der Schichtenfolge auf dem Nordflügel des Heinricher Sattels allmählich bis zur Saigerstellung versteilt, läßt sich auf kurzer Entfernung ein umfangreiches Profil studieren.

Über dem Hauptflöz liegt eine ca. 40–50 m mächtige Schieferton- und Schluffstein-Folge, die von einer etwa 25 m mächtigen sandsteinreichen Wechselfolge überlagert wird. Über Flöz Schieferbank, das mit Wurzelboden aufgeschlossen ist, folgen 50 m mächtige Ton- und Schluffsteine sowie 12 m Sandsteine im Liegenden von Flöz Sarnsbank 1. Flöz Sarnsbank 2 zeigt im Hangenden einen Pflanzen-Horizont. Darüber liegen eine über 60 m mächtige Folge von Schiefertonen und Schluffsteinen sowie 35 m Sandsteine unter Flöz Mausegatt, über dem weitere Sandsteine bis zum Flöz Kreftenscheer 1 folgen.

Sedimentationsrhythmen (Zyklotheme) lassen sich in diesem Profil mehrfach beobachten.

Markante Schichtrippen bildet der Sandstein im Hangenden vom Hauptflöz (steile Felswand im südlichen Profilteil) sowie der Sandstein im Liegenden des Flözes Sarnsbank 1 und die Sandstein-Pakete im Liegenden und Hangenden des Flözes Mausegatt im N. Sie wurden früher als „Ruhr-Sandsteine" in mehreren Brüchen abgebaut. Vom intensiven Bergbau in diesem Bereich künden die Überreste alter Stollen (Mundloch von Freudenberg bei Flöz Hauptflöz, Mundloch von Mühle bei Flöz Sarnsbank). Gut aufgeschlossen ist nur Flöz Schieferbank (ca. 0,34 m).

Zurück und weiter nach Essen-Werden und Übernachtung dort.

VIII. Raum Essen-Werden–Kettwig–Mülheim

Stratigraphie und Tektonik des flözleeren und flözführenden Ober-Karbon im Steinkohlen-Gebirge nördlich des westlichen Velberter Großsattels; Oberkreide-Transgression am Kassenberg bei Mülheim; Tertiär bei Ratingen-Breitscheid.

Geologische Karten: Blätter 1 : 25 000 Velbert 2650, Kettwig 2649 und Mülheim 4507.
Topographische Karten: Blätter 1 : 25 000 Velbert 4608, Heiligenhaus 4607 und Mülheim 4507.
Fahrtstrecke: Essen-Werden – Kettwig – Kettwig vor der Brücke – Walkmühle – Kettwig vor der Brücke – Ratingen-Breitscheid – Mülheim-Broich – Kettwig – Essen-Werden (ca. 45 km, Dauer: 1 Tag).
1. Bei der Hinauffahrt von Essen-Werden zum Pastoratsberg liegt an der Ecke Klemensborn und Albermann-Straße ein kleiner aufgelassener Steinbruch

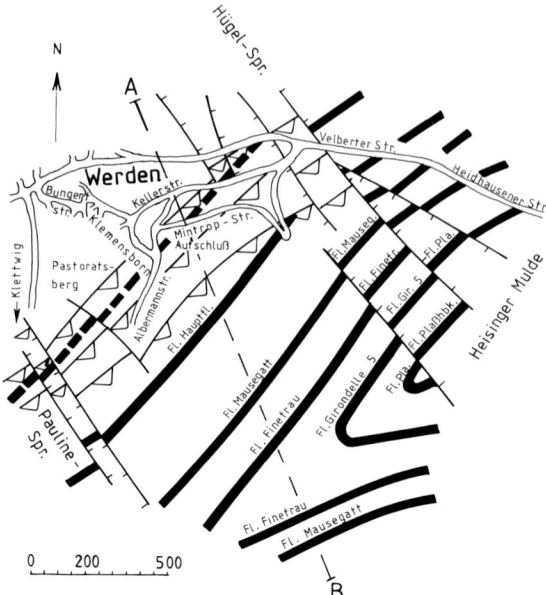

Abb. 53. Tektonische Karte der Umgebung des Pastoratsberges südöstlich von Essen-Werden.

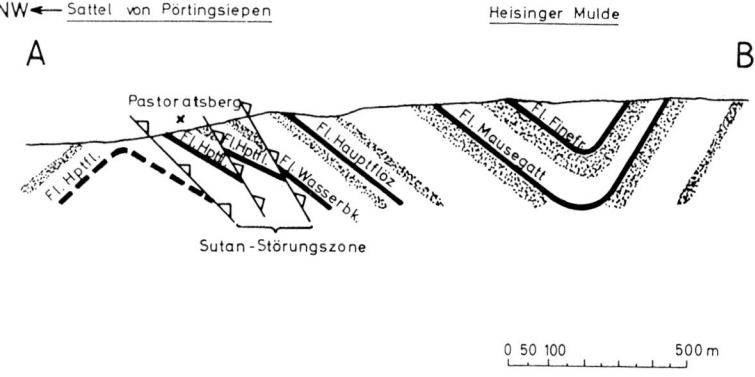

Abb. 54. Die tektonischen Verhältnisse der Sprockhöveler Schichten im Gebiet von Essen-Werden. Die Profil-Linie befindet sich auf Abb. 53.

VIII. Raum Essen-Werden – Kettwig – Mülheim 169

(r 70140, h 94950), der als Naturdenkmal geschützt ist. Er erschließt eine Gesteinsfolge zwischen den Flözen Hauptflöz und Schieferbank der Sprockhöveler Schichten auf dem Nordflügel der Heisinger Mulde (s. Abb. 53 u. 54). Dieser Bereich wird in streichender Richtung von einer Zone mehrerer Aufschiebungen durchzogen, die als Fortsetzung des Sutans gelten. Auch hier tritt unter dieser Störungszone ein lebhafter Spezialfaltenbau auf (s. Exkursion VII, Aufschluß 8). Der Aufschluß zeigt von NW nach SE eine stehende Mulde als Rundfalte (s. Abb. 55). Es schließt sich ein stehender Sattel an, dessen unterer Teil als Rundfalte und dessen oberer Teil durch Abscherung als Spitzfalte ausgebildet ist. Der Sattel wandelt sich zum hinteren Steinbruchsbereich in einen Koffersattel um. Den Abschluß des Profils bildet eine S-vergente Koffermulde. Der vordere Sattel zeigt auf seiner Südflanke deutliche Bewegungsstreifen, die durch die schichtparallele Gleitung der einzelnen Bänke übereinander beim Faltungsprozeß entstanden sind. Wenn man mit der Hand in der Längsrichtung über sie fährt, fühlt man in Richtung zum Sattelhöchsten hin eine deutliche Glättung und in der Gegenrichtung eine Aufrauhung, so daß man daran die ehemalige Bewegungsrichtung der Hangendschichten zum Sattelfirst feststellen kann.

In der Mitte des Sattel-Südflügels tritt beiderseits einer größeren Kluft ein Schwarm kleinerer, mit Quarz gefüllter ac-Klüfte auf. Ferner erkennt man, daß der Kern des oberen Spitzsattels stark zerquetscht ist und wie schichtparallele Gleitungen des Sattel-Südflügels in diese Zone einmünden und zu fast senkrecht einfallenden Störungen werden.

Im Aufschluß herrschen S-vergente Überschiebungen vor. Am auffälligsten ist eine mitgefaltete Überschiebung die trotz ihrer geringen Verschiebungsweite beide Spezialsättel durchquert. Sie beginnt in der nördlichen Spitzmulde, wo

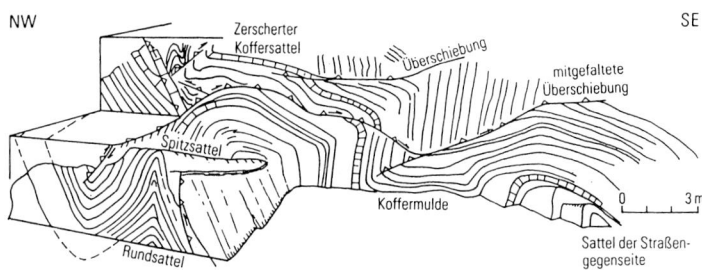

Abb. 55. Dreidimensionale Darstellung des Aufschlusses am Pastoratsberg in Essen-Werden n. BRAUCKMANN et al. (1993).

an der Aufschlußrückwand im Hangenden der Störung intensive Kleinfaltung im Dezimeterbereich auftritt. Die mitgefaltete Überschiebung zeigt, daß die Mitfaltung nicht nur auf die großen Überschiebungen und ebenso wenig auf N-vergente Überschiebungen beschränkt ist (s. S. 99).

Der im Aufschluß befindliche eiszeitliche Findling wurde hier zur Erinnerung an den berühmten Markscheider und Geophysiker LUDGER MINTROP (1880–1950), Begründer der angewandten Seismik, aufgestellt.

2. Über die Ruhr beim Bahnhof Essen-Werden und der Straße in Richtung Düsseldorf bis nach Kettwig folgen und dort zum Bahnhof. Dabei erscheinen an der rechten Talseite steil SE-fallende Sandsteine der Oberen Sprockhöveler Schichten unter Flöz Wasserbank, die hier den Südflügel des Sattels von Pörtingsiepen bilden. 30 m vor dem Bahnhof sieht man eine Störung (Kettwiger Abbruch), die Schichten westlich von ihr fallen nach NE ein.

3. Weiter und über die Ruhr in Richtung Heiligenhaus. In „Kettwig vor der Brücke" ist an der Gabelung der Heiligenhauser Straße und August-Thyssen-Straße im Garten des Gasthofes „Alt Bergschen" (r 64 805, h 91 630) eine NW-vergente Kleinmulde von 10 m Spannweite in den Vorhaller Schichten aufgeschlossen. Die Schiefertone sind deutlich geschiefert (sf: 68°/75° SE).

4. Weiter in Richtung Heiligenhaus. An der Wegabzweigung der Frankfurter Straße gegenüber der Walkmühle (r 65 260, h 90 000) tritt ein stark überwachsener, stehender Sattel in den Arnsberger Schichten mit einer Spannweite von etwa 25 m auf.

5. Weiterfahrt ca. 500 m in Richtung Heiligenhaus. In dem aufgelassenen, stark überwachsenen Steinbruch links hinter einem Haus (r 65 700, h 89 780) wurden die Schiefertone und Quarzit-Bänke der Arnsberger Schichten durch schichtparallele Gleitungen zum Sattelfirst in komplizierter Weise gestaucht und kleingefaltet.

6. Zurück nach „Kettwig vor der Brücke" und auf der August-Thyssen-Straße weiter in Richtung Mülheim. Gegenüber von Schloß Hugenpoet tritt an der südlichen Straßenböschung (r 63 900, h 92 150) auf ca. 250 m vor und hinter der Abzweigung nach Ratingen ein stärker überwachsener, lebhafter Kleinfaltenbau in den Vorhaller Schichten auf. Etwa 800 m nordwestlich der Abzweigung nach Ratingen sind Spitzfalten und gelegentlich eine schwache Schieferung in den Vorhaller Schichten an der linken Böschung entwickelt.

7. Zurück zur Abzweigung und Weiterfahrt in Richtung Ratingen. Der B 227 nach rechts folgen, an der nächsten Kreuzung rechts in Richtung Ratingen-Breitscheid (B 227) abbiegen und bis vor die Autobahn fahren. Dort links in den Fahrweg „Hummelsbeck" einbiegen und diesem ca. 800 m bis zur Ziegeleigrube „Nelskamp" (r 59 950, h 84 860) folgen, in welcher der mittel-oligozäne

Ratinger Ton abgeziegelt wird. Er enthält Fossilreste und bis kopfgroße Kalkkonkretionen. Darüber liegt ca. 1 m mächtiger ober-oligozäner Meeressand.

8. Zurück und auf der B 227 über Ratingen-Breitscheid zur B 1 und dieser sowie weiter der B 223 bis Mülheim-Broich folgen. Gegenüber der Lederfabrik „Lindgens" in den Heuweg einbiegen und (mit Erlaubnis der Betriebsleitung: Dr. Rauen, Felsenstraße 32, Mülheim) in den großen aufgelassenen Steinbruch „Rauen" (r 60400, h 98500) am Kassenberg fahren. Der Bruch liegt im Muldenschluß der flach nach ENE abtauchenden Wiescher Mulde, einer Spezialmulde (s. Exkursionskarte F). Die Schichtenfolge gehört den Unteren Wittener Schichten im Liegenden von Flöz Mausegatt (s. Tab. 5) an (MALMSHEIMER 1968) und beginnt hier mit einem 20° E-fallenden, 25–30 m mächtigen, grob gebankten Werksandstein, dem dünne Schichten sandigen Schiefertons eingelagert sind (s. Abb. 56). Die Schichtung ist regelmäßig. Schräg- und Kreuzschichtung tritt auf. Verschiedentlich findet man Driftholz. Ein Kluftsystem mit 80° und senkrecht dazu streichenden Klüften ist deutlich ausgeprägt.

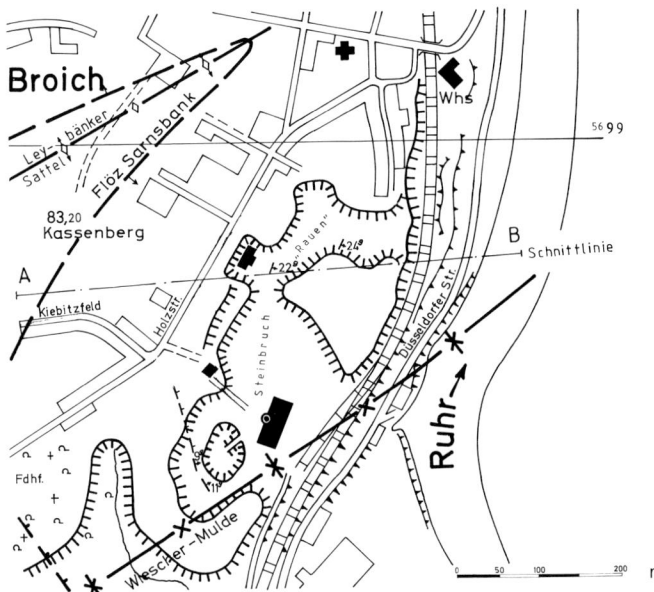

Exkursionskarte F. Grundrißliche Skizze des ehemaligen Steinbruches „Rauen" am Kassenberg in Mühlheim-Broich.

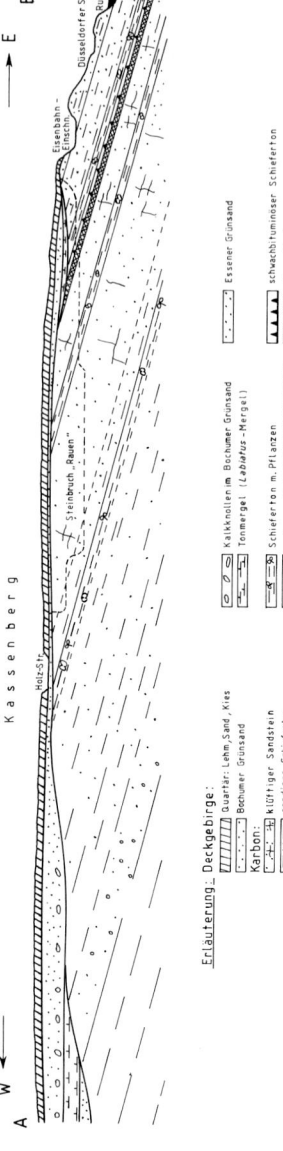

Abb. 56. Geologisches Profil durch den Kassenberg in Mülheim-Broich. Die Schnittlinie befindet sich auf Exkursionskarte F.

VIII. Raum Essen-Werden – Kettwig – Mülheim

Über dem Sandstein folgen 2–3 m mächtige reine bis schwachsandige, graue Schiefertone, die im unteren Teil Lagen von Toneisenstein bis 10 cm Dicke enthalten. Die ersten Dezimeter über dem Sandstein führen gelegentlich kleine nichtmarine Muscheln sowie Fischschuppen. Es folgen 12–16 m mächtige Sandsteine von der gleichen Art wie oben angeführt. Darüber liegt eine 15–20 m mächtige Schieferton-Folge, die mit 30–50 cm Wurzelboden (Stigmarien sowie kohligen Stammresten von *Lepidodendron* und Calamiten) beginnt. Zur Flözbildung ist es nicht gekommen. Über dem Wurzelboden folgen 1–1,50 m dunkelgraue, schwach bituminöse, sodann graue, reine bis schwach sandige Schiefertone. Etwa 75 cm über dem Wurzelboden tritt eine Lage mit nichtmarinen Muscheln (*Anthraconaia bellusa* BOLTON) auf. In den oberen Schiefertonen kommen Pflanzenreste (*Mesocalamites cistiiformis* STUR., *Mariopteris acuta* BRONGN., *Sphenopteris hollandica* KUKUK & JONGMANNS) und *Palmatopteris* sp. vor. Die folgenden sandigen und sandstreifigen Schiefertone zeigen Weide- und Grabspuren von *Belorhaphe kochi* (LUDWIG). Darüber liegt ein mittel- bis grobkörniger Sandstein, der nur im Einschnitt der ehemaligen Bahnstrecke gut erschlossen ist. Er ist reich an angewittertem Feldspat.

Die unter dem Sandstein liegenden Schiefertone zeigen im Bahn-Einschnitt verschiedentlich eine schwache, steil SE-fallende Schieferung. Sie ruft einen stengelig-griffeligen Zerfall des Gesteins hervor.

Steigt man vom Bahn-Einschnitt nach NW auf das Plateau zwischen dem südlichen Steinbruch und dem etwas weiter nördlich gelegenen Bruch oder auf dasjenige nördlich des letzteren, so gelangt man in den Bereich des Deckgebirges. Dieses beginnt mit dem ca. 1–1,5 m mächtigen Cenoman-Transgressionskonglomerat über dem vom Kreide-Meer ausgewaschenen Schieferton-Paket (s. Abb. 56), dessen oberste 30–40 cm stark gebleicht sind. In einer rötlich braunen, tonig-mergeligen, glaukonitischen Grundmasse sind zahlreiche bis über kopfgroße Gerölle von Karbon-Sandsteinen eingebettet. Das Konglomerat führt Cephalopoden [*Anisoceras picteti* SPATH, *Schloenbachia varians* (SOW.) *Schl. subplana* (MANTELL) und *Sciponoceras roto* (CIESLINSKI)], Echinodermen, Muscheln und Bryozoen. Über diesen Bildungen folgt der mehrere Meter mächtige, schwach glaukonitische, hellgraue bis weiße *Labiatus*-Mergel (Unter-Turon). Er enthält *Inoceramus labiatus* (SCHLOTH.), Echinodermen-Stacheln, Selachier-Zähne, Reste von Schwämmen sowie Koprolithen. Darauf liegt ohne Übergang mit einer Schichtlücke der bräunlich verwitterte Bochumer Grünsand, der hier mit dem Soester Grünsand eine Einheit bildet, mit *Inoceramus*-Arten (LOMMERZHEIM 1976), Schneckengehäusen, Muschelresten, Seeigel-Stacheln, Fischzähnen, Stücken von Korallen und Schwämmen sowie Phosphorit-Knollen. Den Abschluß des Profils bilden Schotter der Hauptterrasse und Lößlehm.
Taschen- und Rinnenfüllungen in der östlich anschließenden Sandstein-Klippe

sind mit sparitisch-mikritischem Rotkalk gefüllt, der sich im Verlauf des Cenoman ablagerte.

Dicht östlich der Holz-Straße ist am Westrand des südlichen Bruches das Deckgebirge abgeräumt. Hier zeigt die Karbon-Oberfläche, die heute von Gras überwachsen ist, ein mannigfaches Relief von Kuppen, Graten und Kesseln, die von dem transgredierenden Kreide-Meer ausgewaschen worden sind. An der Oberkante des Bruches sieht man auf Sandstein aufgewachsene Schalen von *Ostrea* sp. sowie Bohrgänge von Bohrmuscheln und -würmern. Darüber liegt *Labiatus*-Mergel oder unmittelbar Bochumer Grünsand, so daß diese Stelle eine Klippe im Oberkreide-Meer bildete, die gegenüber der oben beschriebenen Lokalität erst später überflutet worden ist.

9. Von Mülheim-Broich über die Ruhr und der Straße nach SE (Mendener Straße) in Richtung Kettwig entlang der Ruhr folgen. Unterhalb des Bismarck-Turms sind auf ca. 700 m sandige Schiefertone der Unteren Sprockhöveler Schichten mit 5–30 cm dicken Sandstein-Bänken erschlossen (r 61 060, h 98 100). Letztere zeigen zu Beginn des Profils gut entwickelte Belastungsmarken (load casts), die bei ihrer Bildung durch das Einsacken verschiedentlich ein diapirartiges Aufsteigen des die jeweilige Sandschicht unterlagernden, diagenetisch noch nicht verfestigten Tonschlammes verursachten. Hin und wieder treten sogar Ballen- und Kissenstrukturen (RICHTER 1971a) auf. Etwas weiter in Richtung Kettwig erkennt man prielartige Erosionsrinnen.

Weiter über Kettwig nach Essen-Werden und Übernachtung dort.

IX. Raum Essen-Burgaltendorf–Sprockhövel–Bochum

Stratigraphie, Tektonik und Sedimentologie des flözführenden Ober-Karbon in der Bochumer Hauptmulde, im Stockumer Hauptsattel, in der Wittener Hauptmulde und in der mittleren Herzkamper Hauptmulde; Blei-Zink-Vererzung des Finefrau-Sandsteins im Stockumer Hauptsattel.

Geologische Karten: Blätter 1 : 25 000 Bochum 4509 und Hattingen 2651 sowie Exkursionskarte G.

Topographische Karten: Blätter 1 : 25 000 Bochum 4509 und Hattingen 4609.

Fahrtstrecke: Essen-Werden – Essen-Kupferdreh – Essen-Burgaltendorf – Hattingen – Hattingen-Bredenscheid – Sprockhövel – Bochum (ca. 51 km, Dauer: 1 langer Tag).

IX. Raum Essen-Burgaltendorf – Sprockhövel – Bochum

1. Fahrt von Essen-Werden nach Essen-Kupferdreh. Dort der B 227 nach N bis kurz vor die Ruhr-Brücke und dann der Straße nach Überruhr-Holthausen ca. 180 m bis zur rechts abbiegenden Straße in Richtung Hattingen folgen. Diese bis Essen-Burgaltendorf und dort über die „Alte Hauptstraße" und Burgstraße bis kurz vor die Ruhraue fahren. Nach links in den Fahrweg „Auf der Stade" einbiegen, diesem ca. 250 m folgen und mit Erlaubnis des Ruhrverbandes Essen (Tel. 0201/1781) in den aufgelassenen Steinbruch gegenüber der Kläranlage (r 76555, h 99200). In diesem sind der 20 m mächtige, teilweise konglomeratische Schöttelchen-Sandstein im unteren Teil der Schöttelchen-Gruppe (Untere Bochumer Schichten, s. Tab. 5) mit viel Driftholz und die darüber liegenden Schiefertone im Kern des Nöckersberger Sattels erschlossen. Daher fallen die Schichten im nördlichen Teil des Aufschlusses mit 50° gegen NW, im südlichen Teil mit 40° gegen SE ein.

2. Zurück und Weiterfahrt über Hattingen-Niederwenigern in Richtung Hattingen. Zu Beginn der großen Ruhr-Schlinge liegt am Isenberg rechts ein aufgelassener, stärker überwachsender Steinbruch (r 80375, h 95480) im Wasserbank-Sandstein (tiefste Obere Sprockhöveler Schichten) auf der Südflanke des Stockumer Hauptsattels. Die Sandstein-Bänke zeigen Schrägschichtung und Driftholz.

3. Weiter nach Hattingen und dort der B 51 in Richtung Wuppertal folgen. Nach ca. 1,1 km links in die Straße „Lüggersegge" einbiegen und zum Hang des Sprockhövelbach-Tales unmittelbar hinter den Fabrikgebäuden (r 83330, h 94780). Entlang des Hanges sind die tiefsten Sprockhöveler Schichten erschlossen. An der nach N ansteigenden „Lüggersegge" tritt ein modellartig schöner, flacher Sattel auf, der den Kern des Holthauser Spezialsattels (s. Exkursionskarte H) in der Wittener Hauptmulde bildet. Der dickbankige feste Sandstein mit einer Quarzkonglomerat-Lage vertritt hier den Kaisberg-Sandstein (s. S. 71). Über dem Sandstein folgen 1 m sandige Schiefertone, 2 m konglomeratischer Sandstein mit Geröllen bis 2 cm Durchmesser, 2,70 m grobkörniger Sandstein und schwachsandige Schiefertone. Diese führen Reste von *Mesocalamites cistiiformis* STUR. und Farne der Unteren Sprockhöveler Schichten wie *Mariopteris acuta* BRONGN., *Neuropteris gigantea* BRONGN. und *Sphenopteris* cf. *obtusiloba* BRONGN. Den Abschluß des Profils bildet eine dicke Sandstein-Bank.

4. Zurück zur B 51 und diese weiter nach S. Nach ca. 650 m rechts in die Elfringhauser Straße einbiegen und bis vor das Ortsschild „Hattingen, Ortsteil Bredenscheid" fahren. Dort dem Fahrweg nach rechts bis zum aufgelassenen Steinbruch (r 83250, h 94240) folgen. Hier sind die Sandsteine mit Schieferton-Lagen unter Flöz Hauptflöz (Obere Sprockhöveler Schichten) auf dem Südflügel des Holthauser Sattels mit SE-Fallen erschlossen. Im Südteil des Bruches ist ein ca. 10 cm dickes Flözchen zu erkennen. Die Sandsteine zeigen deutliche *ac*-Klüfte und bankrechte Längsklüfte.

5. Zurück zur Elfringhauser Straße und dieser bis ins Tal folgen, dort links weiter in Richtung Wuppertal-Elfringhausen. Nach 300 m rechts in Richtung Elfringhausen (Elfringhauser Straße) einbiegen und nach 400 m der Straße nach Hattingen-Oberstüter bis hinter das Restaurant und Landhaus „Siebe" fahren. Dort links dem Fahrweg „Am Doven" bis zum aufgelassenen Steinbruch (r 83450, h 92000) folgen. Hier ist der Wasserbank-Sandstein (tiefste Obere Sprockhöveler Schichten, s. Tab. 5) auf dem sich nach SW heraushebenden Ende einer Spezialmulde in der Herzkamper Hauptmulde erschlossen, so daß die Schichten mit 20° nach NE einfallen. Die grobkörnigen Sandsteine sind teilweise feinkonglomeratisch entwickelt und zeigen wiederholt Schrägschichtung. Im höheren Teil der Folge erscheint eine 20–30 m dicke Schieferton-Lage, die unregelmäßig tief in den Sandstein hinuntergreift. Hier sind also nach der Ablagerung des Sandes Auswaschungen eingetreten.

6. Zur Straße zurück und Weiterfahrt bis zur Paas-Straße und dort über Niedersprockhövel zur B 51. Weiter zur Autobahn (A 43) und auf dieser in Richtung Bochum. An der Ausfahrt „Witten-Heven" zur Querenburger Straße und über Straße „Im Lottental" bis zum Botanischen Garten (Versuchsfeld) der Ruhr-Universität. Dort zum aufgelassenen Steinbruch (r 88400, h 01500). Der Aufschluß zeigt einen hervorragenden Schnitt durch den Kern des Stockumer Hauptsattels und bietet ein vollständiges Profil durch eine 100 m mächtige Folge der Wittener Schichten vom Flöz Geitling 2 bis in das Hangende von Flöz Finefrau-Nebenbank (DAHM 1966, MALMSHEIMER 1971).

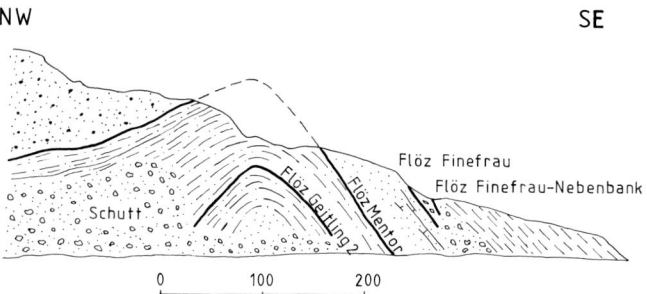

Abb. 57. Der schräg angeschnittene Stockumer Hauptsattel im ehemaligen Steinbruch beim Botanischen Garten der Ruhr-Universität Bochum n. MALMSHEIMER (1971).

IX. Raum Essen-Burgaltendorf – Sprockhövel – Bochum

Der regelmäßige Bau des leicht NW-vergenten Sattels tritt durch den mächtigen hellfarbigen Finefrau-Sandstein, der sich deutlich von den dunklen Schiefertonen auf beiden Sattelflanken abhebt, eindrucksvoll hervor (s. Abb. 57). Der Sattelkern ist leicht gestört. Die Faltenachse streicht ca. 60° und schiebt ganz flach nach NE ein. Daher streichen die Schichten auf dem Nordflügel des Sattels 61° (Einfallen 81° NW) und auf dem Südflügel 55° (Einfallen 65° SE).

Im Finefrau-Sandstein des Südflügels treten mehrere kleine Querstörungen auf. Rutschstreifen und Harnische lassen die jeweils letzten an der Störung abgelaufenen Bewegungen erkennen. Die Störungsflächen sind teilweise mineralisiert und führen häufig Schwefelkies. Die Schichten, insbesondere der Finefrau-Sandstein, zeigen eine starke Klüftung. Auch die Klüfte sind verschiedentlich mineralisiert. Sie führen Kalkspat, Quarz, Schwerspat, Schwefelkies und gelegentlich Bleiglanz und Zinkblende (s. S. 113). Die Minerale treten teils derb und teils in Kristallen auf.

Im Ostteil des Bruches ist die Schichtenfolge bis etwa 35 m in das Hangende von Flöz Finefrau-Nebenbank erschlossen. Das Gebirge besteht hier vom Hangenden zum Liegenden aus 10 m feinkörnigen Sandsteinen, 4 m Schiefertonen mit teilweise schräggeschichteten Sandstein-Bänken, die feine Belastungsmarken (load casts) zeigen und Lagen von großen Toneisenstein-Konkretionen führen, 5 m schwachsandigen Schiefertonen, 4 m tonstreifigen Sandsteinen und 12 m Schiefertonen mit dem marinen Horizont ca. 6 m über Flöz Finefrau-Nebenbank, in dem neben zahlreichen Linguliden (*Lingula mytiloides* Sow., *L. squamiformis* Sow.) auch vereinzelt Nuculiden und – teilweise in Toneisenstein-Knollen – Goniatiten (*Gastrioceras kahrsi* WEDEK.) auftreten. Die Knollen enthalten verschiedentlich Markasit.

Das Flöz Finefrau-Nebenbank wird etwa 30–50 cm mächtig. Der Wurzelboden darunter ist tonig und ca. 50 cm dick.

Zum Liegenden folgen 7 m Schiefertone, die oben sandstreifig ausgebildet und unten rein entwickelt sind und hier Pflanzen (Sigillarien, Calamiten und Farne) führen.

Das Flöz Finefrau erreicht 60 cm Mächtigkeit. Es wird von einem etwa 50 cm mächtigen, tonigem Wurzelboden unterlagert. Dieser liegt dem ca. 20 m dicken, aus fluviatilen Rinnensanden bestehenden, mittel- bis grobkörnigen Finefrau-Sandstein mit Konglomerat-Lagen auf. Die Komponenten bestehen aus Quarz, Toneisenstein, Kieselschiefer, Sandstein, Schieferton und Kohlestückchen. Häufig treten im Finefrau-Sandstein Driftholz-Lagen auf, gelegentlich erkennt man Markasit-Knollen. Auf den Schichtflächen findet sich viel Glimmer.

Darunter liegt die Geitling-Flözgruppe, die gut an der Westseite des Bruches erschlossen ist. Das Flöz Mentor (Geitling 3) ist 40 cm mächtig und wird von

50 cm tonigem Wurzelboden unterlagert. Darunter folgen 10 m sandstreifige Schiefertone mit reinem Schieferton an ihrer Basis. Etwa 2 m über dem Flöz Geitling 2 tritt ein mariner Horizont mit *Lingula* sp. (und sehr selten *Bellinurus* sp.) auf.

Das Flöz Geitling 2 wird 50 cm mächtig, ist aber überwiegend von Schieferton-Schutt verhüllt. Zum Liegenden folgen 1 m toniger Wurzelboden und 8 m feinkörnige Sandsteine. Darunter bis zur Steinbruch-Sohle erkennt man schwachsandige bis reine Schiefertone.

An der Westseite des Steinbruches ist die Verwitterung von Schieferton gut zu studieren. Dieser zerfällt über kleine Bruchstücke zu staubartiger Körnung. Ferner erkennt man das deutliche Hakenschlagen des Finefrau-Sandsteins.

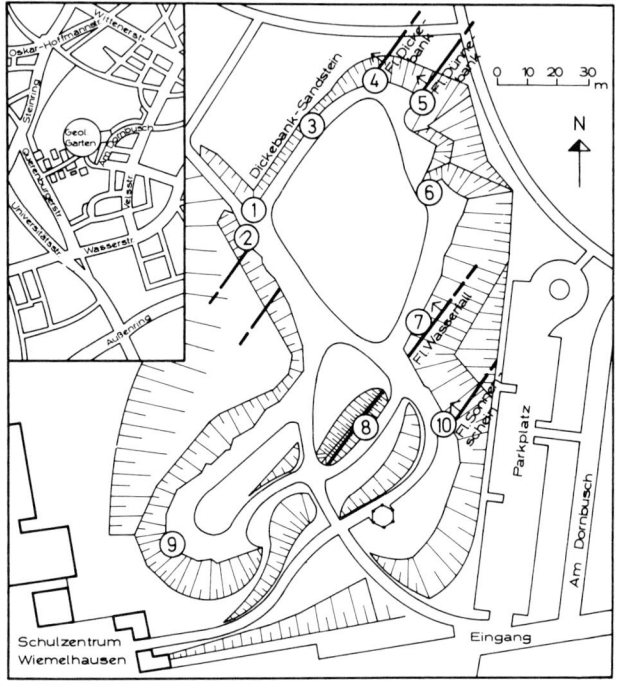

Exkursionskarte G. Grundrißliche Skizze des „Geologischen Gartens" in Bochum-Wiemelshausen.

IX. Raum Essen-Burgaltendorf – Sprockhövel – Bochum   179

7. Zurück zur Querenburger Straße und über Universitätsstraße, Wasserstraße, Velsstraße und „Am Dornbusch" zum Naturdenkmal „Geologischer Garten" (s. Abb. 58, 59 u. Exkursionskarte G) in Bochum-Wiemelshausen (r 85750, h 04600). Die ehemalige Ziegeleigrube wurde 1962 unter Naturschutz gestellt

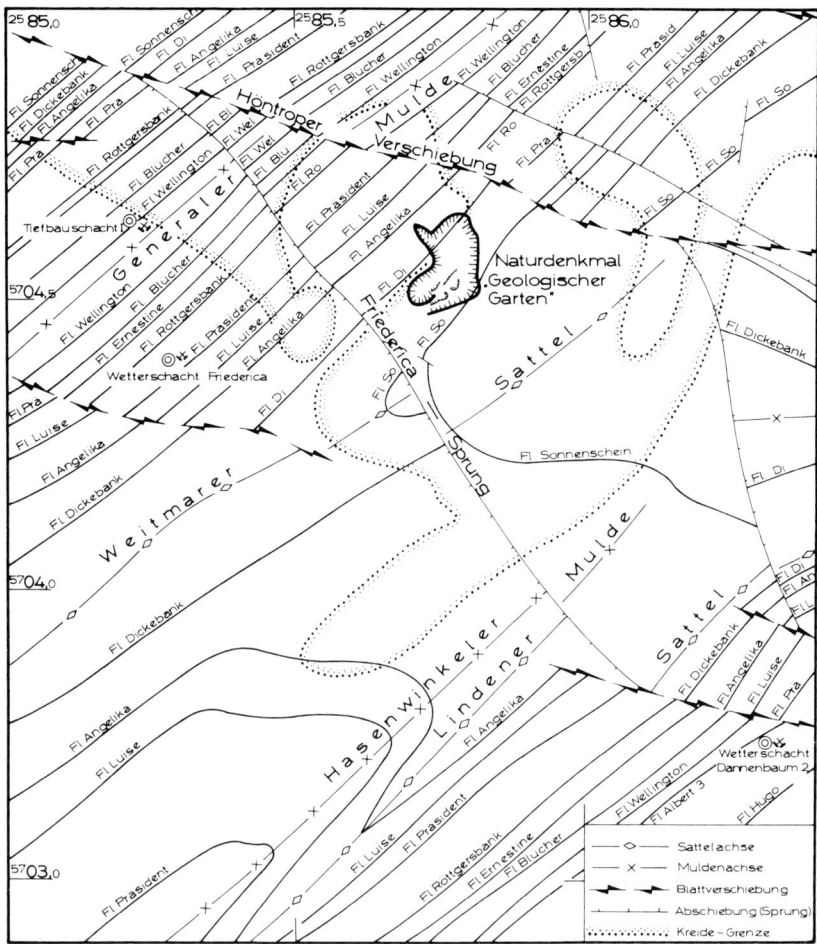

Abb. 58. Geologische Karte der Umgebung des „Geologischen Gartens" in Bochum (Deckgebirge abgedeckt) n. HAHNE (1974).

(STEHN 1972, HAHNE 1974). Die leicht gewellte Landschaft in diesem Bereich wird hier am Südrand der Münsterschen Bucht teilweise noch oberflächlich von Schichten des Deckgebirges (untere Ober-Kreide und Quartär) gebildet. Dieses besitzt aber nur noch geringe Mächtigkeit und keilt an einem geschwungenen Erosionsrand schon im Gebiet von Bochum-Wiemelshausen aus. Nach S tritt dann das Steinkohlen-Gebirge unmittelbar an die Oberfläche, so daß dort die Morphologie infolge der erheblichen Unterschiede im Abtragungswiderstand viel kräftiger ist.

Der „Geologische Garten" erschließt eine 60 m mächtige, NW-fallende Schichtenfolge der Unteren Bochumer Schichten vom Flöz Sonnenschein bis zum Dikkebank-Sandstein auf dem halbsteilen Nordwestflügel des Weitmarer Sattels innerhalb der großen Bochumer Hauptmulde (s. Abb. 30 und 58). Der Aufschluß zeigt ferner in selten schöner Weise die scharfe Winkeldiskordanz zwischen aufgerichteten Schichten des flachlagernden Steinkohlen-Gebirges und den Oberkreide-Gesteinen des Deckgebirges (s. Abb. 59).

Man beginnt den Rundgang am ehemaligen Ziegelei-Bremsberg, der in den Aufschlußbereich hinunterführt (s. Exkursionskarte G). An seiner NE-Böschung ist zunächst der Dickebank-Sandstein erschlossen (Lok. 1), der den nordwestlichen Rand des Gartens bildet. Dieses Sandstein-Paket zeigt sehr eindrucksvoll Schrägschichtung sowie gelegentlich Rippelgefüge, wie sie für die meisten Sandsteine des Ruhr-Karbon typisch sind. Die vorliegenden Sedimentstrukturen belegen die unregelmäßige Schüttung und Ablagerung des Sand-Materials unter flacher Wasserbedeckung. Auf den Schichtflächen sind zerriebene Pflanzen-Substanz und Stamm-Reste zu finden. Verschiedene Sandstein-Bänke zeigen einen kugeligen bis ellipsoidischen schaligen Zerfall durch Zonen-Verwitterung infolge entsprechender Eisen-Anreicherungen (RICHTER 1972). Unter dem Sandstein-Paket tritt − schlecht erschlossen − an der SW-Böschung des Eingangsweges Kohlen-Eisenstein als Rest des Kohleneisenstein-Flözes Dickebank auf (Lok. 2). Dieses Flöz führt nämlich im vorliegenden Bereich statt Kohle Kohleneisenstein (mit Kohle verunreinigter Spateisenstein) in Form einer großen Erzlinse, die früher von der Zeche „Friederica" bis 1891 abgebaut wurde und im Laufe der Jahre etwa 2,4 Mio. t Erz mit durchschnittlich 30% Fe erbrachte. Den Kohleneisenstein erkennt man am glänzenden, schwarzen Strich beim Anritzen mit dem Messer. In seinem oberen Teil wurden Reste von kleinen nichtmarinen Muscheln gefunden, die anzeigen, daß er aus dem faulschlammartigen, eisenreichen Tonschlamm eines Sumpfgebietes entstanden ist. Beim Weitergehen zur NE-Wand des Gartens sieht man links, ca. 30 m vom ehemaligen Bremsberg entfernt, an der NW-Wand eine kräftige Querstörung sowie viele Querklüfte (Lok. 3).

An der NE-Wand, die in südöstlicher Richtung mehrfach nach SW vorspringt

IX. Raum Essen-Burgaltendorf – Sprockhövel – Bochum   181

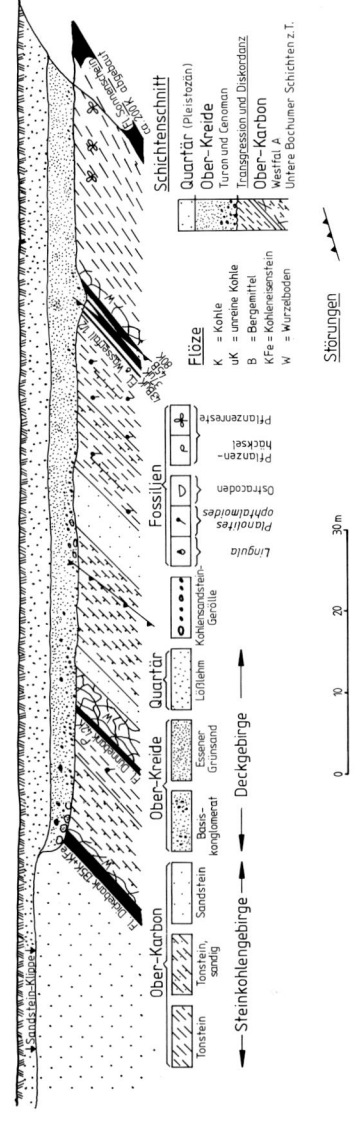

Abb. 59. Geologisches Profil durch den „Geologischen Garten" in Bochum n. HAHNE (1974), geändert.

und die kleine Abschiebungen und N-fallende Überschiebungen im Bereich des gleichförmig einfallenden Sattelflügels zeigt, erkennt man unter dem Dickebank-Sandstein wiederum das (hier ausgekohlte) Flöz Dickebank mit dem zugehörigen Wurzelboden (Lok. 4), dann Schiefertone und darunter das nicht bauwürdige Flöz Dünnebank (Lok. 5). Sein Liegendes ist ein ca. 3 m dicker Wurzelboden. Er besteht aus feinsandigem Schieferton, dessen oberste 30 cm vollständig von Sigillarien- und *Lepidodendron*-Wurzelresten durchsetzt sind. Sie geben dem Gestein ein verfilztes Aussehen, wodurch die ursprüngliche Schichtung nahezu verlorengegangen ist. Der Wurzelboden führt Toneisenstein-Knollen verschiedener Größe.

Unter dem Wurzelboden erscheint ein Paket mächtiger, sandstreifiger Schiefertone (Lok. 6), deren sandige, grau wirkende Einlagerungen Flaser- und Schrägschichtung aufweisen, d. h. Anzeichen stärkerer Paläo-Wasserströmungen, die bei ihrer Sedimentation mitwirkten.

In diesem Bereich treten die Klüfte (Diagonal-Klüfte) gut hervor, ferner ist eine kleine Überschiebung mit einer ca. 20 cm breiten Mylonitzone zu beobachten.

Die Verlängerung des Profils nach SE findet man dann entlang des Weges nördlich des Pavillons. Hier erscheint an der NE-Wand (Lok. 7) sowie an der Gesteinsrippe (Lok. 8), die inmitten des Gartens stehengeblieben ist, das Flöz Wasserfall, das nur aus schwefelkiesreichen Brandschieferton-Lagen (mit Kohle vermengte Schiefertone), die zu Schwefel-Ausblühungen neigen, und dünnen Kohlestreifen besteht. Über diesem Flöz tritt, insbesondere an der SW-Wand (Lok. 9) aufgeschlossen, ein milder, reiner bis schwachschluffiger Schieferton auf, in dem beim sorgfältigen Suchen stecknadelkopfgroße Exemplare von *Lingula mytiloides* Sow. sowie Ostracoden und Schnecken-Reste zu finden sind. Sie bezeichnen ein „halbmarines Niveau", den Wasserfall-Horizont, der für die Unteren Bochumer Schichten typisch ist (s. S. 74). Über den *Lingula* führenden Schichten sind mehrere Meter Augenschieferton mit Grabgängen von *Planolites ophtalmoides* JESSEN (s. S. 75) entwickelt.

Am Ende der NE-Wand (Lok. 10) liegt eine verbrochene Strecke nach Flöz Sonnenschein, dem mit ca. 2 m Dicke besten Flöz der Unteren Bochumer Schichten. Über diesem erscheinen schwachsandige Schiefertone, die reichlich Reste von Calamiten, Sigillarien und *Lepidodendron* führen.

Das Steinkohlen-Gebirge wird von den auflagernden Oberkreide-Schichten des Deckgebirges mit deutlicher Winkeldiskordanz messerscharf und nahezu horizontal abgeschnitten. Durch die Transgression des Oberkreide-Meeres wurde also in diesem Gebiet das vorher eingerumpfte Steinkohlen-Gebirge (s. S. 78) – von Ausnahmen abgesehen – zu einer fast ebenen Fläche abgehobelt. Das transgressiv auflagernde Cenoman beginnt mit einem ca. 1,5 m dicken Basiskonglomerat, das überwiegend aus linsen- bis bohnengroßen, gelbbraunen, oft glänzenden Geröllen von Toneisenstein in einer schluffig- oder sandig-tonigen, glaukonit-führenden, schwach karbonatischen, dunkelgrünbraun verwitternden Grundmasse besteht.

Unmittelbar über dem Grundgebirge liegen, unregelmäßig verteilt, aber zunehmend gehäuft, in der Nähe des aufragenden Dickebank-Sandsteins, faust- bis kopfgroße, kantengerundete Sandstein-Gerölle. Sie sind oft auf der Oberseite poliert und zeigen an den Oberseiten Löcher von Bohrmuscheln. Zur Rippe des Dickebank-Sandsteins hin steigt die Transgressionsfläche an, so daß über dem Sandstein kein Kreide-Deckgebirge vorhanden ist, sondern der quartäre Lößlehm dem Grundgebirge unmittelbar aufliegt (s. Abb. 59). Der Dickebank-Sandstein ragte demnach als Klippe aus dem Oberkreide-Meer heraus, wurde umbrandet und abgetragen, so daß die aus der Klippe gelösten Gerölle noch heute die ehemalige Insel kranzförmig umgeben (Lok. 1). Sie rollten mangels Gefälle nur ein kurzes Stück und wurden dann ohne weiteren Transport gerundet. In den von der Sandstein-Rippe entfernteren Bereichen des Gartens treten an der Transgressionsfläche mehr oder weniger große Fragmente von Schieferton auf.

Über dem Basiskonglomerat folgt der im vorliegenden Bereich ca. 1–1,5 m mächtige Essener Grünsand, der durch seine dunkelgrüne (verwittert mehr grünlich-graue) Farbe kenntlich ist. Er führt gelegentlich Fossilien. Typisch sind Ammoniten (*Schloenbachia varians* Sow.), Nautiliden (*Nautilus cenomanensis* SCHLOENB.), kleine Brachiopoden (Rhynconelliden und Terebratuliden) sowie *Ostrea* sp.

Der Essener Grünsand wird vom 7–8 m mächtigen, bräunlich-gelben Lößlehm überlagert. Gelegentlich sind „Lößkindl" zu finden. Inmitten des Gartens liegen eine metergroße Toneisenstein-Knolle sowie drei große erratische Blöcke. Der eine besteht aus rosa Paragneis, der zweite aus Granitgneis und der dritte aus pegmatitischem Granit.

Wenn Zeit vorhanden, Besuch der Geologischen Ausstellung im Gebäude des Deutschen Bergbau-Museums in Bochum, Am Bergbau-Museum.
Übernachtung in Bochum.

X. Raum Witten–Herdecke–Hagen

Stratigraphie, Tektonik und Sedimentologie des flözleeren und flözführenden Ober-Karbon in der Wittener Hauptmulde, im Esborner Hauptsattel und in der Herzkamper Hauptmulde; Morphologie des Ardey-Gebirges; Ruhr-Terrassen bei Hagen.

Geologische Karten: Blätter 1: 25 000 Bochum 4509, Witten 4510, Hagen 2652 und Hörde 2579 sowie Exkursionskarten H, I und J.

Topographische Karten: Blätter 1: 25 000 Bochum 4509, Witten 4510, Hagen 4610 und Schwerte 4511.

Fahrtstrecke: Bochum − Herbede − Witten-Bommern − Witten − Burg Volmarstein − Wetter − Herdecke − Hagen − Hohensyburg − Westhofen (ca. 75 km, Dauer: 1 langer Tag).

1. Fahrt von Bochum über die Autobahn (A 43) in Richtung Köln bis zur Ausfahrt „Witten-Heven". Dort zunächst in Richtung Witten-Herbede, dann in Witten-Kleff weiter in Richtung Witten. Rechts erkennt man die präglaziale Ruhr-Schlinge, die wegen der Eisfüllung am Windungshals durchschnitten wurde (s. S. 86).

Weiterfahrt auf der Herbeder Straße in Richtung Witten. Hinter dem Restaurant „Haus Kesper" links mit Erlaubnis des Besitzers in den aufgelassenen Steinbruch. Hier ist eine nahezu flachlagernde Schichtenfolge der Unteren Wittener Schichten mit dem ca. 90 cm mächtigen Flöz Mausegatt aufgeschlossen. Die Sandsteine zeigen eine markante Klufttektonik.

2. Weiter in Richtung Witten. Kurz vor der Einmündung der B 226 beginnt im Bereich der großen Straßenkurve am linken Talhang ein längeres Profil. Man beobachtet zunächst die Schiefertone der Unteren Wittener Schichten, dann das 50 cm dicke Flöz Mentor (Geitling 3), das vom Finefrau-Sandstein überlagert wird. Nach NE schließen sich nach einer Seitenverschiebung die Unteren Bochumer Schichten an, die zunächst nach NW, dann am Ende des Profils steil nach SE einfallen.

3. Die B 226 bis zur Ruhr-Brücke in Witten und dort die B 235 nach S bis Witten-Bommern fahren. Hinter der Eisenbahn-Überführung nach rechts in die Nachtigallstraße einbiegen, ihr, das Bahngleis kreuzend, bis zur Muttental-Straße und dieser, nach nochmaligem Kreuzen des Gleises, ca. 500 m bis hinter die große Linkskurve (s. Exkursionskarte H) zum „Geologischen Aufschluß Steinbruch Dünkelberg" (r 91 300, h 99 950) links folgen. Im aufgelassenen umzäunten Steinbruch (Schlüssel beim Verkehrsverein Witten, s. S. 186) sind die Unteren Wittener Schichten in flacher Lagerung aufgeschlossen (s. Abb. 60 u. 61). Als tiefstes erscheinen 3−4 m mächtige sandgebänderte Schiefertone, die verschiedentlich Gips-Ausblühungen auf den Kluftflächen zeigen. In den untersten Partien sind Rippelgefüge von oft erosionalem Typ zu beobachten. Darüber folgen 7 m mäch-

X. Raum Witten – Herdecke – Hagen

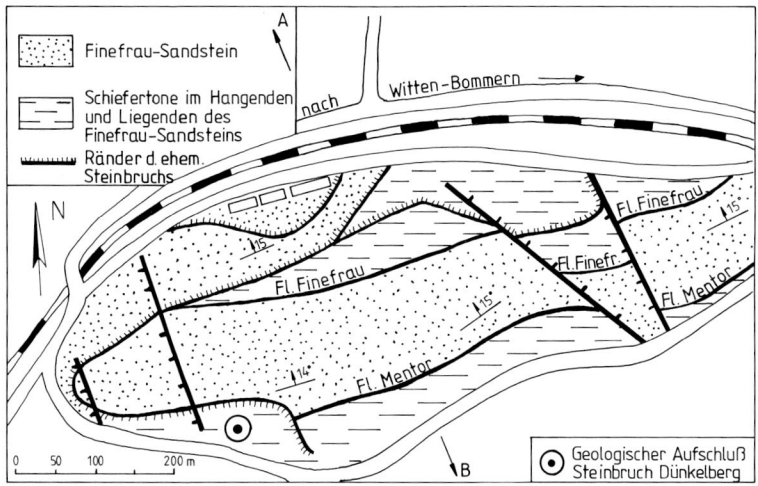

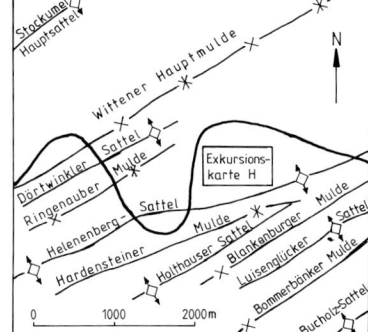

Exkursionskarte H. Vereinfachte geologische Karte im Bereich des ehemaligen Steinbruches Dünkelberg. Die Lage der Exkursionskarte geht aus nebenstehender Skizze hervor.

tige dunkle Schiefertone, die von einem 2–3 m mächtigen Wurzelboden überlagert werden, der an der südöstlichen Seite der Wand über eine Halde von abgebröckeltem Gestein leicht zu erreichen ist. Er entspricht dem Geitling-2-Niveau; ein Kohlenflöz ist hier nicht entwickelt (s. Exkursion IX, Aufschluß 6). Da etwa 200 m östlich des Steinbruches in 1–2 m Tiefe unter dem Niveau der Steinbruchsohle Flöz Kreftenscheer angeschnitten war, fehlt hier auch noch das Flöz Geitling 1. Solche faziell bedingten Flözausfälle sind im flözführenden Ober-Karbon nicht selten. Der marine Geitling-2-Horizont darüber zeichnet sich durch

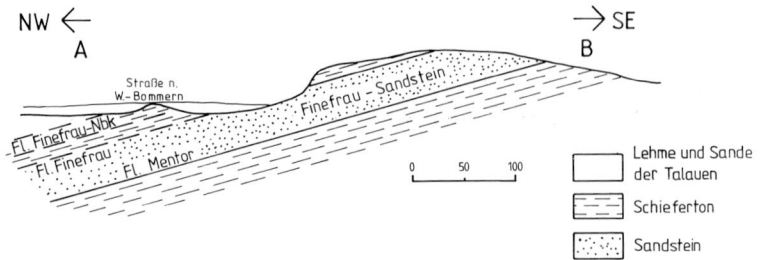

Abb. 60. Geologisches Profil durch das Gelände des ehemaligen Steinbruches „Dünkelberg". Die Profil-Linie befindet sich auf der Exkursionskarte H.

zahlreiche Muscheln und Spuren von *Planolites ophthalmoides* JESSEN aus. Im Hangenden erkennt man das 45 cm dicke Flöz Mentor (Geitling 3), an dessen Verwurf die Störungstektonik (auf dem flachen Nordwestflügel des Helenenberg-Spezialsattels in der Wittener Hauptmulde, s. Exkursionskarte H) gut festzustellen ist. Den oberen Teil des Bruches nimmt der ca. 10 m mächtige, stark geklüftete, mittelkörnige Finefrau-Sandstein ein, von dem wegen der Abtragung nur die untersten 5–7 m erhalten geblieben sind. Seine höhere Partie ist konglomeratisch ausgebildet (Finefrau-Konglomerat). Der Sandstein wurde rasch geschüttet, wie Großrippel-Gefüge, erosive Auswaschungen und das Auskeilen einzelner Bänke sowie das Einschieben von Schieferton-Mitteln zeigen (HAHNE 1958, CONZE et al. 1988). Große Driftölzer sind zahlreich. Vor seiner Ablagerung wurde das Flöz Mentor unterschiedlich stark erodiert.

Ein eindrucksvolles Erlebnis ist die Fahrt in den 165 m langen Besucherstollen „Nachtigall". Hier sind verschiedene Ausbau-Arten zu sehen; Probleme der Bewetterung werden erläutert und die geologischen Verhältnisse erklärt. Die Besichtigung ist nur mit Führung möglich, und zwar von April bis Oktober Sa 14–18 Uhr, So 11–18 Uhr, Verkehrsverein Witten, Tel. 02302/581-1308.

4. Zurück über Witten-Bommern und über die Ruhr zur B 226 und diese bis ca. 1,5 km südlich von Witten fahren. Hier nach links der Straße in Richtung Dortmund (Kohlensiepenweg) ca. 180 m folgen. Dort zu Fuß (mit Erlaubnis des Besitzers) rechts in den aufgelassenen, teilweise stärker überwachsenen Steinbruch „Rauen" (r 94400, h 99400) am Wartenberg. (Der Zugang ist auch von der B 226 an der Haltestelle „Grottenburg" ca. 130 m östlich der Abzweigung des Kohlensiepenweges über einen kleinen Schrottplatz möglich.) Hier ist in einem großen nördlichen und einem kleinen südlichen Bruch die etwa 160 m mächtige, 45–50° NW-fallende Schichtenfolge der Unteren und Oberen Sprockhöveler Schichten vom Liegenden des Flözes Gottessegen über Neuflöz bis in

Abb. 61. Der „Geologische Aufschluß Steinbruch Dünkelberg" in Witten-Bommern. Das dickbankige Gestein in der oberen Hälfte der Steinbruchwand ist der Finefrau-Sandstein, darunter liegt Flöz Mentor (Geitling 3). In der Mitte der Wand tritt ein kleintektonischer Graben auf, dessen rechter Rand an zwei Störungen gestaffelt ist. Links erkennt man eine Abschiebungstreppe.

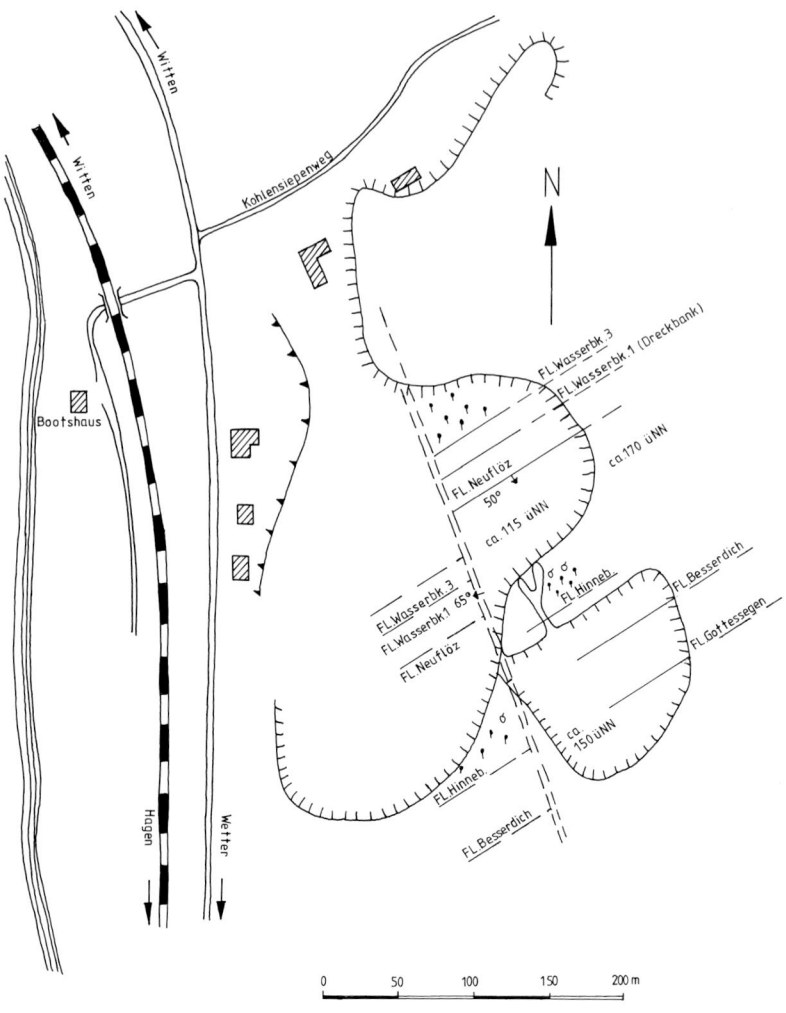

Exkursionskarte I. Grundrißliche Skizze des ehemaligen Steinbruches „Rauen" bei Witten.

X. Raum Witten – Herdecke – Hagen 189

das Hangende der Flözgruppe Wasserbank auf dem Nordflügel des Kirchhörder Sattels bzw. dem Südflügel der Bommerbänker Mulde im mittleren Teil der Wittener Hauptmulde aufgeschlossen (s. Exkursionskarte I und Abb. 64). In dieser Abfolge sind insgesamt 15 Zyklotheme gut zu studieren.

Im Wald nördlich des nördlichen Bruches beginnt das Profil (s. Abb. 62) mit 1,5 m Schiefertonen, deren Liegendes 0,3 m Kohle (Flöz Wasserbank 3) bildet. Darunter folgen 0,8 m Schiefertone (zuoberst schwach durchwurzelt), eine Calamiten-Lage mit Schlängelspuren von *Belorhaphe kochi* (LUDWIG) (MICHELAU 1955), 0,8 m schwachsandige Schiefertone, 0,2 m Kohle (Flöz Wasserbank 2), 1 m schwachsandiger Wurzelboden und 3,7 m sandstreifige Schiefertone mit Sandstein-Bänkchen. Daran schließen sich im nördlichen Bruch 10 m heller, feldspatreicher Sandstein mit Driftholz, dann das Flöz Wasserbank 1(Dreckbank) mit 50 – 70 cm (größtenteils abgebauter) Kohle und 1 m schwachsandigem Wurzelboden an. Im Liegenden treten vier unvollständige Zyklotheme (zwei Zyklothem Paare) besonders gut hervor (JESSEN 1956: 302 ff.):

―――――――――――― Interstadiale Zyklothemgrenze ――――――――――――
20 m   Sandsteine, feinkörnig mit Drift-Baumstämmen in den untersten 50 cm und nesterweise Quarzkonglomerate im tiefsten Teil
40 cm abgebautes Flöz Neuflöz
0,3 m tonig-sandiger Wurzelboden
―――――――――――― Haupt-Zyklothemgrenze ――――――――――――
25 m   Sandsteine, überwiegend feinkörnig, teilweise konglomeratisch, sehr quarzreich, im untersten Teil mehrere Stamm-Driftlagen und an der Basis Erosionserscheinungen
―― Hauptzyklothemgrenze (infolge Erosion zu tief liegend) ――
4 m   reine Schiefertone mit einzelnen marinen Muscheln (Nucliden, Orbiculoiden), Goniatiten und den post-depositionalen Wühlgefügen des Brackwasser-Wurms *Planolites ophtalmoides* JESSEN (Augenschieferton) ca. 1,6 – 1,8 m über ihrer Basis
―――――――――――― Interstadiale Zyklothemgrenze ――――――――――――
5,7 m sandige Schiefertone mit dünnen Sandstein-Bänken und Pflanzenhäcksel
4,1 m Schiefertone, unten rein, oben schwach sandig mit Grabgang-Lagen von *Planolites ophtalmoides* JESSEN
―――――――――――― Haupt-Zyklothemgrenze ――――――――――――
11 m   Sandstein mit Lagen nichtmariner Muscheln (*Carbonicola* sp.)

Die Folge setzt sich mit 10 m mächtigen, teils reinen, teils schluffig-sandigen Schiefertonen bzw. auch Schluffsteinen fort, die als Bausteine nicht zu verwenden waren.

Exkursionen

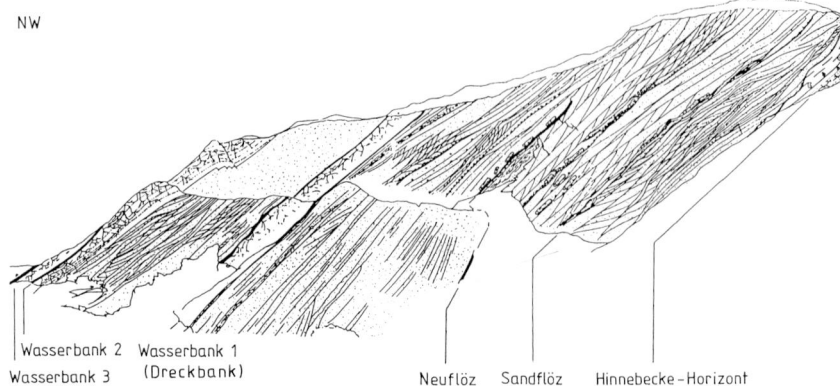

Abb. 62. Geologisches Profil durch die höheren Unteren und tieferen Oberen Sprockhöveler Schichten im ehemaligen Steinbruch „Rauen" bei Witten n. CONZE et al. (1988).

Unter dem ca. 70 cm dicken, sehr unreinen (nicht bauwürdigen) Flöz Hinnebecke liegen schlecht erschlossen ca. 4 m Schluffsteine, 4 m Schiefertone (marin), 3 m Feinsandsteine und 6 m Schluffsteine. Es folgen 6,5 m Schiefertone, die marine Muscheln (*Edmondia* sp., *Nuculana* sp. u. a.), Linguliden und Fischreste (*Elonichthys aitkeni* TRAQU.) enthalten und Grabgänge von *Planolites ophtalmoides* JESSEN zeigen. Darunter liegen bereits im südlichen Bruch die Flöze Besserdich-Oberbank und -Unterbank, die ebenfalls sehr unrein und daher nicht bauwürdig sind. Im Liegenden von Flöz Besserdich-Unterbank erscheinen ca. 1 m toniger Wurzelboden und 4,5 m sandstreifige und reine Schiefertone. Sie werden von einem ca. 15 m mächtigen mittel- bis grobkörnigen Sandstein mit Schrägschichtungsgefügen unterlagert. Darunter liegen ca. 5 m Schiefertone (marin). Unter Flöz Gottessegen ist ein ausgeprägter Wurzelboden ausgebildet. In seinem Liegenden treten 1 m schluffiger Schieferton und darunter ein weiterer, ca. 14 m mächtiger Sandstein auf, der das Profil abschließt.

Die Schichtenfolge weist sedimentäre Sequenzen auf, die wechselnd eine Kornvergröberung als auch eine Kornverfeinerung zeigen (s. Abb. 63). Die „coarsening-upward"-Sequenzen reichen von marinen reinen Schiefertonen zu limnischen schluffig-sandigen Schiefertonen mit Wurzelböden und Kohlenflözen sowie zu Delta-Sandsteinen. Die „fining-upward"-Sequenzen reichen von fluviatilen Rinnen- — zu Auensedimenten mit Wurzelbildungen und Kohlenflözen. Die Paläo-Schüttungsrichtungen der fluviatilen Rinnen belegen einen Transport

X. Raum Witten – Herdecke – Hagen

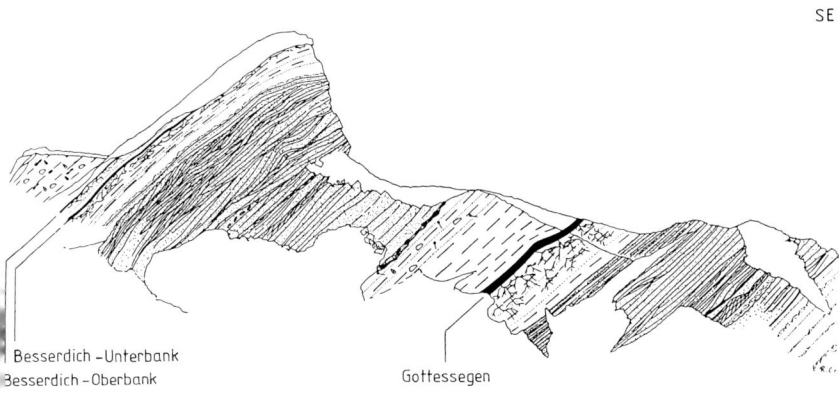

Besserdich -Unterbank
Besserdich -Oberbank   Gottessegen

in westliche Richtung. Die beiden Sequenz-Arten dokumentieren den raschen Wechsel von deltatischen, fluvitatilen, limnischen und marinen Sedimenten, der für die subvariszische Molasse typisch ist (HEDEMANN et al. 1972, CONZE et al. 1988).

Durch den Steinbruch streicht mit ca. 20° eine große Querstörung, die man im mittleren Teil des Bruches gut erkennen kann. Die Störungszone ist mehrere Meter breit und mit mylonitisierter Kohle vom Flöz Hinnebecke und Bruchstücken von Schieferton und Sandstein ausgefüllt. Der senkrechte Verwurf an der Störung beträgt etwa 60 m. Auf einzelnen Bewegungsflächen in der Störungszone sind gut ausgebildete, 20–30° SE-fallende Rutschstreifen zu beobachten.

Der tektonische Bau des Ardey-Gebirges prägt sich auch in den Oberflächenformen aus. Großtektonisch schließen sich an den Kirchhörder Sattel, auf dessen Nordflügel der Steinbruch liegt, nach SE die Mulde von Gottessegen und nach NW die SE-vergente Bommerbänker Mulde an, auf deren überkippten Nordflügel der steil einfallende Südflügel des im N folgenden Hohenstein-(Ardey-)Sattels aufgeschoben ist (s. Abb. 64). Im Gelände heben sich der Kirchhörder Sattel mit den schwer verwitterbaren Sandsteinen zwischen den Flözen Wasserbank 1 (Dreckbank) und Besserdich sowie der Hohenstein-(Ardey-) Sattel mit dem dort breit zutage ausstreichenden Sandstein unter Flöz Mausegatt und dem Finefrau-Sandstein als Höhenrücken heraus, während die weichen

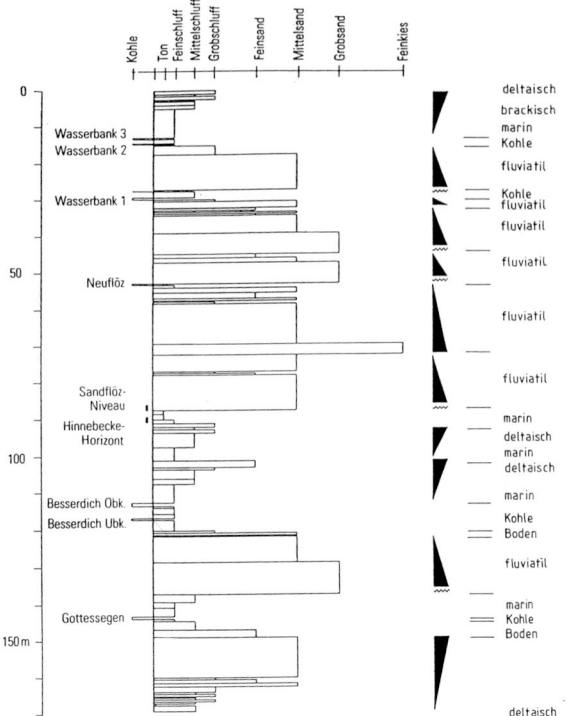

Abb. 63. Sedimentologische Analyse der höheren Unteren und tieferen Oberen Sprockhöveler Schichten im ehemaligen Steinbruch „Rauen" bei Witten n. CONZE et al. (1988).

Schiefertone der Kreftenscheer-Gruppe und diejenigen über den Flözen Sarnsbank und Hauptflöz der Verwitterung und Ausräumung anheimfielen. So entstand zwischen den Geländerücken der Sättel ein Tal, der „Kohlensiepen", das seinerseits durch zwei kleinere Höhenzüge, bedingt durch den Sandstein unter Flöz Mausegatt und den Sandstein unter Flöz Sarnsbank, gegliedert wird. Vom Südteil des Steinbruches hat man eine hervorragende Fernsicht auf das Ruhrtal. Bei Bommern und Wengern auf der gegenüberliegenden Talseite erkennt man die Untere und Obere Mittelterrasse sowie etwas talaufwärts die Hauptterrasse. Dahinter erscheint ein Höhengelände, welches die Fortsetzung des Ardey-Gebirges darstellt.

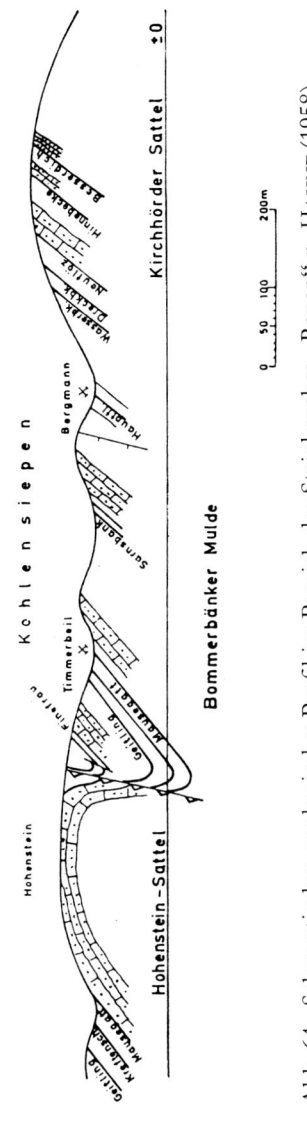

Abb. 64. Schematisches geologisches Profil im Bereich des Steinbruches „Rauen" n. HAHNE (1958).

5. Zurück zur B 226 und weiter in Richtung Wetter. Auf der anderen Talseite tritt die Hauptterrasse deutlich hervor.

Der links der B 226 zum Wartenberg aufsteigende Höhenrücken wird vom Grenzsandstein und Kaisberg-Sandstein gebildet (s. Profil 8 in Abb. 28), die hier auf der Nordflanke des Wengener Sattels auftreten. In seinem Kern ist das flözleere Ober-Karbon freigelegt, darin hat sich das Längstal des Gederbaches eingeschnitten.

6. Das nächste Längstal ist das Enderbachtal, das bis in die Vorhaller Schichten eingetieft ist, die hier im Kern des Esborner Hauptsattels zutage treten. Die Unteren Sprockhöveler Schichten sind lediglich auf den Sattelflanken erhalten geblieben, die als Bergrücken das Gederbachtal einschließen. Somit ist hier eine Reliefumkehr eingetreten. Die Morphologie des Ardey-Gebirges wird also weitgehend von der Tektonik bestimmt. Die höheren Teile der einzelnen Bergrücken lassen sich einer Verebnung in der Höhenlage von 255 bis 270 m ü. NN zuordnen. Diese Verebnung erreicht längs des Ruhrtals ihre größte Höhe und dacht allmählich nach N ab. Sie entstand als Rumpffläche während der vorwiegend chemischen Verwitterung im älteren Tertiär und hat seit dem Pliozän ihre Schrägstellung erfahren. Erst während des Quartär und der nun herrschenden Bedingungen von Verwitterung und Abtragung gelangte die Widerstandsfähigkeit der Sandsteine im Gegensatz zu den Schiefertonen mehr und mehr zur Geltung, so daß sie als Rippen herausgearbeitet wurden.

Etwa 800 m vor Wetter bildet auf ca. 400 m Länge der Kaisberg-Sandstein (Untere Sprockhöveler Schichten) einen flachen Sattel in Form einer symmetrischen Rundfalte (s. Abb. 33 b). Es handelt sich um den Beginn des Harkort-Sattels, der sich mit einigen anderen Falten auf dem Nordflügel der Hiddinghauser Mulde (in der nördlichen Herzkamper Hauptmulde) östlich der Ruhr einschaltet, während westlich der Ruhr diese Mulde sanft und ohne bedeutende Spezialfaltung zum Esborner Hauptsattel ansteigt. Kurz vor Witten ist der Nordflügel der Hiddinghauser Mulde auf den Harkort-Sattel aufgeschoben.

7. In Wetter die Ruhr überqueren. Kurz hinter der Brücke sind an der Böschung der Hagener Straße flach NW-fallende sandige Schiefertone und Sandsteine der Vorhaller Schichten aufgeschlossen.

8. Weiter über die B 234 nach Wetter-Volmarstein, dort links über die Heilken-Straße und Bachstraße zur Burgruine Volmarstein. Hier beginnt an der Linie Haßlinghausen–Volmarstein–Kaisberg das flözführende Ober-Karbon auf der Südflanke der Herzkamper Hauptmulde mit dem Grenzsandstein (s. Profil 7 in Abb. 28), der sich als Höhenrücken deutlich in der Landschaft ausprägt. Der Burgberg bildet den Kern der Hiddinghauser Mulde im Grenzbereich flözleeres/flözführendes Ober-Karbon. Auf seiner Südseite sind an der Bachstraße

X. Raum Witten – Herdecke – Hagen

unter dem Grenzsandstein Gleitfalten in den Vorhaller Schichten erschlossen (ROSENFELD 1961 c). Ihr Staueffekt ist ein Anzeichen für den hier sehr tiefen Faltungsbereich des Ruhr-Karbon.

9. Nach Wetter zurück und auf der B 234 weiter in Richtung Herdecke. Etwa 30 m hinter dem Ortsschild von Wetter zu Fuß entlang des ca. 500 m langen bemerkenswerten Profils an der linken Talseite. Es beginnt mit einer kleinen Mulde im Kaisberg-Sandstein, ca. 100 m weiter folgt der nahezu saiger stehende Grenzsandstein auf dem jetzt scharf abgeknickten Südflügel des Harkort-Sattels und dahinter die Vorhaller Schichten, die zunächst durch eine 120 m lange Stützmauer verdeckt sind, hinter der sich der Umbiege-Bereich des Sattels befindet.

10. Durch Herdecke auf der B 226 bis zur Hengsteysee-Straße und diese bis Schiffswinkel (r 00 920, h 97 575) fahren. Hier ist ein ca. 700 m langes Profil durch die gesamte Schichtenfolge der Unteren Sprockhöveler Schichten erschlossen. Östlich des Herdecker Baches hat sich nun der Scheitel des Harkort-Sattels als breit gelagerte und wenig gestörte Kleff-Mulde tief eingesenkt (s. Abb. 33b).

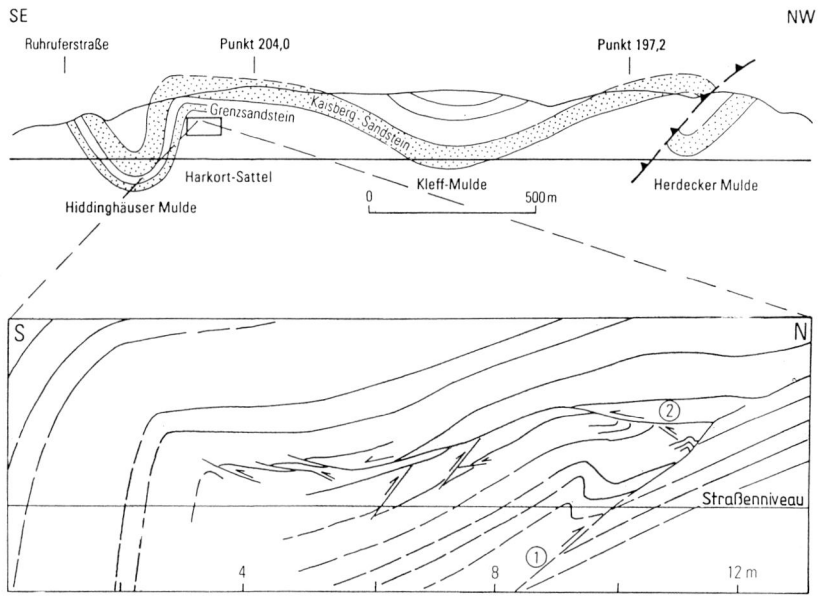

Abb. 65. Fischschwanz-Struktur in der südlichen Umbiegung des Harkort-Koffersattels bei Herdecke-Schiffswinkel n. BRAUCKMANN et al. (1993).

Der Südflügel der Kleff-Mulde trägt einen Schultersattel, hier ist der knieförmige, S-vergente Umbiegungsbereich des Harkort-Sattels aufgeschlossen. Das Profil beginnt im S im Bereich des 70–80° steil einfallenden Sattel-Südflügels (s. Abb. 65). Oberhalb des letzten Hauses steht Flöz Sengsbank in einer Pinge an. An der nach N folgenden Straßenböschung treten mehrere Dekameter mächtige Rinnensandsteine (Kaisberg-Sandstein) auf (s. Profil 10 in Abb. 28). Im Hangenden der Sandsteine stellen sich Flözniveaus in Form starker Durchwurzelung ein. An der Basis des bei km 1,31 aufgeschlossenen, etwa 10 m mächtigen Grenzsandsteins liegt die Grenze zwischen flözführendem und flözleerem Ober-Karbon. Zum Liegenden hin folgen sandige Schluffsteine, die bei km 1,37 einen Spezialsattel und anschließend eine kleine Mulde bilden; beide sind im Kern gestört. Etwa 60 m im Liegenden des Grenzsandsteins folgt der knieförmige, S-vergente Umbiegungsbereich des eigentlichen Sattelkerns (s. Abb. 65). Die Schichten bestehen dort aus einer Wechselfolge von dünnen Sandstein-Bänken und Schluffsteinen, in die mehrere unreine, bis 14 cm mächtige Kohlenflözchen eingeschaltet sind. Im Kern der Umbiegungszone erscheinen zwei S-fallende Überschiebungen, die gemeinsam eine Fischschwanz-Struktur bilden. Die steilere N-vergente Überschiebung 1 (s. Abb. 65) endet im Liegenden einer Sandstein-Bank und wird von der subhorizontalen S-vergenten Überschiebung 2 abgelöst. Letztere zerschlägt sich am oberen Ende in drei keine Überschiebungsäste. Im N schließt sich der schrägangeschnittene, flachliegende Mittelteil des kofferförmigen Harkort-Sattels an.

11. Die Hengsteysee-Straße zurück und über die B 54 in Richtung Hagen. In Hagen unmittelbar hinter der Bahn-Überführung nach rechts in den Sporbecker Weg einbiegen und diesem ca. 300 m bis zur aufgelassenen Ziegeleigrube links folgen, die in einer aufgeschuppten Faltungszone auf der Nordwestflanke des Remscheid-Altenaer Großsattels liegt. Die großenteils gut aufgeschlossenen Vor-

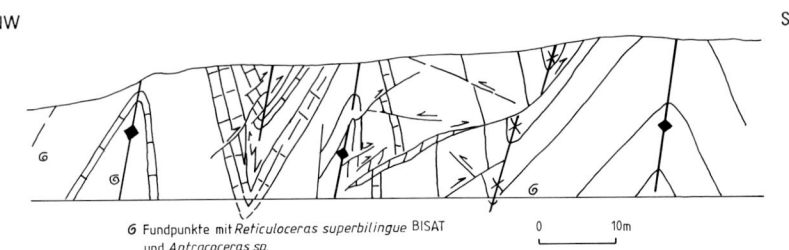

Abb. 66. Südvergente Spezialfalten an der Nordflanke des Remscheid-Altenaer Großsattels im Aufschluß Hagen-Vorhalle n. BRAUCKMANN et al. (1993), geändert.

haller Schichten bestehen hier aus schwarzen, weichen Schiefertonen, die mehr oder minder sandstreifig sind. Es treten dünne Grauwacken-Bänkchen auf. Eingeschaltete Alaunschiefer enthalten feinverteilten Schwefelkies, der teilweise auch in Knollen auftritt. Im Bereich der NE-Wand findet man flachgedrückte Goniatiten [*Bilinguites metabilinguis* (WRIGHT) und *Reticuloceras superbilingue* SALTER] in großer Zahl. Seltener sind Nautiliden (*Mitorthoceras* u. a.), Muscheln (*Anthraconeilo, Posidoniella*), Brachiopoden (*Derbyia*), Seelilien, Krebse, Fisch- und Amphibien-Reste.

Man erkennt drei Spezialsättel, die dem Kern des Sattels von Kabel angehören (s. Abb. 66). Ihre Amplituden und Spannweiten betragen zwischen 20 und 40 m. Der Baustil dieses enggefalteten Faltenstockwerkes (s. S. 109) steht im krassen Gegensatz zu demjenigen des Aufschlusses 10. Die Falten sind deutlich S-vergent. Die Achsenflächen fallen mit $70°-80°$ nach NE ein. Die S-Vergenz kennzeichnet die Nordflanke des Remscheid-Altenaer Großsattels im Raum Hagen. Der Aufschluß zeigt ferner mehrere S-vergente Überschiebungen, deren Schubweiten jedoch nur wenige Dezimeter bis Meter betragen, sowie einige Querstörungen.

Interessante Sedimentstrukturen wie feine Rippelmarken, Erosionsrinnen (washouts, RICHTER 1971 b) und kleinmaßstäbliche subaquatische Rutschungen treten häufig auf. Auf den Unterseiten der Grauwacken erkennt man Schleifmarken (groove casts) und Kolkmarken (flute casts).

12. Zurück zur B 54 und diese nach SE bis kurz vor die (auffallend blaugestrichene) Fußgänger-Brücke fahren. Dort nach rechts auf den Parkplatz und zu Fuß dem zur Bahn-Unterführung ansteigenden Weg (ca. 60 m) bis hinter diese folgen. Nach links ein kurzes Stück bis auf das Gleis-Niveau aufsteigen. Hier treten, wenn auch stark überwachsen, ausgeprägte Kleinfalten in den Hagener Schichten auf; es handelt sich um einen Engfaltungsbereich im Kern des Sattels von Kabel.

13. Über Hagen-Kabel in Richtung Hohensyburg. Nördlich des Hengstey-Sees bestehen die Unteren Sprockhöveler Schichten aus mächtigen Sandstein-Bänken (s. Profil 11 in Abb. 28). Die tiefsten dieser Bänke treten aus dem Steilhang unter der Hohensyburg als Klippen zutage. Ihre Schrägschichtungsblätter zeigen, daß die Sandsteine aus Strömungszyklen aufgebaut sind.

14. Weiter auf die Hohensyburg. Hier sehr guter geologischer und geomorphologischer Überblick. Auf der anderen Seite der Ruhr erkennt man die ausgeprägte untere Stufe der Hauptterrasse im Gebiet von Hagen-Boele in einer Höhenlage von $35-50$ m. Nach E schließen sich in Höhen von $15-20$ m und $5-10$ m über dem heutigen Talboden im Lenne-Tal die obere und untere Stufe der Mittelterrasse an. Das Gebiet zwischen Lenne, Volme und Ruhr ist als eine vorwiegend durch die Erosion dieser Flüsse geschaffene Terrassen-Landschaft aufzufassen,

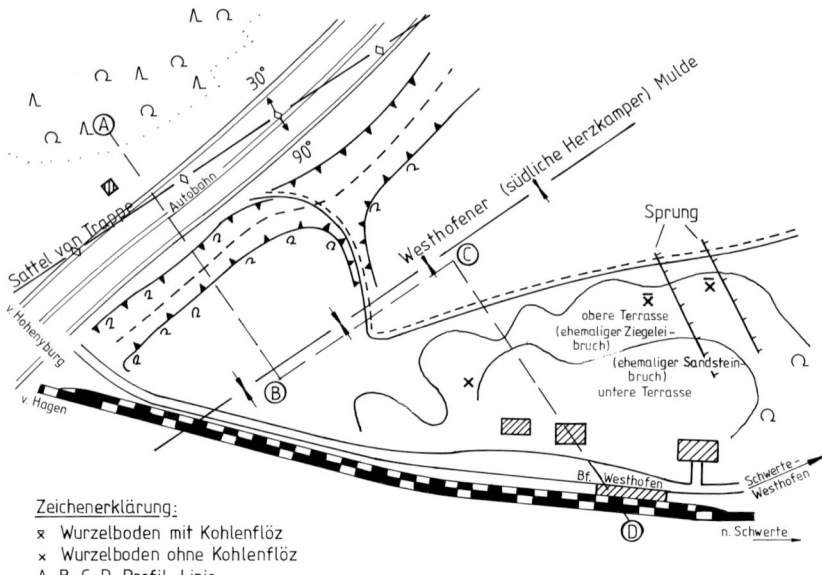

Zeichenerklärung:
⊼ Wurzelboden mit Kohlenflöz
× Wurzelboden ohne Kohlenflöz
A-B-C-D Profil-Linie

Exkursionskarte J. Grundrißliche Skizze des ehemaligen Steinbruches in Schwerte-Westhofen.

während die nördliche Talseite der Ruhr als Prallhang durch Ablenkung des Stromstriches der Ruhr infolge des Zuflusses der Nebenflüsse ausgebildet wurde.

15. Weiter bis Schwerte-Westhofen. Der aufgelassene Steinbruch (r 97000, h 99175) gegenüber dem Bahnhof Westhofen am S-Anhang des Ardey-Gebirges erschließt die Unteren Sprockhöveler Schichten auf dem Südflügel der flachen Westhofener Mulde, welche die Fortsetzung der Haßlinghauser Mulde in der südlichen Herzkamper Hauptmulde bildet (s. Exkursionskarte J u. Abb. 67). Der ehemalige Steinbruch hat zwei Abbau-Terrassen.

Das Profil (s. Abb. 68) beginnt über der Sohle der unteren Abbau-Terrasse mit einer 12–15 m mächtigen, grob gebankten, schwach konglomeratischen Sandstein-Folge (konglomeratischer Sengsbänksgen-Sandstein). Der Sandstein zeigt verschiedentlich Schrägschichtung. Er fällt deutlich nach W ein, was sich durch das Einfallen nach NW zum Muldenkern und durch das Einschieben der Muldenachse nach SW ergibt. Ein gut ausgeprägtes System steil einfallender Klüfte zerlegt das Gestein.

X. Raum Witten – Herdecke – Hagen

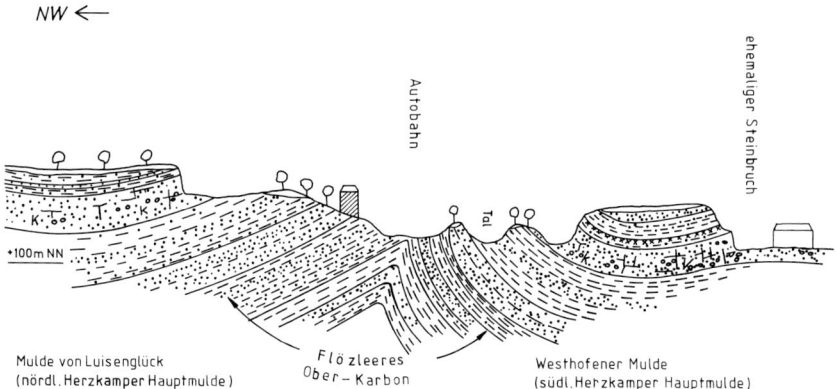

Abb. 67. Profil A-B-C-D von der Westhofener Mulde bis zur Luisenglücker Mulden. HAHNE (1958), geändert. Die Profil-Linien befinden sich auf der Exkursionskarte I.

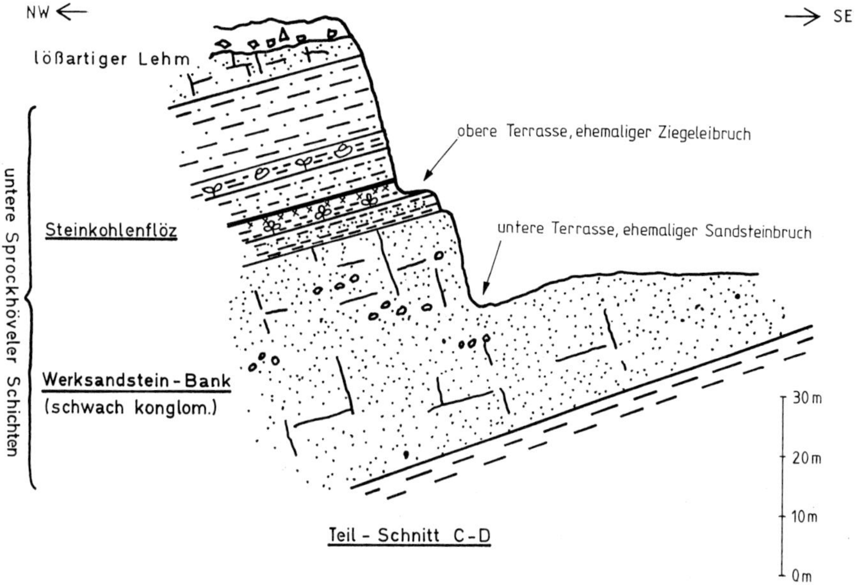

Abb. 68. Teil-Profil C-D durch den ehemaligen Steinbruch in Schwerte-Westhofen.

Auf den Sandstein folgen sandige, schwachsandige und reine Schiefertone, die früher auf der oberen Abbau-Terrasse zur Ziegelherstellung gewonnen wurden. Im unteren Teil dieser Folge tritt ein schmächtiges Kohlenflöz (Flöz Sengsbänksgen) mit einem gut ausgeprägten Wurzelboden von 1 m Dicke auf. Zwei Systeme von querschlägigen Abschiebungen haben zur Bildung von kleinen Horst- und Grabenstrukturen geführt.

Über dem ausstreichenden Steinkohlen-Gebirge findet man 1−3 m Lößlehm, der angeschwemmt worden ist und gelegentlich Moränenmaterial wie nordische Geschiebe und Feuersteine enthält.

Zurück nach Hagen.

Literaturverzeichnis

ALBERTI, G. (1962): Unterdevonische Trilobiten aus dem Frankenwald und Rheinischen Schiefergebirge (Ebbe- und Remscheider Sattel). – Geol. Jb., **81**: 135–156; Hannover.
AMLER, M. R. W., THOMAS, E., WEBER, K. M. & WEHKING, S. (1990): Bivalven des höchsten Oberdevons; nördliches Rhein. Schiefergebirge. – Geologica et Palaeontologica, **24**: 41–63; Marburg.
BACHMANN, M., MICHELAU, P. & RABITZ, A. (1971): Stratigraphie. – In: Die Karbon-Ablagerungen in der Bundesrepublik Deutschland. – Fortschr. Geol. Rheinld. u. Westf., **19**: 19–34; Krefeld.
BÄRTLING, R. (1923): Erläuterungen zu Blatt Essen. – Geol. Kt. Preußen u. benachb. dt. Ländern, 74 S., Berlin.
– (1925): Geologisches Wanderbuch für den niederrheinisch-westfälischen Industriebezirk. – 2. Aufl., Stuttgart (Verl. Enke).
BÄRTLING, R., FUCHS, A., PAECKELMANN, W. & STACH, E. (1928): Erläuterungen zu Blatt Hattingen. – Geol. Kt. Preußen u. benachb. dt. Ländern, 82 S., Berlin.
BÄRTLING, R. & PAECKELMANN, W. (1928): Erläuterungen zu Blatt Velbert. – Geol. Kt. Preußen u. benachb. dt. Ländern, 109 S.; Berlin.
BÄRTLING, R., BREDDIN, H., PAECKELMANN, W., STACH, E. & WUNSTORF, W. (1931): Blatt Velbert. – Geol. Kt. Preußen u. benachb. dt. Ländern; Berlin.
BEYER, K. (1941): Zur Kenntnis des Silurs im Rheinischen Schiefergebirge III. Die Gliederung des Ordoviciums im Kern des Remscheider Sattels. – Jb. Reichst. Bodenforsch., **61**: 254–266; Berlin.
BÖGER, H. (1962): Zur Stratigraphie des Unterkarbons im Velberter Sattel. – Decheniana, **114**: 133–170; Bonn.
BÖTH, L., BRAUCKMANN, B. & C. (1979): Trilobiten aus dem oberen Kulm (Unter-Karbon cu III β-γ) von der Kopfstation bei Neviges (Bergisches Land). – Jber. naturwiss. Ver. Wuppertal, **32**: 119–125; Wuppertal.
BRAUCKMANN, C. (1974): Neue Trilobiten aus dem Kulm von Aprath bei Wuppertal (Unter-Karbon, Rheinisches Schiefergebirge). – Geologica et Palaeontologica, **8**: 113–117; Marburg.
– (1982): Schichtfolge und Fossilführung im oberen Kulm (Unter-Karbon cu III) von Riescheid in Wuppertal (Bergisches Land). – Jber. naturwiss. Ver. Wuppertal, **35**: 79–88; Wuppertal.
– (1990): Oberdevon und Unterkarbon in Ratingen. – In: WEIDERT (Hrsg.): Klassische Fundstellen der Paläontologie, **2**: 49–58; (Verl. Goldschneck), Korb.

– (1991): Arachniden und Insekten aus dem Namurium von Hagen-Vorhalle (Ober-Karbon, West-Deutschland). – Veröffentl. Fuhlrott-Museum, **1**: 1–275; Wuppertal.
– (1992): Trilobiten aus dem Ober-Devon und Unter-Karbon im Raum Aprath. – In: THOMAS (Hrsg.): Oberdevon und Unterkarbon von Aprath im Bergischen Land (Nördliches Rheinisches Schiefergebirge). – 113–168; (Verl. Sven von Loga), Köln.
– (1994): Zum Andenken an HENRY PAUL (5.7.1909–24.6.1944). Trilobiten aus dem oberen Ober-Devon und Unter-Karbon im Verberter Sattel. – Archäologie im Ruhrgebiet, **2/3**: 25–48; Schwelm.
BRAUCKMANN, C. & KOCH, L. (1985): Spinnentiere und Insekten aus dem Ober-Karbon Westfalens. – In: Westfalen im Bild, Reihe Paläontologie, **1**: 1–36; Münster.
BRAUCKMANN, C., KOCH, L. & KEMPER, N. (1985): Spinnentiere (Arachnida) und Insekten aus den Vorhalle-Schichten (Namurium B, Ober-Karbon) von Hagen-Vorhalle (West-Deutschland). – Geol. Paläont. Westf., **3**: 1–132; Münster.
BRAUCKMANN, C., SCHÄFER, A., DROZDZEWSKI, G. & WREDE, V. (1993): Stratigraphie, Sedimentologie und Tektonik im Oberkarbon des Subvariscikums. – Exk.-Führer, 145. Hauptversammlg. dt. geol. Ges. Krefeld, Exkursion A 3: 25–40, Krefeld.
BREDDIN, H. (1926): Die mitteldevonischen Konglomerate des Schwarzbachtales bei Ratingen. – Z. dt. geol. Ges., **78**: 193–212; Stuttgart.
– (1931): Mittel- und Oberdevon im Gebiet des Velberter Sattels. – N. Jb. Miner. etc., **71**, Abt. B: 202–218; Stuttgart.
BRELIE V. D., G. (1959): Probleme der stratigraphischen Gliederung des Pliozäns und Pleistozäns am Mittel- und Niederrhein. – Fortschr. Geol. Rheinld. u. Westf., **4**: 371–388; Krefeld.
BRINCKMANN, J. (1963): Der Dornaper Massenkalkzug und seine Begleitgesteine. Stratigraphische Untersuchungen am Südflügel der Herzkämpfer Mulde. – Z. dt. geol. Ges., **114**: 121–134; Hannover.
BRINCKMANN, J., DAUBE, F., GOTTHARDT, R., HENNICKE, U., KREBS, W., MEYER, O. & PAPROTH, E. (1970): Exkursion A: Niederbergisches Land. – Z. dt. geol. Ges. **120**: 207–221; Hannover.
BURGER, K. (1964): Das erste Kaolin-Kohlentonstein-Vorkommen in den Sprockhöveler Schichten (Namur C) des Ruhrkarbons. – Geol. Mitt., **3**: 153–178; Aachen.
– (1982): Kohlentonsteine als Zeitmarken, ihre Verbreitung und ihre Bedeutung für die Exploriation und Exploitation von Kohlenlagerstätten. – Z. dt. geol. Ges., **133**: 201–255; Hannover.
BURGER, K., STADLER, G. & WOLF, M. (1971): Kaolin-Kohlentonsteine. – In: Die Karbon-Ablagerungen in der Bundesrepublik Deutschland. – Fortschr. Geol. Rheinld. u. Westf., **19**: 125–128; Krefeld.
CONIL, R. & PAPROTH, E. (1968): Mit Foraminiferen gegliederte Profile aus dem nordwestdeutschen Kohlenkalk und Kulm. Mit einem paläontologischen Anhang von R. CONIL & M. LYS. – Decheniana, **119**: 51–94; Bonn.

CONZE, R. (1984): Sedimentologische Typisierung der feinklastischen Gesteine des Ruhrkarbons. – Fortschr. Geol. Rheinl. u. Westf., **32**: 187–230; Krefeld.
CONZE, R., KRAFT, P. & STREHLAU, K. (1988): Typische Sedimentabfolgen im südlichen Ruhrkarbon (Namur C u. Westfal A). – Sediment. 88, Bochum, Exk. A: 57 S., (Geol. Inst. Ruhr-Univ.) Bochum.
DAHM, H.-D. (1966): Das marine Niveau über Flöz Finefrau-Nebenbank (Obere Wittener Schichten, Westfal A) im niederrheinisch-westfälischen Steinkohlengebirge. – Fortschr. Geol. Rheinld. u. Westf., **13** (1): 39–124; Krefeld.
DAHM, H. & SCHÖNE-WARNEFELD, G. (1962): Tutenmergel im Ruhrkarbon. – Fortschr. Geol. Rheinld. u. Westf., **3**: 643–646; Krefeld.
DAHMER, G. (1951): Die Fauna der nachordovicischen Glieder der Verseschichten. Mit Ausschluß der Trilobiten, Crinoiden und Anthozoen. – Palaeontographica, Abt. A, **101**: 1–152; Stuttgart.
DENCKMANN, A. (1907): Bericht über die wissenschaftlichen Ergebnisse der geologischen Aufnahmen in den Jahren 1903 und 1904. Gliederung des Lenneschiefers in der Gegend von Hohenlimburg. – Jb. kgl. preuß. geol. L.-Anst., **25**: 551–574; Berlin.
DIETZ, C., FLIEGEL, G. & FUCHS, A. (1935): Erläuterungen zu Blatt Burscheid. – Geol. Kt. Preußen u. benachb. dt. Ländern, 56 S.; Berlin.
DROZDZEWSKI, G. (1979): Grundmuster der Falten- und Bruchstrukturen im Ruhrkarbon. – Z. dt. geol. Ges., **130**: 51–67; Hannover.
– (1992): Zur Faziesentwicklung im Oberkarbon des Ruhrbeckens, abgeleitet aus Mächtigkeitskarten und lithostratigraphischen Gesamtprofilen. – Z. angew. Geol., **38**: 41–48; Stuttgart.
DROZDZEWSKI, G. & WREDE, V. (1989): Die Überschiebungen des Ruhrkarbons als Elemente seines Stockwerkbaus, erläutert an Aufschlußbildern aus dem südlichen Ruhrgebiet. – Mitt. geol. Ges. Essen, **11**: 72–88; Essen.
FRANKE, W., EDER, W. & ENGEL, W. (1975): Sedimentology of a Lower Carboniferous shelf-margin (Velbert Anticline, Rheinisches Schiefergebirge, W-Germany). – N. Jb. Geol. Paläont. Abh., **150**: 314–353; Stuttgart.
FRANKE, W. & PAUL, J. (1982): Über den Ursprung der Rotfärbung in Sedimentgesteinen aus der Bohrung Schwarzbachtal 1. – Senckenbergiana lethaea, **63**: 285–292; Frankfurt a. M.
FUCHS, A. (1917): Die Entwicklung der devonischen Schichten im westlichen Teile des Remscheid-Altenaer und des Ebbe-Sattels. – Jb. kgl. preuß. geol. L.-Anst., **36**: 1–95; Berlin.
– (1928a): Zur Kenntnis von Paläozoikum, Tertiär und Diluvium in der Umgebung von Solingen. – Jb. preuß. geol. L.-Anst., **48**: 555–562; Berlin.
– (1928b): Tektonische Probleme im Rheinischen Schiefergebirge, insbesondere heterotrope Faltenstellung und präsideritische Schieferung. – Z. dt. geol. Ges., **80**: 137–139, Berlin.
– (1928c): Erläuterungen zu Blatt Radevormwald. – Geol. Kt. Preußen u. benachb. dt. Ländern, 64 S.; Berlin.
– (1935a): Erläuterungen zu Blatt Solingen. – Geol. Kt. Preußen u. benachb. dt. Ländern, 65 S.; Berlin.

- (1935b): Erläuterungen zu Blatt Remscheid. – Geol. Kt. Preußen u. benachb. dt. Ländern, 53 S.; Berlin.
FUCHS, A. & PAECKELMANN, W. (1928): Erläuterungen zu Blatt Barmen. – Geol. Kt. Preußen u. benachb. dt. Ländern, 99 S.; Berlin.
FÜCHTBAUER, H. & MÜLLER, G.: (1970) Sedimente und Sedimentgesteine. – 726 S.; (E. Schweizerbart'sche Verlagsbuchhandlung), Stuttgart.
GALLWITZ, H. (1932): Die Brachiopoden des deutschen Unterkarbons, 3. Teil: Die Orthiden, Strophomeniden und Choneten des unteren Unterkarbons (Etroeungt). – Abh. preuß. geol. L.-Anst., N.F. **141**: 75–131, Berlin.
GEDENK, R. (1982): Organisch-geochemische Untersuchungen an zwei Kernproben aus der Bohrung Schwarzbachtal 1. – Senckenbergiana lethaea, **63**: 171–174; Frankfurt a. M.
GOTTHARDT, R. (1962): Geologie des Dornaper Massenkalks. – Diss. Fak. allgem. Wiss., Techn. Hochsch. Aachen, 107 S.; Aachen.
- (1963): Geologische Untersuchungen auf Kalkstein- und Dolomitlagerstätten. – Zement-Kalk-Gips, **16**: 432–442; Wiesbaden.
- (1970): Riffkalkgesteine aus dem Mitteldevon des Rheinischen Schiefergebirges und dem Dogger Luxemburgs. Strukturell-facielle Untersuchungen mit Ausblick auf die Verwendung der Kalkgesteine in der Kalkindustrie. – Geol. Mitt., **10**: 41–60; Aachen.
HAHN, G. & HAHN, R. (1968): Trilobiten aus dem Kohlenkalk von Ratingen (Rheinland). – Decheniana, **121** (1/2): 175–192; Bonn.
- (1970): Trilobiten aus dem Kohlenkalk von Sondern (Rheinland). – Decheniana, **122** (2): 217–250, Bonn.
HAHN, G. & RICHTER, D. (1975): Ein neuer Trilobiten-Fund in den Velberter Schichten (Ober-Devon) bei Kuhlendahl (Velberter Sattel, Bergisches Land). – N. Jb. Geol. Paläont. Mh., **1975**: 167–171; Stuttgart.
HAHNE, C. (1958): Lehrreiche geologische Aufschlüsse im Ruhrrevier. – 172 S.; (Glückauf-Verl.), Essen.
- (1974): Bochum: Der Geologische Garten. – Aktion Schöneres Bochum, 19 S.; (Presse- u. Informationsamt), Bochum.
HEDEMANN, H. A.; FABIAN, H. J., FIEBIG, H. & RABITZ, A. (1972): Das Karbon in marin-paralischer Entwicklung. – C.-r. 7ième Congr. Stratigr. Géol. Carbonif. Krefeld 1971, **1**: 29–47; Krefeld.
HEITFELD, K.-H. (1956): Die roten Schichten von Menden (Mendener Konglomerat). – Z. dt. geol. Ges., **106**: 387–401; Hannover.
HESEMANN, J. (1965): Die Ergebnisse der Bohrung Münsterland 1. – Forsch.-Ber. d. Landes Nordrhein-Westf., Nr. **1468**: 70 S.; (Westdeutscher Verl.), Opladen.
HESEMANN, J. & PILGER, A. (1951): Übersicht über die Blei-Zink-Erzvorkommen des Ruhrgebietes und seiner Umrandung. Der Blei-Zink-Erzgang der Zeche Auguste Victoria in Marl-Hüls (Westf.). – Monographien d. dt. Blei-Zink-Erzlagerstätten, Beih. Geol. Jb., **3**: 184 S.; Hannover.
HOYER, P. & PILGER, A. (1971): Tektonik. – In: Die Karbon-Ablagerungen in der Bundesrepublik Deutschland. – Fortschr. Geol. Rheinld. u. Westf., **19**: 41–46; Krefeld.

JACOB, D. (1964): Geologische und baugeologische Untersuchungen im Remscheid-Altenaer Sattel im Gebiet nordöstlich Remscheid-Lennep. – Unveröff. Dipl.-Arb.: 53 S.; Bonn.
JESSEN, W. (1950): „Augenschiefer"-Grabgänge, ein Merkmal für Faunenschiefer-Nähe im westfälischen Ober-Karbon. – Z. dt. geol. Ges., **101**: 23–43; Hannover.
– (1956): Exkursion in das Ruhrkarbon bei Bochum, Witten und Dortmund am 21. Mai 1955 (Cyclotheme des Ruhrkarbons und ihre Fauna und Flora). – Z. dt. geol. Ges., **107**: 296–310; Hannover.
– (1957): Besondere sedimentologische Erkenntnisse aus dem Westfal B und C im Schacht Graf Bismarck 10. – Geol. Jb., **74**: 400–446; Hannover.
JOSTEN, K.-H. (1983): Die fossilen Floren im Namur des Ruhrkarbons. – Fortschr. Geol. Rheinld. u. Westf., **31**: 327 S.; Krefeld.
KAISER, K. (1957): Die Höhenterrassen der Bergischen Randhöhen und die Eisrandbildungen an der Ruhr. – Sonderveröff. Geol. Inst. Univ. Köln, **2**, 39 S.; Köln.
KARRENBERG, H. (1954): Zur Stratigraphie und Tektonik des Velberter Sattels. – Geol. Jb., **69**: 11–26; Hannover.
– (1965): Das Alter der Massenkalke im Bergischen Land und ihre fazielle Vertretung. – Fortschr. Geol. Rheinld. u. Westf., **9**: 645–722; Krefeld.
KIENOW, S. (1953): Über Gleitfaltung und Gleitfaltschieferung. – Geol. Rdsch., **41**: 110–128; Stuttgart.
– (1956): Mechanische Probleme bei der Auffaltung der subvaristischen Vortiefe. – Z. dt. geol. Ges., **107**: 140–157; Hannover.
KLUSEMANN, H. & TEICHMÜLLR, R. (1954): Begrabene Wälder im Ruhrkohlenbecken. – Natur u. Volk, **84**, 11: 373–382; Frankfurt a. M.
KNEUPER, G. & PILGER, A. (1957): Über Erzstockwerke im Ruhrkarbon. – Geol. Jb., **74**: 643–652; Hannover.
KRAFT, T. (1992): Faziesentwicklung vom flözleeren zum flözführenden Oberkarbon (Namur B-C) im südlichen Ruhrgebiet. – Dt. wiss. Ges. f. Erdöl, Erdgas u. Kohle, DGMK-Ber. 384-6, Gemeinschaftsvorh. „Sedimentologie des Oberkarbons": 146 S.; Hamburg.
KREBS, W. (1968): Reef development in the Devonian of the eastern Rhenisch Slate Mountains, Germany. – Internat. Symp. Devonian System, Alberta Soc. Petrol. Geol., **2**: 295–306; Calgary.
– (1969): Über Schwarzschiefer und bituminöse Kalke im mitteleuropäischen Variscikum. – Erdöl u. Kohle, **22**: 2–6 u. 62–67; Hamburg.
KRUSCH, P. (1912): Der Südrand des Beckens von Münster zwischen Menden und Witten auf Grund der Ergebnisse der geologischen Spezialaufnahme. – Jb. preuß. geol. L.-Anst., **29** (1908), T. 2: 1–110; Berlin.
KÜHNE, F. (1934): Die Gliederung des Flözleeren. – Sitz. – Ber. naturhist. Ver. preuß. Rheinld.-Westf., **1932/33**: 42–50; Bonn.
KUKUK, P. (1938): Geologie des Niederrheinisch-westfälischen Steinkohlengebietes. – 706 S.; (Springer-Verl.), Berlin.
KUNZ, E. (1980): Tiefentektonik der Emscher- und Essener Hauptmulde im

östlichen Ruhrgebiet. – In: Beiträge zur Tiefentektonik des Ruhrkarbons: 85–134; Krefeld.
LANGENSTRASSEN, F. (1982): Sedimentologische und biofazielle Untersuchungen aus der Bohrung Schwarzbachtal 1 (Rheinisches Schiefergebirge, Velberter Sattel). – Senckenbergiana lethaea, **63**: 315–333; Frankfurt a. M.
LANGGUTH, H. R. (1965): Die Grundwasserverhältnisse im Bereich des Velberter Sattels (Rheinisches Schiefergebirge). – 127 S.; Düsseldorf.
LEGGEWIE, W. & SCHONEFELD, W. (1957): Pteridophyten und Pteridospermen der Sprockhöveler (= Magerkohlen-)Schichten (Namur C). – Palaeontographica, Abt. B, **101**: 1–29; Stuttgart.
LÖSCHER, W. (1922): Ruhrdiluvium und Eiszeitbildungen. – Glückauf, **58**: 229–231; Essen.
LOMMERZHEIM, A. (1976): Zur Paläontologie, Fazies, Paläogeographie und Stratigraphie der turonen Grünsande (Oberkreide) im Raum Mülheim/Broich/Speldorf (Westfalen) mit einer Beschreibung der Cephalopodenfauna. – Decheniana, **129**: 197–244; Bonn.
MACKOWSKY, M. TH. & KÖTTER, K. (1962): Kohlengerölle als; Spuren vorasturischer Bewegungen am Südrand des Ruhrkarbons. – Fortschr. Geol. Rheinld. u. Westf., **3**: 1055–1060; Krefeld.
MALMSHEIMER, K. W. (1968): Zur Sedimentation und Epirogenese im Ruhrkarbon. Sandsteine im Liegenden von Flöz Mausegatt (Oberkarbon, Westfal A, untere Wittener Schichten). – Forsch.-Ber. d. Landes Nordrhein-Westf., Nr. **2000**: 1–74; Köln-Opladen.
– (1971): Steinbruch Klosterbusch. – In: Exkursion 1, Flözführendes Oberkarbon in Nordwestdeutschland. 7ième Congr. Stratigr. Géol. Carbonif. Krefeld 1971, Exk.-Führer: 21, Krefeld.
MEISCHNER, K.-D. (1964): Allodapische Kalke, Turbidite in riffnahen Sedimentations-Becken. – Turbidites. Developm. Sedimentol., **3**: 156–191; Amsterdam.
MEYER, D. E. (1981): Der Geologische Wanderweg am Baldeneysee im Ruhrtal bei Essen. – Mitt. geol. Ges. Essen, **10**: 1–16; Essen.
MEYER, D. E. & NEUMANN-MAHLKAU, P. (1982): Das Oberkarbon des südwestlichen Ruhrgebiets zwischen Essen-Heisingen und Mülheim/Ruhr. – 134. Hauptversammlg. dt. geol. Ges. Bochum 1982, Exk.-Führer, Exk. D: 61–75; Bochum.
MICHELAU, P. (1955): *Belorhaphe kochi* (LUDWIG 1864), eine Wurmspur im europäischen Karbon. – Geol. Jb., **71**: 299–330; Hannover.
MÜLLER, E. H. (1959): Art und Herkunft des Lösses und Bodenbildungen in den äolischen Ablagerungen Nordrhein-Westfalens unter Berücksichtigung der Nachbargebiete. – Fortschr. Geol. Rheinld. u. Westf., **4**: 255–265; Krefeld.
NEUMANN-MAHLKAU, P. (1962): Das Inkohlungsbild des Steinkohlengebirges im östlichen Ruhrgebiet, dargestellt im Niveau von Flöz Sonnenschein. – Fortschr. Geol. Rheinld. u. Westf., **3**: 701–704; Krefeld.
– (1982): Die Gerölle in den Schwarzbachtal-Konglomeraten und ihre paläographische Aussage. – Senckenbergiana lethaea, **63**: 79–95; Frankfurt a. M.

ORTLAM, D. & ZIMMERLE, W. (1982): Paläopedologische Ergebnisse der Bohrung Schwarzbachtal 1 (Givetium, Rheinisches Schiefergebirge). – Senckenbergiana lethaea, **63**: 293–313; Frankfurt a. M.

PAECKELMANN, W. (1922): Über das Oberdevon und Unterkarbon des Südflügels der Herzkamper Mulde auf Blatt Elberfeld. – Jb. preuß. geol. L.-Anst., N. F. **42**: 257–306, Berlin.

– (1924): Der geologische Bau des Velberter Sattels in der Gegend von Wülfrath (Rheinld.). – Jb. preuß. geol. L.-Anst., **44** (1923): 243–279; Berlin.

– (1928 a): Die Konglomerate des oberen Mitteldevons im Schwarzbachtal bei Ratingen und ihre belgischen Äquivalente. – Z. dt. geol. Ges., **80**: 379–394; Stuttgart.

– (1928 b): Erläuterungen zu Blatt Elberfeld. – Geol. Kt. Preußen u. benachb. dt. Ländern, 57 S.; Berlin.

– (1931): Die Brachiopoden des deutschen Unterkarbons, 2. Teil: Die Productiden und *Productus*-ähnlichen Chonetinae. – Abh. preuß. geol. L.-Anst., N. F. **136**: 1–440; Berlin.

– (1942): Die Flinzschiefer des Bergischen Landes und ihre Beziehungen zum Massenkalk. – Decheniana, **101**: 108–116; Bonn.

– (1979): Erläuterung zu Blatt 4708 Wuppertal-Elberfeld. – Geol. Kt. Nordrh.-Westf., 90 S.; Krefeld.

PAECKELMANN, W. & HAMACHER, K. (1924): Geologisches Wanderbuch für den Bergischen Industriebezirk. – 197 S.; Frankfurt.

PAECKELMANN, W. & ZIMMERMANN, E. (1930): Erläuterungen zu Blatt Mettmann. – Geol. Kt. Preußen u. benachb. dt. Ländern, 84 S.; Berlin.

PAPROTH, E. (1955): Über die stratigraphische Verbreitung der nicht-marinen Muscheln im Ruhr-Karbon. – Geol. Jb., **71**: 21–50; Hannover.

– (1960): Der Kulm und die flözleere Fazies des Namurs. – Fortschr. Geol. Rheinld. u. Westf., **3**, 1: 368–422; Krefeld.

– (1964): Die Untergrenze des Karbons. – C.-r. 5ième Congr. Stratigr. Géol. Carbonif. Paris 1963, **2**: 611–618; Paris.

– (1969): Die Parallelisierung von Kohlenkalk und Kulm. – C.-r. 6ième Congr. Internat., Stratigr. Géol. Carbonif., Sheffield 1967, **1**: 279–292; Sheffield.

– (1992): Unterkarbonische Paläogeographie aus dem Velberter Sattel und aus der Herzkamper Mulde. – In: THOMAS (Hrsg.): Oberdevon und Unterkarbon von Aprath im Bergischen Land: 428–429; (Verl. Sven von Loga), Köln.

PAPROTH, E., STOPPEL, D. & CONIL, R. (1973): Révision micropaléontologique des sites dinantiens dans l'anticlinal de Velbert (Allemagne). – Bull. Soc. Belge Géol. Paléont. Hydrol., **82**: 51–139; Bruxelles.

PAPROTH, E. & STRUVE, W. (1982): Bemerkungen zur Entwicklung des Givetium am Niederrhein. Paläogeographischer Rahmen der Bohrung Schwarzbachtal 1. – Senckenbergiana lethaea, **63**: 359–376; Frankfurt a. M.

PAPROTH, E. & TEICHMÜLLER, R. (1961): Die paläogeographische Entwicklung der subvariscischen Saumsenke in Nordwestdeutschland im Laufe des Karbons. – C.-r. 4ième Congr. Stratigr. Géol. Carbonif. Heerlen 1958, **2**: 471–491; Maastricht.

PATTEISKY, K. (1959): Die Goniatiten im Namur des Niederrheinisch-westfälischen Karbongebietes. – Mitt. Westf. Berggewerkschaftskasse Bochum: 1–64; Herne.
PATTEISKY, K. & SCHÖNWALDER, L. (1960): Das tiefe Namur nördlich von Wuppertal. – Fortschr. Geol. Rheinld. u. Westf., **3**: 343–368; Krefeld.
PATTEISKY, K., TEICHMÜLLER, M. & R., unter Mitwirkung von O. LEISTIKOW (1962): Das Inkohlungsbild des Steinkohlengebirges an Rhein und Ruhr, dargestellt im Niveau von Flöz Sonnenschein. – Fortschr. Geol. Rheinld. u. Westf., **3**: 687–700; Krefeld.
PAUL, H. (1937): Die Transgression der Viséstufe am Nordrand des Rheinischen Schiefergebirges. – Abh. preuß. geol. L.-Anst., N.F., **174**: 117 S.; Berlin.
– (1938): Die Tournai-Oolithe des Velberter Sattels. – Zbl. Miner. Geol. Paläont., **1938**, Abt. B: 273–278; Stuttgart.
– (1939a): Zur Kenntnis der Viséstufe bei Ratingen. – Decheniana, **98 A**, 2: 185–190; Bonn.
– (1939b): Die Etroeungt-Schichten des Bergischen Landes. – Jb. preuß. geol. L.-Anst., **59**. 647–726; Berlin.
PFEIFFER, A. (1938): Die Brandenberg-Schichten im bergisch-sauerländischen Mitteldevon. – Diss., 60 S.; Göttingen.
PIEPER, B. (1975): Aufschlüsse des Steinkohlengebirges im Süden der Stadt Essen. – Mitt. geol. Ges. Essen, **7**: 25–32; Essen.
PILGER, A. (1956a): Der tektonische Bau des Ruhrkarbons. – Bergbau-Rdsch., **8**: 3–6; Bochum.
– (1956b): Die tektonischen Richtungen des Ruhrkarbons und ihre Beziehungen zur Faltung. – Z. dt. geol. Ges., **107**: 206–230; Hannover.
– (1957): Über den Untergrund des Rheinischen Schiefergebirges und Ruhrgebietes. – Geol. Rdsch., **46**: 197–212; Stuttgart.
PILGER, A. & STADLER, G. (1971): Blei-Zink-Vererzung. – In: Die Karbon-Ablagerungen in der Bundesrepublik Deutschland. – Fortschr. Geol. Rheinld. u. Westf., **19**. 57–60; Krefeld.
PLESSMANN, W. (1974): Turbidite in der rechtsrheinischen Geosynklinale. – Turbidites, Developm. Sedimentol., **3**: 137–141; Amsterdam.
QUITZOW, H.W. (1959): Hebung und Senkung am Mittel- und Niederrhein während des Jungtertiärs und Quartärs. – Fortschr. Geol. Rheinld. u. Westf., **4**: 389–400; Krefeld.
RABIEN, A. (1960): Zur Ostracoden-Stratigraphie an der Devon/Karbon-Grenze im Rheinischen Schiefergebirge. – Fortschr. Geol. Rheinld. u. Westf., **3**: 61–106; Krefeld.
RABITZ, A. (1966): Die marinen Horizonte des flözführenden Ruhrkarbons. Rückschau und Ausblick. – Fortschr. Geol. Rheinld. u. Westf., **13**: 243–246; Krefeld.
RIBBERT, K.-H. (1982): Die Konglomerate des Schwarzbachtales. Ein sedimentologisches Modell. – Senckenbergiana lethaea, **63**: 345–358; Frankfurt a.M.
RIBBERT, K.-H. & LANGE, F.-G. (1993): Klastika und Carbonate im Mittel- und Oberdevon des Velberter Sattels. – Exk.-Führer, 145. Hauptversammlg. dt. geol. Ges., Exkursion A **1**: 5–16, Krefeld.

RICHTER, D. (1959): Tektonisch deformierte Wurzelstubben im Westfal der Pattbergschächte (Niederrhein). – N. Jb. Geol. Paläont. Mh., **1959**: 367–380; Stuttgart.
– (1960): Schieferung und tektonische Achsen im Gebiet des Velberter Sattels (Rheinisches Schiefergebirge). – Z. dt. geol. Ges., **112**: 114–131; Hannover.
– (1961): Die δ-Achsen und ihre räumlich-geometrischen Beziehungen zu Faltenbau und Schiefrigkeit. – Geol. Mitt., **2**: 1–35; Aachen.
– (1962): Die Hochflächentreppe der Nordeifel und ihre Beziehungen zum Tertiär und Quartär der Niederrheinischen Bucht. – Geol. Rdsch., **52**: 376–404; Stuttgart.
– (1971 a): Ballen und Kissen (ball-and-pillow structure), eine weitverbreitete, bisher wenig bekannte Sedimentstruktur. – Forsch.-Ber. d. Landes Nordrhein-Westf., Nr. **2184**: 47 S.; (Westdeutscher Verl.), Opladen.
– (1971 b): Sedimentstrukturen im Rheinischen Schiefergebirge. – Forsch.-Ber. d. Landes Nordrh.-Westf., Nr. **2203**: 124 S.; (Westdeutscher Verl.), Opladen.
– (1972): Zur Entstehung von kugelschalenförmiger Verwitterung in Psammiten. – Der Aufschluß, **23**, 7/8: 232–235; Heidelberg.
– (1985): Aachen und Umgebung. Nordeifel und Nordardennen mit Vorland. – Slg. Geol. Führer, **48**, 3. Aufl.; (Verl. Gebr. Borntraeger), Berlin-Stuttgart.
RICHTER, R. & E. (1937): Die Herscheider Schichten, ein zweites Vorkommen von Ordovicium im Rheinischen Schiefergebirge und ihre Beziehungen zu den wiedergefundenen *Dayia*-Schichten. – Senckenbergiana lethaea, **19**: 289–313; Frankfurt a. M.
RÖSCHMANN, G. (1962): Wurzelböden des Ruhrkarbons. – Fortschr. Geol. Rheinld. u. Westf., **3**: 497–524; Krefeld.
ROSENFELD, U. (1960): Zur Stockwerktektonik des Gebietes zwischen Witten und Wetter an der Ruhr. – Forsch.-Ber. d. Landes Nordrhein-Westf., Nr. **754**: 27–140; (Westdeutscher Verl.), Opladen.
– (1961 a): Zur Stockwerktektonik des Ruhrgebietes. – Mitt. geol. Ges. Essen, H. **4**: 11–17; Essen.
– (1961 b): Zum Bau des Harkort-Sattels bei Wetter (Ruhr). – N. Jb. Geol. Paläont. Mh., **1961**: 312–317; Stuttgart.
– (1961 c): Stockwerktektonische Untersuchungen im Ruhr-Karbon. – Geol. Rdsch., **51**: 546–560; Stuttgart.
ROTHAUSEN, K. (1958): Die stratigraphische und paläontologische Stellung der Mitteldevonkonglomerate des Schwarzbachtales (Rheinisches Schiefergebirge). – Geol. Jb., **75**: 47–78; Hannover.
SCHERP, A. & SCHRÖDER, E. (1962): Der Albitquarzporphyr von Langerfeld-Delle, eine spätorogene Intrusion in das obere Mitteldevon des Bergischen Landes. – Fortschr. Geol. Rheinld. Westf., **3**: 1205–1224; Krefeld.
SCHMIDT, H. (1960): Die sogenannte „*Terebratula pumilio*" als Jugendform von Stringocephaliden. – Paläontol. Z., **34**: 161–168; Stuttgart.
SCHMIDT, H. & PLESSMANN, W. (1961): Sauerland. – Slg. geol. Führer, **39**: 151 S.; (Verl. Gebr. Borntraeger), Berlin.
SCHMIDT, K. H. (1975): Geomorphologische Untersuchungen in Karstgebieten

des Bergisch-Sauerländischen Gebirges. – Boch. geogr. Schrift., H. 22: 27–54; Paderborn.
SCHMIDT, WO. (1953): Das Namur-Profil von Mitzwinkel (Bl. Kettwig). – Geol. Jb., **68**: 241–270; Hannover.
– (1959): Grundlagen einer Pteraspiden-Stratigraphie im Unterdevon der Rheinischen Geosynklinale. – Fortschr. Geol. Rheinld. u. Westf., **5**: 1–82 Krefeld.
SCHMIDT, WO. & ZIEGLER, W. (1965): Eine Anthrodiren-Fauna in einem Keratophyr-Profil der Rimmert-Schichten (Underdevon) des Ebbe-Antiklinoriums (Rheinisches Schiefergebirge). – N. Jb. Geol. Paläont. Mh., **1965**: 221–223; Stuttgart.
SCHÖNWÄLDER, L. (1958): Aufschlüsse im Raum Essen. 11. Die Aufschlüsse an der Verbandsstraße zwischen Essen-Steele und Essen-Heisingen. 12. Der Sutan-Aufschluß bei der Zeche Carl Funke in Essen-Heisingen. – In: HAHNE, C. Lehrreiche geologische Aufschlüsse im Ruhrrevier: 98–110; (Verl. Glückauf), Essen.
SCHRÖDER, G. & TAUPITZ, K.-Ch. (1965): Fazies und Tektonik des Devons bei Hochdahl (Niederbergisches Land). – Fortschr. Geol. Rheinld. u. Westf., **9**: 677–694; Krefeld.
SCHULZ-DOBRICK, B. (1982): Geochemie devonischer Sedimentgesteine der Bohrung Schwarzbachtal 1 im Rhenoherzynikum. – Senckenbergiana lethaea, **63**: 161–170; Frankfurt a. M.
SEIDEL, G. (1953): Tektonische Zusammenhänge im niederrheinisch-westfälischen Steinkohlengebirge. – Z. dt. geol. Ges., **104** (1962): 185–187; Hannover.
– (1955): Zur Tektonik des Ruhrgebietes. – Z. dt. geol. Ges., **105**: 555–557; Hannover.
SPRIESTERSBACH, J. (1925): Die Oberkoblenzschichten des Bergischen Landes und Sauerlandes. – Jb. preuß. geol. L.-Anst., **45**: 367–450; Berlin.
– (1942): Lenneschiefer (Stratigraphie, Facies und Fauna). – Abh. Reichsamt Bodenforsch., N.F., **203**: 219 S.; Berlin.
SPRIESTERSBACH, J. & FUCHS, A. (1909): Die Fauna der Remscheider Schichten. – Abh. Kgl. preuß. geol. L.-Anst., N.F., **58**: 117 S.; Berlin.
STADLER, G. (1962): Zusammenfassende Bemerkungen zur Genese der Kaolin-Kohlentonsteine. – Fortschr. Geol. Rheinld. u. Westf., **3**: 641–642; Krefeld.
STEHN, O. (1972): Das Naturdenkmal „Geologischer Garten" in Bochum-Wiemelshausen. – Mitt. Landesst. f. Naturschutz u. Landschaftspflege in Nordrhein-Westf., **2** (8): 229–237; Düsseldorf.
STEHN, O. (1988) mit Beitr. von HEWIG, R., KAMP, H. VON, NÖTTING, J., SCHRAPS, W.-G. & VIETH-REDEMANN, A.: Erläuterungen zu Blatt 4509 Bochum. – Geol. Kt. Nordrhein-Westf. 1:25000, 2. Aufl.: 130 S.; Krefeld.
STICKEL, R. (1927): Zur Morphologie der Hochflächen des linksrheinischen Schiefergebirges und der angrenzenden Gebiete. – Beitr. Landeskd. Rheinld., H. 5: 17–58; Leipzig.
STREEL, M. & PAPROTH, E. (1982): Mitteldevonische Sporen aus der Bohrung Schwarzbachtal 1. – Senckenbergiana lethaea, **63**: 175–181; Frankfurt a. M.

STRUVE, W. (1982): Schaltier-Faunen aus dem Devon des Schwarzbach-Tales bei Ratingen, Rheinland. − Senckenbergiana lethaea, **63**: 183−283; Frankfurt a. M.
TEICHMÜLLER, M. & R. (1971): Inkohlung. − In: Die Karbon-Ablagerungen in der Bundesrepublik Deutschland. − Fortschr. Geol. Rheinld. u. Westf., **19**: 47−56; Krefeld.
TEICHMÜLLER, R. (1955): Das Steinkohlengebirge südlich von Essen. Ein geologischer Führer. − 16 S., 2 Taf.; (E. Schweizerbart'sche Verlagsbuchhandlung), Stuttgart.
− (1956): Die Entwicklung der subvariscischen Saumsenke und der Werdegang des Ruhrkarbons. − Z. dt. geol. Ges., **107** (1955): 55−65; Hannover.
− (1962 a): Zusammenfassende Bemerkungen zur Diagenese im Ruhrkarbon und ihre Ursachen. − Fortschr. Geol. Rheinld. u. Westf., **3**: 725−734; Krefeld.
− (1962 b): Die Entwicklung der subvariscischen Saumsenke nach dem derzeitigen Stand unserer Kenntnisse. − Fortschr. Geol. Rheinld. u. Westf., **3**: 1237−1254; Krefeld.
TEICHMÜLLER, R. & M. (1950): Spuren vorasturischer Bewegungen am Südrand des Ruhrkarbons. − Geol. Jb., **65**: 497−506; Hannover.
− (1954): Zur mikrotektonischen Verformung der Kohle. − Geol. Jb., **69**: 497−506; Hannover.
THOMAS, E. (1979): Schlangensterne aus dem Oberdevon des Bergischen Landes. − Der Aufschluß, **30**: 283−286; Heidelberg.
− (1981): Das Unterkarbon von Aprath im Bergischen Land. − Der Aufschluß, **32**: 276−306; Heidelberg.
THOMAS, E. & ZIMMERLE, W. (1992): Geologie der Baustelle B 224 bei Aprath, vom Tunnel „Im großen Busch" bis „Straßeneinschnitt Kohleiche". − In THOMAS (Hrsg.): Oberdevon und Unterkarbon von Aprath im Bergischen Land (Nördliches Rheinisches Schiefergebirge): 8−77; (Verl. Sven von Loga), Köln.
THOME, K. N. (1970): Die Bedeutung der Ennepe-Störung für die Sedimentations- und Faltungsgeschichte des Rheinischen Schiefergebirges. − Fortschr. Geol. Rheinl. u. Westf., **17**: 75−808; Krefeld.
VINKEN, R. (1959): Sedimentpetrographische Untersuchung der Rheinterrassen im östlichen Teil der Niederrheinischen Bucht. − Fortschr. Geol. Rheinl. u. Westf., **4**: 127−170; Krefeld.
VOIGT, R. (1968): Schichtenfolge und Tektonik im westlichen Teil des Remscheid-Altenaer Großsattels (Rheinisches Schiefergebirge). − Geol. Mitt., **8**: 143−216; Aachen.
WACHENDORF, H. (1962): Wesen und Herkunft der Sedimente des westfälischen Flözleeren. − Diss. Univ. Göttingen, 61 S.; Göttingen.
WEIDENBACH, F. (1952): Gedanken zur Lößfrage. − Eiszeitalter und Gegenwart, **2**: 25−36; Stuttgart.
WOLF, M. (1982): Kohlenpetrographische Untersuchungen an den dunklen Sedimenten der Bohrung Schwarzbachtal 1, insbesondere zur Bestimmung ihres Diagenese-Grades. − Senckenbergiana lethaea, **63**: 141−146; Frankfurt a. M.

WREDE, V. (1982): Genetische Zusammenhänge zwischen Falten- und Überschiebungstektonik im Ruhrkarbon. – Z. dt. Geol. Ges., **133**: 185–199; Hannover.
– (1992): Störungstektonik im Ruhrkarbon. – Z. angew. Geologie, **38**: 94–104, Hannover.
WUNSTORF, W. (1931): Erläuterungen zu Blatt Kettwig. – Geol. Kt. Preußen u. benachb. dt. Länder, 84 S., Berlin.
ZIEGLER, W. (1962a): Conodonten aus den Hüinghäuser Schichten (Gedinnium) des Remscheider Sattels. – Sympos. Silur/Devon-Grenze: 296–303; (E. Schweizerbart'sche Verlagsbuchhandl.), Stuttgart.
– (1962b): Taxionomie und Phylogenie oberdevonischer Conodonten und ihre stratigraphische Bedeutung. – Abh. hess. L.-Amt Bodenforsch., **38**: 166 S.; Wiesbaden.
– (1969): Erläuterungen zu Blatt Plettenberg. – Geol. Kt. Nordrhein-Westf. 1:25000, 68 S.; Krefeld.
ZIEGLER, W., HILDEN, H. D. & LEUTERITZ, K. (1968): Die Neugliederung der ehemaligen Rimmertschichten im Ebbe-Sattel, Bl. Plettenberg. – Fortschr. Geol. Rheinld. u. Westf., **16**: 117–139; Krefeld.
ZIMMERLE, W., GAIDA, K.-H., GEDENK, R., KOCH, R. & PAPROTH, E. (1980): Sedimentological, mineralogical, and organic-geochemical analysis of Upper Devonian and Lower Carboniferous strata of Riescheid, Federal Republic of Germany. – Meded. Rijks geol. Dienst, **32**: 34–43; Harlem.

Geologische Karten

Geologische Übersichtskarte des nördlichen Sauerlandes und des Bergischen Landes. 1:100000. – Bearb. v. A. FUCHS, hrsg. v. d. preuß. geol. L.-Anst.; Berlin 1928.

Geologische Übersichtskarte von Deutschland, Abteilung Preußen und Nachbarländer 1:200000. – Bearb. v. W. SCHRIEL, hrsg. v. d. preuß. geol. L.-Anst.; Berlin 1939.

Geologische Karte von Nordrhein-Westfalen 1:100000: C 4706 Düsseldorf-Essen (1980) und C 4710 Dortmund (1989). – Geol. L.-Amt Nordrhein-Westf.; Krefeld.

Geologische Übersichtskarte des Ruhrkarbons 1:100000, dargestellt an der Karbonoberfläche. – Geol. L.-Amt Nordrhein-Westf.; Krefeld 1982.

Geologische Übersichtskarte des Rheinisch-Westfälischen Steinkohlengebietes; dargestellt an der Karbonoberfläche. 1:10000. – Geol. L.-Amt Nordrhein-Westf.; Krefeld 1958.

Geologische Übersichtskarte von Nordrhein-Westfalen 1 : 500000. – Bearbeitet v. E. SCHRÖDER, hrsg. v. Ministerpräsidenten d. Landes Nordrhein-Westf., Landesplanungsbehörde; Düsseldorf 1952.
Geologische Karten 1 : 25000, hrsg. v. d. preuß. geol. L.-Anst. Berlin: 2575 Mülheim, 2576 Essen, 2577 Bochum, 2578 Witten, 2579 Hörde, 2649 Kettwig, 2650 Velbert, 2651 Hattingen, 2652 Hagen, 2719 Mettmann, 2720 Elberfeld, 2721 Barmen, 2781 Solingen, 2782 Remscheid.
Geologische Karten 1 : 25000, hrsg. v. Geol. L.-Amt Nordrhein-Westf. Krefeld: 4507 Mülheim/Ruhr, 4508 Essen, 4509 Bochum, 4510 Witten, 4708 Wuppertal-Elberfeld, 4709 Wuppertal-Barmen.

Sachregister

Achsenrampe 106
Actinostroma-Arten 24, 132, 137
Adelscheid-Mulde 97
Adorf 33, 35, 37, 38
Alaun 59
Albit-Quarzporphyr 93, 94
Alkalikeratophyr-Tuff 18
Altflächen-System 80, 115
Alveolites 23, 135, 145
Amphiphora-Rasen 23, 24, 132, 137
Angertal-Schichten 45
Ankerit 113, 115
Arnsberger Schichten 63, 64, 66, 127, 158, 170
Ashgill 2
Asturische Tektogenese 62, 71, 94, 100, 104
Aufschiebung 100
Augenschieferton 75, 182

back reef 23
back-reef-Subfazies 132, 145
Ballen- und Kissenstrukturen 158, 174
Bankinterne (schichtinterne) Verfältelung 43, 127
Barmer Diabas 92, 129
Bioarenit 54
Bioherm-Komplex 36, 147
Bioklastit 54
Biorudit 54
Biosparit 54
Biostrom 24, 125, 132
Bioturbation 53, 121, 127, 158
Bitumengehalt 39
Bleiglanz 112, 113, 114, 177

Blei-Zink-Vererzung 53, 111, 112, 177
Bochumer Grünsand 79, 173
Bochumer Hauptmulde 95
Bochumer Schichten 73, 74, 75, 159, 175
Bodenfließen 84, 88
Bohrung Schwarzbachtal1 10, 13
Bommerbänker Mulde 189, 191
Brachiopoden 3, 7, 9, 10, 14, 16, 23, 24, 30, 34, 40, 44, 45, 47, 56, 59, 60, 119, 126, 140, 145, 155, 183, 197
Brackwasser-Muscheln 67
Brandenberg-Fazies 14
Brandenberg-Schichten 7, 9, 10, 14, 28, 94, 121, 122, 123, 125
Brandschiefer-Ton 182
Brauneisenstein 113
Braunkohle 82
Bredeneck-Schichten 4, 118
Brekzien-Erz 113
Bruchschollen 80
Brüggen-Kaltzeit 84
Bryozoen 57, 140
Bunte Ebbe-Schichten 5, 119
Buntsandstein 78

Calamiten 158, 160, 163, 173, 175, 182, 189
Cenoman 79, 173, 182
Cephalopoden 34, 41, 44, 47, 58, 60, 64, 66
Choneten 60
Clymenien 48
„coarsening-upward"-Sequenz 190
cone-in-cone-Strukturen 67

Sachregister

Conodonten 30, 57, 58
couches de passage 58, 155
Crinoiden 47, 54, 55, 135, 140, 143, 150

Dachziegel-Lagerung 142
Dasberg 43
δ-Lineare 105, 137, 148, 155
Diabas 92, 129
Diabas-Gänge 91,92
Dinant 48, 67, 135
Doline 80, 126, 132, 142
Dolinen-Landschaft 116
Dolomit 27,131, 133
Dorp-Fazies 23, 24, 27, 32, 132, 133, 145, 149
Dorstener Schichten 75
Driftholz 158, 162, 163, 175, 177, 186

Echinodermen 24, 132, 145
Eckesberger Kalk 24
Eem-Warmzeit 89
Eifel-Stufe 8, 10, 13
Elster-(Mindel-) Eiszeit 85
Endmoräne 87
Ennepe-Störung 48, 103, 104
Eozän 80
Erosionsrinne 18, 142, 147, 155, 197
Esborner Hauptsattel 95, 194
Essener Grünsand 79, 183
Essener Hauptmulde 95, 171
Essener Schichten 75
„Etroeungt" 45, 140, 150, 151, 152, 157

Faltenverspringen 107
Farne 177
„fining-upward"-Sequenz 190
Fischreste 190
Fischschwanz-Struktur 100, 165, 166, 195, 196
Fischzähne 81
Flinzkalke 39, 40
Flinzschiefer 14, 27, 29, 30, 80, 133, 137, 138, 147, 149

Flözführendes Ober-Karbon 67, 68
Flözleeres Ober-Karbon 62, 63
Flugsand 88
Flysch-Fazies 61
Flysch-Sedimente 48, 61, 77
Foraminiferen 57, 81
fore-reef-Subfazies 145
Frischwasser-Fazies 3, 49, 75
Frischwasser-Schelfmeer 49

Gastropoden 14, 23, 24, 34, 88
Gattendorfia-Stufe 46, 58, 157
Gebänderte Schiefer 40, 133
Gebirgsrumpf 1, 115
Gedinne 3
Gelsenkirchener Sattel 115
Geröllsandstein 5, 32
Gips 59, 184
Givet-Stufe 13, 18, 20, 21, 30, 37
Glaukonit 79
Goniatiten 39, 60, 62, 64, 65, 66, 73, 135, 177, 197
Goniatiten-Fazies 64
Gradierte Schichtung 54, 66, 152, 155, 157
Grafenberger Sande 81
Graptolithen 2, 3
Graue Kalkknoten- und Kalkknollenschiefer 36, 41, 42
Graue und Grüne Kalkknotenschiefer 42, 133
Grauwackenschiefer-Horizont 3
Grauwacken-Zone s. Hagener Schichten
Grenzsandstein 63, 71, 125, 194
Großfalten 95, 106
Grundgebirge 2
Grundmoräne 86

Hagener Schichten 63, 64, 65, 66, 127
Hangenberg-Kalk 58
Hangenberg-Schichten 46, 47, 58, 129
Hangenberg-Schiefer 47

Hangende Alaunschiefer 57,
  60, 62, 129, 155
Hangende Flaserkalke 36, 145, 147
Hanglehm 84
Harkort-Sattel 111, 194, 196
Hasper-Mulde 104
Hasper-Sattel 104, 125, 126
Hauptgrauwacken-Bankfolge 64
Hauptkonglomerat 17, 18, 140
Hauptterrasse 84, 85, 173, 192, 197
Heinricher Mulde 97, 167
Heinricher Sattel 97, 166, 167
Heisinger Mulde 97, 160
Hemberg 41, 42
Herscheider Schichten 2, 118, 119
Herzkamper Hauptmulde 1,
  36, 53, 54, 55, 95, 102, 135, 194, 198
Herzynische Fazies 3, 13, 41, 75
Hiddinghauser Mulde 194
Hohbräcker Fazies 9
Hohbräcker Schichten 7, 8, 9,
  120, 123
Hohenhöfer Schichten 7, 120, 121
Hohenstein-(Ardey-)Sattel 162, 191
Holozän 90
Holthauser Sattel 175
Homo sapiens neanderthalensis 89, 137
Hornstein-Lagen 53, 152, 154
Horster Schichten 75
Hüinghäuser Schichten 4, 118

Iberg-Fazies 23, 24, 33, 34, 36,
  132, 145, 147, 149
Iberger Kalk 33, 37
Inkohlung 70, 71
Insekten- und Spinnentier-Fauna 66

Jungflächen-System 80, 115
Jungkimmerische Tektogenese 78

Kaisberg-Sandstein 71, 194, 195
Kaisberg-Schichten 71
Kalkarenit 23
Kalk-Turbidit 38, 54, 58, 76,
  154, 155, 157

Kalzilutit 23
Kaolin-Kohlentonstein 69
Karbonat-Plattform 25, 50
Kettwiger Abbruch 107, 170
Keuper 78
Kieselkalke 60
Kieseloolithe 83
Kieselschiefer 5, 59, 60
Kirchhörder Sattel 189, 191
Kleff-Mulde 111, 195
Kleinfalten 97, 99, 101, 106,
  109, 127, 137, 152, 164, 169, 170
Köbbinghäuser Schichten 3
Königsborner Konglomerat 119
Kofferfalte 90, 111, 166, 169, 195
Kohlenflöz s. Steinkohlen-Flöz
Kohlenkalk 48, 49, 54, 55, 56,
  57, 77, 97, 105, 112, 113, 129, 135,
  141, 152, 155, 157
Kohlenkalk-Fazies 51, 58, 75
Kolkmarken s. Strömungskolkmarken
Konglomerat 5, 9, 64, 67, 71
Korallen 14, 23, 24, 56, 132, 145, 149
Kramenzeln 43
Kreide 78, 115
Kulm 48, 51, 55, 56, 57, 155
Kulm-Fazies 48, 54, 58, 61, 76,
  77, 135, 157
Kulm-Kieselschiefer 59, 129, 157
Kupferkies 112, 113, 115

Labiatus-Mergel 79, 173
Lamarcki-Schichten 79
Lamellibranchiaten 7, 8, 9, 10,
  14, 21, 23, 34, 39, 41, 47, 56, 60, 163
Lenneschiefer 13
Lenneschiefer-Fazies 7, 10
Lepidodendron 158, 160, 173, 182
Liegende Alaunschiefer 58
Liegende Alaun- und Kiesel-
  schiefer 59
Liegende Flaserkalke 27, 145,
  147, 149
Llanvirn 2
Löß 70, 87, 88

Sachregister

Lößlehm 88, 173, 183, 200
Lößschnecken 88
Ludlow 3

Mandelstein 92, 129
Mariner Horizont 62, 67, 73, 74, 75, 177, 182, 189, 190
Markasit 112, 177
Massenkalk 21, 22, 23, 24, 27, 28, 29, 30, 32, 33, 34, 35, 36, 38, 39, 124, 125, 126, 131, 132, 133, 137, 142, 145, 147, 149
Matagne-Schichten 39, 40, 133, 136
Mergelsberger Schichten 16, 17, 18, 140
Mergelsberger Sattel 36, 97
Miozän 81, 82
Mitteldeutsche Kristallinschwelle 48, 64, 76
Mittel-Devon 8
Mittelterrasse 85, 192, 197
Molasse 62, 69, 77
Molasse-Schichten 67
Morgenröther Sattel 166
Mühlenberg-Schichten 7, 9, 123
Mulde von Gottessegen 191
Muscheln s. Lamellibranchiaten

Namur 60, 61, 62, 63, 65, 67, 80, 83, 116
Nehden 40, 41, 137
Niederrheinische Bucht 80, 83
Niederterrasse 86
Nierenkalke 40, 133
Nöckesberger Sattel 159, 163, 175

Ober-Devon 33, 36
Obere Arnsberger Schichten 64, 65, 127
Obere Cypridinenschiefer 47, 58, 129
Obere Flinzschiefer 36, 38, 133, 136, 147
Obere Hangenberg-Schichten 58

Obere Honseler Schichten 14, 15, 21, 27, 122, 124
Obere Matagne-Schichten 41, 92
Oberer Tonschiefer-Horizont 3, 118
Ober-Karbon 61
Ober-Kreide 79
Ober-oligozäner Meeressand 171
Oberkalk-Bänke 4, 118
Old-Red-Festland 5, 10, 11, 12, 13, 20, 76
Oligozän 80, 115
Oolith 51, 54, 141
Oolith-Gürtel 50
Ordovizium 2
Orthoceren 60
Osterholz-Schiefer 27, 28, 132
Ostracoden 7, 8, 9, 40, 41, 135, 182
Ostracoden-Kalk 45, 51, 140, 152

Paleozän 80
patch reef 30
Pellet-Kalke 54, 141
Perm 78
Pflanzenreste 10, 64, 66, 158, 160, 163, 167, 171, 173, 175, 177, 180, 182
Pharciceras-Schichten 135
Phosphorit-Konkretionen 53, 59, 173
Plattenkalke 36, 37, 38, 133, 137
Plattensandsteine 41, 127, 133
Pliozän 82, 83, 194
Posidonien-Schiefer 60, 129, 157
Prä-Devon 2
Prä-oligozäne Landoberfläche 80, 125
Primus 107
Productiden 60
Pyrit 39, 44, 59, 112, 155

Quartär 83, 194
Quartus 107
Quarzit-Zone s. Arnsberger Schichten
Querschuppen 102
Querstörung 107, 113, 191
Quintus 107

Ratinger Ton 80, 81, 142, 171
Reliefumkehr 194
Remscheid-Altenaer Großsattel 1, 2, 4, 7, 8, 9, 10, 14, 21, 33, 35, 37, 39, 40, 41, 47, 58, 91, 95, 97, 101, 116, 118, 120, 124, 131
Remscheider Sattelhorst 102
Remscheider Schichten 6, 7, 119, 120, 121, 123
Rheinische Fazies 3, 41, 75
Richrather Kalk 51, 52, 141, 152, 154, 155
Riefenmarken 66, 127
Riffkern-Subfazies 132
Riff-Plattform 23
Riffschutt 142, 155
Riffschuttkalk 142
Riffschutt-Strom 143, 155
Riff-Wachstum 21, 33, 132
Rimmert-Schichten 5
Rippelmarken 121, 197
Rippelschichtung 121, 180, 184, 186
Rohdenhauser Sattel 36, 97
Rote und Grüne Cypridinenschiefer 42, 133
Rote und Grüne Kalkknotenschiefer 42, 133
Rotliegendes 78

Saale-(Riß-)Eiszeit 85
Sattel-Aufbruch 3, 102
Sattel von Kabel 197
Sauerländische Fazies 41, 42, 44, 133
Schichtlücke 4, 5, 9
Schieferung 100, 101. 105, 121, 137, 147, 148, 154, 155, 158, 170
Schlangensterne 47
Schleifmarken 41, 66, 158, 197
Schloenbachi-Pläner 79
Schmachtenberg-Mulde 97, 149
Schnecken s. Gastropoden
Schrägschichtung 44, 68, 171, 175, 176, 177, 180, 182

Schultersattel 111, 160, 163, 196
Schwarzbachtal-Konglomerate 15, 19, 20
Schwarze Schichten 12,13, 15, 76
Schwarzschiefer-Transgression 13
Schwefelkies 30, 112, 129, 177
Schwelmer Kalk 21, 23, 37
Schwelm-Fazies 21, 23, 24
Schwelm-Vörder Mulde 124
Schwerspat 112, 113, 114
Secundus 107
Sedimentstrukturen 10, 41, 127, 180, 197
Seitenlängung 102, 106
Seitenverschiebung 100, 106, 108
Selektive Klein- und Mikrofalten 95, 101, 106
Sengsbank-Sandstein 71
Sigillarien 158, 160, 177, 182
Siles 61
Silur 3
Soester Grünsand 62, 79, 173
Sohlmarken 41, 43
Solifluktion s. Bodenfließen
Solinger Sattelhalbhorst 83, 102
Spezialfalten 97, 101, 107, 165, 169
Sprockhöveler Schichten 71, 73, 166, 169, 170, 175, 176, 194, 195, 198
Steinkohlen-Flöz 11, 67, 68, 69, 70, 71, 73, 74, 75, 158, 160, 163, 166, 167, 176, 177, 178, 180, 182, 184, 185, 186, 189, 190, 192, 200
Stigmarien 68, 173, 182
Stillwasser-Becken 38, 76
Stillwasser-Bedingungen 13, 48
Stillwasser-Bereich 30
Stillwasser-Bioherm 147
Stillwasser-Fazies 3, 49, 50, 76, 77
Stockumer-Hauptsattel 95, 158, 175, 176
Strömungskolkmarken 41, 66, 127, 158, 197
Strömungsrippeln 32, 44
Stromatopora-Polster 23

Sachregister

Stromatoporen 14, 23, 24, 30, 32, 132, 133, 135, 140, 145, 149, 150
Stromatoporen-Biostrom 14, 24
Subaquatische Rutschung 143, 197
Subvariszische Saumtiefe 61, 62, 67, 69
Sudetische Tektogenese 58
Süßwasser-Molasse 77
Sumpfwald 67, 69
Suspensionsstrom 38, 55, 66, 76, 77
Sutan 99, 100, 164, 169

Tektonisches Stockwerk 101, 109
Tertiär 79
Tertiär-Quarzite 82
Tertius 107
Thamnoporen 135
Toneisenstein 3, 6, 59, 64, 79, 159, 173, 177, 182, 183
Tournai 45, 46, 49, 50, 51, 53
Transgressionskonglomerat 78, 173, 182
Trilobiten 3, 42, 44, 47, 56, 58, 60, 135, 136, 140, 155
Tuff-Horizont 30
Tuffit-Lagen 55, 60, 129, 152, 154, 155
Turbidite 77, s. auch Kalk-Turbidite
Turon 79

Überschiebung 99, 100, 166, 169, 170
Unter-Devon 3
Untere Arnsberger Schichten 63
Untere Cypridinen-Schiefer 41, 133
Untere Flinzschiefer 14, 27, 29
Untere Hangenberg-Schichten 47
Untere Honseler Schichten 7, 13, 124
Untere Matagne-Schichten 39, 40, 133, 147
Unterer Tonschiefer-Horizont 3
Unter-Karbon 48, 77

Variszische Orogenese 1, 48, 62, 75
Variszisches Gebirge 67, 78
Velberter Fazies 41, 42, 44, 133, 136
Velberter Großsattel 1, 10, 14, 20, 21, 22, 27, 29, 30, 36, 37, 40, 43, 44, 45, 51, 53, 54, 63, 80, 95, 97, 101, 104, 106, 111, 116, 138, 148, 157
Velberter Schichten 6, 43, 44, 45, 80, 105, 143, 149, 154, 155, 156, 157
Velberter Tournai-Schwelle 50, 59
Vererzung 111, 115
Verkarstung 80, 82, 91
Verse-Schichten 4, 118, 119
Verwitterungsrinde 82
Visé 63, 66
Vorhaller Schichten 63, 66, 127, 158, 170, 194, 196

Wattenscheider Hauptsattel 95, 164
Weichsel-(Würm-)Eiszeit 88
Weitmarer Sattel 180
Wengerner Sattel 164, 194
Westfal 73
Westhofener Mulde 198
Wiescher Mulde 171
Wittener Hauptmulde 95, 175
Wittener Schichten 73, 164, 166, 171, 176
Wülfrather Sattel 36, 38, 44, 97, 105, 112, 139, 145
Wurzelboden 11, 68, 160, 163, 166, 167, 173, 177, 178, 182, 189, 190, 200

Zandvoort-Krefelder Hoch 20, 32, 63
Zechstein-Meer 78
Ziegelschiefer-Zone s. Vorhaller Schichten
Zinkblende 112, 113, 114, 115, 177
Zwischenschiefer 46, 51, 53, 141, 152, 155
Zyklotheme 68, 69, 160, 167, 189

Ortsregister

Ardey-Gebirge 191, 192

Bahnhof Isenbügel 152
Barmer Talsperre s. Obere
  Herbringhauser Talsperre
Beyenburg s. Wuppertal-Beyenburg
Birschels 27, 131
Bismarck-Turm 174
„Blauer See" 80, 140
Bochum-Wiemelshausen 179
Brauerei „Waldschloß" 129
Buchenhofen 122
Burg Volmarstein 194

Cronenberg s. Wuppertal-Cronenberg

Deisemannskopf 122
Delle s. Schwelm-Delle
Dornap s. Wuppertal-Dornap
Dorp 35
Dresberg 51
Düssel s. Wülfrath-Düssel

Eckesberg 35
Elberfeld s. Wuppertal-Elberfeld
Erkrath 37, 137, 138
Essen-Heisingen 159, 161, 162
Essen-Kupferdreh 86, 158, 159
Essen-Werden 86, 166

Gasthaus „Hubertus" 138
Gasthof „Em Kömpken" 122
Gaststätte „Alt Bergschen" 170
Gehöft „Backhaus" 154
Gehöft „Gau" 136
Gehöft „Götzenberg" 142
Gehöft „Gut Oberberge" 126

„Geologischer Garten" 179
„Geologische Wand" 159
Gevelsberg 102, 125
Güterbahnhof Hahnenfurth 40, 133, 134
Gut „Steinberg" 135

Hagen 196, 197
Hahnenfurth s. Wuppertal-Hahnenfurth
Hahnenhof 16, 140
Hattingen 69, 175
Hatzfeld s. Wuppertal-Hatzfeld
Hefel 53, 54, 106, 112, 152
Heiligenhaus 30
Hengstey-See 2, 195, 197
Herdecke 111
Höltersmorp 30
Hösel s. Ratingen-Hösel
Hof „Jäger" 125
Hofermühle 32, 36, 149
Hohensyburg 197
Hückeswagen 13

Ilbeck 16
Isenberg 175

Kalksteinbruch „Birschels" 131
Kalksteinbruch „Hahnenfurth" 133
Kalksteinbruch „Hanielsfeld" 132
Kalksteinbruch „Hofermühle-Nord" 149, 150, 151
Kalksteinbruch „Hofermühle-Süd" 150
Kalksteinbruch Nord-Erbach 147
Kalksteinbruch „Rohdenhaus" 150
Kalksteinbruch „Schlupkothen" 145

Ortsregister

Kalksteinbruch „Voßbeck" 132
Kampmann-Brücke 159
Kemna s. Wuppertal-Kemna
Kettwig 87, 170
Kindshof 37
Kopfstation Neviges 52, 54, 44, 56, 57, 157
Korreshäuschen 38
Kupferhammer 122

Langerfeld s. Wuppertal-Langerfeld
Lindenberg 124
Linderhausen s. Schwelm-Linderhausen
Lüntenbeck 116
Lüttringhausen s. Remscheid-Lüttringhausen

Mergelsberg 16
Mettmann 38
Möddinghöfe s. Wuppertal-Möddinghöfe
Mülheim-Broich 171, 172
Müngstener Brücke 119

Neandertal 27, 36, 38, 80, 89, 137
Neandertal-Museum 137
Neviges s. Velbert-Neviges
Nützenberg 14

Obere Herbringhauser Talsperre 2, 123

Pastorats-Berg 100, 167, 168
Phönix-Berg 159

Ratingen 32, 51, 53, 54, 80, 81, 86, 140, 170
Ratingen-Hösel 81, 86, 87, 150, 152
Remscheid 4, 5, 119
Remscheid-Lüttringhausen 119
Remscheid-Preyersmühle 119
Rohdenhaus s. Wülfrath-Rohdenhaus

Schee-Tunnel 127
Schiffswinkel 195
Schloß Hardenberg 155
Schloß Hugenpoet 170
Schlupkothen s. Wülfrath-Schlupkothen
Schwarzbach-Tal 10, 15
Schwelm 82, 124, 125
Schwelm-Delle 93
Schwelm-Linderhausen 58, 62, 82, 125
Schwelmer Tunnel 125
Sengbach-Talsperre 2, 120
Solingen 2, 3, 10, 118
Solingen-Friedrichstal 4, 118
Solingen-Schellberg 2
Solingen-Untenrüden 4, 118
Solingen-Widdert 119
Solingen-Wupperhof 2, 118
Steinbruch „Dünkelberg" 184, 186, 187
Steinbruch bei „Haus Kesper" 184
Steinbruch „Hermann Rauen" am Wartenberg 186, 188, 190
Steinbruch in Hattingen-Bredenscheid 175
Steinbruch in Hattingen-Oberstüter 176
Steinbruch im Lottental 176
Steinbruch „Rauen" am Kassenberg 171
Steinbruch in Schwerte-Westhofen 198
Steinbruch „Silberkuhle" 127
Steinbruch der ehemaligen Zeche „Victoria" 158
Steinbruch „Zippenhaus" 154

Üllendahl 38

Velbert 82, 152
Velbert-Hefel s. Hefel
Velbert-Neviges 106, 155, 156
Velbert-Langenberg 158
Vohwinkel s. Wuppertal-Vohwinkel
Wermelskirchen-Dhünn 8

Ortsregister

Wermelskirchen-Schneppendahl 8
Wetter 111
Wiedenhof 142
Wilhelmsthal 123
Wirtshaus „Höltgen" 138, 139
Witten-Bommern 184
Wülfrath 38, 44, 80, 105, 135, 145
Wupperhof 118
Wuppertal 10, 82, 121, 122, 127, 129
Wuppertal-Barmen 10, 47, 59, 82
Wuppertal-Beyenburg 9, 123
Wuppertal-Buchenhofen 122
Wuppertal-Cronenberg 27, 33, 121
Wuppertal-Dornap 132, 148
Wuppertal-Elberfeld 47, 122
Wuppertal-Hahnenfurth 42, 133
Wuppertal-Hatzfeld 129
Wuppertal-Kemna 9
Wuppertal-Langerfeld 93
Wuppertal-Möddinghöfe 126
Wuppertal-Riescheid 54, 55, 129, 130
Wupper-Talsperre 2, 123
Wuppertal-Vohwinkel 82

Zeche „Auguste Victoria" 113
Zeche „Christian Levin" 114
Zeche „Friederika" 180
Zeche „Graf Moltke" 114
Zeche „Hannover" 115
Zeche „Karl Funke" 100, 164
Zeche „Pluto" 115
Ziegeleigrube in „Hagen-Vorhalle" 196
Ziegeleigrube Nelskamp" 170
Zippenhaus 51, 154
„Zu den Dolinen" 126